海辺の環境学

大都市臨海部の自然再生

小野佐和子／宇野 求／古谷勝則 ─［編］

東京大学出版会

本書は財団法人日本生命財団の助成を得て刊行された．

The Urban Oceanfront: A Transitional Landscape
Sawako ONO, Motomu UNO and Katsunori FURUYA, Editors
University of Tokyo Press, 2004
ISBN4-13-60304-3

はじめに

海辺の原風景

「海辺は不思議に満ちた美しいところである」と，レイチェル・カーソンはその著書『海辺』の冒頭で述べる．波が打ち寄せ，潮が満ち引きする海辺は，潮の動き次第であるときは海になりあるときは陸になる，つねにとらえがたく，はっきりした境界線を引くことのできない場所だ，と彼女はいう．

この陸でもあり，海でもあることが海辺の大きな特徴である．ときには太陽にさらされ，ときには水底に沈む変化に富む自然が，陸からの河川の流入の影響を受けながら，海辺には出現し，そこに，種々さまざまな生きものたちの世界が展開することになる．海の豊かさと多彩さは，海辺に集中的に現れる．

海辺はまた，人間にとっても特別な場所である．陸と海との境界をなす場所の特異さが，古来，人を海辺に引きつけてきた．

海辺には古くから人々の生活があった．わが国では，人々の定住生活は，縄文時代（約1万3000-2300年前）の海辺で始まっている．貝塚に残された大量の貝殻と魚の骨は，海辺の浅瀬や干潟で採れる豊富な貝や魚が当時の人々の生活を支えたことを物語る．縄文時代中期になると，採れた貝を干貝に加工して内陸部集落との交易品として使うようになるし，漁獲量の増加により貝類資源が減少すると，漁獲規制を行って資源管理を行ってもいる．海辺と人々とのつきあいの歴史は長い．

わが国の歴史を通じて，山と海にはさまれた低地が人々の主要な居住の場であったので，多くの人々が，海辺と密接な関係のもとに生活してきた．周囲を海に囲まれ，地形・地質条件が複雑で，世界的にみても長い海岸線をもつことが，人々の海とのかかわりを密にしたといえる．浜，渚，潟，洲，磯，浦，入り江，埼，津，湊といった，海辺を現す言葉の多さに，海辺と人々との関係の深さが現れている．

津や湊は，海辺が水上交通の要衝として重要な役割を果たしてきたことを

物語る．とくに，大きな川の河口には，古くから内陸部と外の世界をつなぐまちが発達し，内陸部の産物を海岸部へと運び，海の彼方のめずらしいものを陸地の奥へと運ぶための基地となった．海辺は，人と物と情報が行き交う場所であり，都市的営みが行われる場であった．現代においても，都市生活に必要な物資の海外依存率は高く，多くの都市は海辺や大きな川の河口に位置している．

　海辺はまた，古来風光の地であった．松島，天橋立，美保の松原など，海辺の名所は歌に詠まれ，絵に描かれ，庭園に写されて，都市に暮らす人々の憧憬の地となった．「白砂青松」は近年まで海辺を現す常套句であり，美しい風景の代名詞であった．

　松林の出現は，弥生時代から古代にかけてだと考えられている．鉄製品の普及や土器の大量生産に強い火力をもつ松が重宝され，砂浜への適応力が強いクロマツは，海辺に松原を出現させた．海辺の松林は防潮や防風の役割も果たしたので，各地で組織的な植林が行われて，海辺に松原が広がっていったのである．この，人々の生活を支える松原を，奈良時代の人々は美しいとみるようになる．

　　吾妹子に猪名野は見せつ名次山角の松原いつか示さむ（279）
　　風ふけば黄葉散りつつ少なくも吾の松原清からなくに（2198）
　　見欲しきは雲居に見ゆるうるはしき十羽の松原小子ども
　　いざわ出で見む（3346）

と，『万葉集』におさめられたは歌は，海岸の松林を，清らかで，うるわしく，喜ばしい眺めだと詠んでいる．

　海辺にこの美しい松原が近代まで存続しえたのは，そこに，松葉や枯れ枝を燃料として利用する人々の生活があったからである．1960年代の末，プロパンガスが普及するまで，松葉や枯れ枝は松原の周囲に住む人々の重要な燃料であった．松原は地域の共有林で，その利用については，松葉採取の範囲や時期など，公平な利用のための取り決めが地域でなされており，松林の管理も地域で行われた（野本，1994）．松葉や枯れ枝の採取により林床が整えられることが，松原の保全に役立ってきたのである．したがって，風光の

地としての海辺の存在には，生活のつくりだした風景が名所として認識され，人々に親しまれてきた長い歴史があったことになる．

　海辺の松原を清らかで喜ばしい風景として歌に詠んだのは，人々が海辺に神聖さをみていたからでもある．人間は陸に住む動物であって海には住めない．海は本質的に，人間にとって陸地とは異なる世界であり，未知の領域である．古代の人々はこの海の彼方に，あるいは海中深くに，常世や神仙境や竜宮といった異郷を思い描いた．そこは，海神の統べる世界であり，不老不死の世界であり，死者の赴く場所であった．そこは，生命の源，豊かな恵みに満ちた理想郷である一方で，異形の力のもとにある畏れに満ちた場所でもあった．したがって海辺は，人間界と霊威に満ちた異界，聖なる自然との境界であった．人々は，定期的に海辺を訪れ，祭りや集団の遊楽を通じて異界の霊威にふれ，自身と社会との蘇りをはかった．海辺を聖地とみる見方は近代になってからも，多くの人々の心の中に生きていた．海辺は，自然の豊かな恵みがもたらされる場所であると同時に，畏れに満ちた場所であり，神聖さを秘めた場所でもあったのである．

海辺の自然

　潮の干満により形成される陸とも海ともつかない帯状の部分は潮間帯とよばれる．陸の生態系と海の生態系の移行領域である潮間帯には，海の生物，陸の生物，それに潮の干満を生育条件とする生物のいずれもが生活を営んでおり，海の自然の豊かさや多様さは，多くこの場所で生み出される．潮間帯はまた，人間との関係がもっとも深く，人間活動の影響を強く受ける自然でもある．生態学では，陸と海のように2種類の異なる生態系のどちらともつかない空間のことをエコトーンとよぶが，海辺は，その代表的な例である．

　海辺は，外洋と内湾で様相を異にする．外洋に面した海辺には一般的に磯や砂浜が発達し，内湾には干潟が発達する．海辺で，生物の生活がもっとも活発に営まれるのは内湾の干潟においてである．そして，埋立による開発の対象となるのもこの内湾の干潟である．

　河川から流入する土砂の堆積がつくりだす平坦で広大なエコトーンである干潟は，前浜，潟湖，河口でそれぞれに異なる自然が出現し，生物の生息場所であるハビタットを提供する．前浜は，海に面して波の影響を直接受ける

ので砂干潟となり，アサリの潮干狩りの場所となる．潟湖は，塩水性の入り江やクリークで，泥干潟となり，カニ類やアナジャコなど水底の泥に穴を掘って生活する底生動物のすみかである．また，潟湖にはヨシ原が発達しやすい．上流より淡水が流入する河口は，塩分濃度が低く，かつその濃度が日変化するので，ゴカイのように塩分濃度の急激な変化にたえられる動物だけが生息できる．河口にもヨシ原がよく発達する．

　干潟ではさまざまな生物が生息している．砂や泥の中にも無数の個体が生息していることが干潟の大きな特徴である．潮が引いた干潟に多数認められる穴は，それら生物のすみかである．海底に堆積した泥の深い層は酸素のない嫌気状態となっているが，ここにも，細菌や一部の原生生物が生息している．一方，水の浸透しやすい砂浜では，砂の隙間に，多種多様な微細な生物がすみつき，波が運ぶ海水に含まれる細菌やプランクトンを餌とする．これらの生物は，貝類やカニ類，魚や鳥とともに複雑な食物連鎖を形成する．干潟や砂浜の多様な生物群集の活動が，海辺において活発な物質循環を引き起こし，海辺を海の浄化装置たらしめている．

　しかしながら，現在干潟は消滅しつつある．その主たる原因は，埋立による干潟そのものの消滅と浚渫による海底の窪地の出現，干潟に流入する河川流域の都市化による富栄養化である．浚渫跡地では夏，青潮とよばれる貧酸素水塊が出現して大量の生物の死滅をもたらす．海の富栄養化は植物プランクトンの大増殖を引き起こし，とくに内湾では海底の貧酸素化につながる．

海辺の開発

　縄文時代の人々がすでにクリ栽培を大規模に行っていたことを推定させる埋蔵花粉分析の結果は，人間は古い時代から自然に働きかけ，自然を改変して生活の場をつくりだしてきたことを物語る．しかしながら，海辺は長い間，湊や津を除くと，開発の比較的およばない場所であった．その理由には，海辺が農業生産の場としての適性に欠けたことと，海辺を聖地とする見方が存在したこととが考えられる．

　海辺の開発が積極的に行われるようになるのは，江戸時代になってからである．江戸時代には市街地の拡張と新田開発のために海辺の埋立が行われた．東京湾の埋立による土地造成は江戸時代初期に始まる．江戸の場合，徳川家

康の入府により都市としての発展の端緒が開かれるのだが，家康入府当時の江戸は日比谷や霞ヶ関付近まで海がせまり，渺々としたヨシ原が広がっていた．幕府開府からおよそ100年の間に日比谷入江は埋め立てられて市街地となり，その後も埋立による土地造成が繰り返されて，江戸は水路網が縦横に走る水の都になる．海辺には蔵屋敷や船着き場といった水運のための施設が設けられたが，その大部分はまだ漁労や海苔栽培の場であった．また，潮干狩りや料理茶屋での遊興など，海辺での行楽や遊興もさかんであった．

江戸時代はまた，幕府だけでなく各藩が新田開発をさかんに行って，米の生産量を飛躍的に伸ばした時代でもある．このとき，海辺は新田開発の有力な対象地のひとつであった．しかしながら，幕府が深刻な財政危機に陥る江戸時代後期まで，海辺の新田開発はそれほど進まなかった．その理由を長谷川誠一は，近世の山野河海は大名旗本に授けた知行の外にあって，公儀＝幕府が支配するものであるという観念が存在したため，個別領主権力の恣意的な開発にさらされる危機はかなり回避される構造になっており，それが国家的な規定として認識されていたからだとしている．しかし，18世紀の後半より幕府の山野河海に対する姿勢が変化し，幕府の手で大がかりな海辺の新田開発が進められるようになる（長谷川，1996）．

明治時代以降，海辺の開発は本格化する．この時期の開発が前代の開発と大きく異なる点は，前代の開発は，農業的土地利用を目的とする新田開発が主であり，人力による開発であったのに対し，近代の開発は，工業用地としての開発であり，機械力を利用した大規模な開発であったことである．埋立地には，広大な工場地帯が出現し，沿岸漁業の衰退，大量の化学物質による海水汚染，それに人々と海辺との乖離を引き起こした．海の自然に開発が与える影響は前代に比べ格段に大きくなり，自然破壊として問題視されるようになっていく．開発に対し，住民による海辺の保全運動も活発となり，1970年代には，「海を万民のもの」であるとする入浜権が提唱されて，レクリエーションの場・自然とふれあう場として海辺をとらえる見方も広がっていく．

そして1980年代以降，大規模な製造業は，産業構造の変化にともない東京や大阪といった大都市の海辺の埋立地から転出し始めた．この結果，大都市の海辺に大面積の工場跡地が生まれつつある．これらの工場跡地は，きわめて人工的な方法により造成されており，その自然環境は，貧弱あるいは脆

弱な生物相を呈するにとどまっている．一部には，人工海浜の造成など，海岸線の保全に対する一定の理解の広がりを認めることができるが，多くの人々の生活は海と切り離されており，海辺の自然の豊かさも減少の一途をたどっている．海辺の自然をどのように回復し，人々と海との関係をどのように結び直すことができるかが，現在，われわれに問われている．

海辺の自然再生のために
(1) ハビタットの設計

海辺の自然の豊かさを取り戻すことは，海辺の多様な生物の営みを取り戻すことである．そのためにはまず，良好な生育環境——ハビタット——の存在が不可欠となる．人工海浜と天然の海浜の生物相にあまりちがいは認められないとする調査結果は，適切に設計されれば，人工的なハビタットで自然再生をはかることは十分可能であることを示唆する．ただ，海のエネルギーの大きさと，海が開放的な系を形成していることを考えると，部分的にであれ人工的に自然を制御することは，陸地に比べてはるかにむずかしいことも事実である．したがって，海の自然を回復させるには，ハビタットを整えて在来の生物相が発達するのを待つ，つまり，人間は自然再生の初期条件を準備してあとは自然にまかせる方法をとることになろう．その場合，環境ポテンシャルの把握，つまりハビタットと生物相の関係をもとにいかに場に適したハビタットを設計しうるかが鍵となる．

(2) 流域を単位とする環境の総合管理計画

海辺でのハビタットの形成には，地形や潮の流れ，河川の上流域や周辺海域を含めた種々の要因が関係している．内湾の自然は，とくに後背地の影響を強く受けるが，なかでも大きな影響力をもつのは川である．川は土砂を運んで河口に洲をつくるし，東京湾の青潮の発生の理由のひとつが湾に流入する河川水の養分過多だと考えられているように，陸上の生態系からのさまざまな物質を運ぶ．川の水質や流量は，海，とくに海辺の生態系のあり方と深く関係する．

たとえば，千葉市を流れる都川は，海に対する影響力の弱い川であり，都川河口では，大規模な砂洲は期待できない．また，都市部の河川の例にもれず，流域の土地利用が複雑化して，河川沿いの，ひいては海辺の環境問題を

複雑なものとしている．下流域の市街化が進み，川べりの自然が失われているばかりでなく，源流付近では宅地開発による水質汚濁が認められ，中流域では農業の衰退により里地が荒廃し，豊かな谷戸の自然が失われている．

したがって，海辺の自然再生は，流入河川流域の自然保全と一体化して考える必要がある．河川流域を単位として自然と人間生活のあり方を方向づける環境の総合管理計画，さらには，河川を縦軸，海岸を横軸とした水辺の生態系のネットワークの形成により，より豊かな自然を生み出すことが可能となる．

(3) 時の経過を組み込んだ風景と都市のデザイン

工場跡地のような人工的に造成された土地で自然再生を考える場合，自然再生の目標をどこにおくべきであろうか．再生されるべき自然がそもそも存在しない．埋立以前に戻すべきか，それとも，潜在自然植生のように人間が手を加えることを放棄した場合に成立するであろう自然を目指すのか．

地域の植生と人とのかかわりの歴史はすでに，縄文時代以降の約1万年以上におよぶ．その間，人は，その時代時代のライフスタイルに応じて，周囲の自然環境をつくりかえてきている．森林にかぎってみても，縄文時代には食料・建材・燃料として利用価値の高いクリ林が，弥生時代には農具の材料に適したカシ類の林が，鉄の鋸が普及した奈良時代以降にはスギやヒノキの林が出現する事実に注目すれば，固定した自然をあるべき自然とすることの意味は失われる．

臨海部の工場跡地を構成するのは，埋立により造成された土地そのもの，その上に建設された産業インフラ，給排水や雨水を含む水系，工場緑化などによりもちこまれた既存の緑である．これらを環境基盤として，自然発生あるいは新たな植栽により緑地が形成され，人の居住が加わってエコトーンが形成されることになる．この地に自然が成熟するには長い年月が必要であろう．その間の人の生活のありようと自然の移りゆき，いいかえれば，エコトーンの形成過程そのものが新しい海辺の風景となるであろう．このとき，風景のデザインは，環境基盤の特質を生かしつつ自然再生の基点となる地点を見極めて自然再生を促すとともに，その場に生起する自然の変化の道筋を，時間に寄り添いながらコントロールすることに重点がおかれる．

海辺の再生では，自然環境を居住の場に取り戻し，居住環境に組み込んで

いく方法が都市計画の方法として浮上する．目指すべきは，環境形成の過程を計画のプログラムに織り込んだ都市，自然の時と歴史の時，2つの時間をあらかじめ組み込んだ風景である．均質で静止した近代的土地利用ではなく，時の経過を組み込んだ，柔軟で，動的で，偶然性をも許容する土地利用のあり方が検討されるべきであろう．しかしながら，現行制度下ではこのような計画策定には制約が大きい．したがって，今後，新しい海辺の都市計画のための制度設計が必要となろう．

(4) 人々の主体的なかかわり

海辺の再生は，埋立と人工護岸によって断ち切られた人と海との関係を取り戻すことでもある．そのためには，人々の主体的なかかわりが不可欠となる．

近年，環境政策やまちづくりの場で，公共主体が政策を行う場合には，企画立案実行の各段階で，政策に関連する民間の各主体の参加を得て行われなければならないとする協働原則が，世界的に広く認められつつある．わが国では環境基本計画（1994，2001）に，4つの長期目標のひとつととして「参加」が盛り込まれ，環境政策形成過程への市民参加を促すこととなった．

三番瀬円卓会議は，市民参加による政策形成の実験の場として，興味深い事例である．三番瀬は，江戸川河口域に位置する干潟・浅海域であり，千葉県による埋立計画の一部が撤回されたことを受けて，再生計画策定作業が進められた．市民参加による再生計画作成の場が円卓会議である．会議では，専門家，環境保護団体，漁業・産業界関係者，地元住民，一般公募の市民が一堂に会し，試行錯誤を繰り返しつつ議論を重ね，再生計画の原案をつくりあげた．利害や立場の異なる人々が同じテーブルで意見を述べあい，議論の積み重ねにより海辺のあり方を決める会議の経験と成果は，今後の合意形成のあり方に大きな示唆を与えるものである．

海辺の保全と再生を目指す市民団体の活動も活発である．市民団体の活動では，保全や再生を目指す市民団体と海辺を生活の場とする人々とがどのように協力しあえるかが問われる．地域の生活の将来を抜きにしては海辺の再生はありえないからである．

また，海はどこまでもつながっているので，海辺の再生は，湾全体，後背地，あるいは渡り鳥の飛来地などを視野に入れて考える必要がある．思い思

いに活動する大小さまざまなグループの存在は，活動の自由さと多様さ，場の特性に応じた活動を可能とする点で，この種の市民活動の強みとなるが，海辺の再生には，それぞれの場で活動する市民グループが連携して活動することも必要である．その場合，連携しながらもグループの独自性を保持できる緩やかなネットワークを形成して活動することが効果的であろう．ネットワークのもとでの情報の共有やデータ蓄積は，海辺全体の姿や問題点を明らかにする助けとなり，市民団体の政策提言能力を高める．

だが，なによりも個人が海辺の不思議や美しさを実際に経験することが，海辺とかかわる第一歩である．このとき，海辺をどのように経験するかでかかわり方は異なってくる．海との主体的なかかわりは，場の経験が意識化され，内化されて，場への愛着が生まれたところに引き起こされる．創作活動はこの経験の意識化・内化に力を発揮する．環境芸術のように，場に新しい意味を付与し，場の喚起力を高める専門家による取り組みもあるが，一般の人々の表現行為，環境学習の一環としてなされる貝殻や漂着物によるオブジェの作製などにおいても，表現する行為を通じて，対象は表現者の中で生き始める．そのとき，表現者と対象との主体的なかかわりが生まれる．

自然とはある関係であり，息づいている総体である．人と人，人と自然とのいきいきとした関係なしに，自然再生はありえない．人々が主体的に海辺とかかわること，海辺を自分の場所として愛する人が増えることが，海辺の再生の大きな力となる．

本書は，（財）日本生命財団の特別研究助成に採択された「大都市臨海部の産業施設移転跡地における自然環境の創出と活用に関する総合的研究（研究代表者大室幹雄）」の2年間にわたる研究成果をまとめたものである．

研究および本書の出版にご援助いただいた（財）日本生命財団の関係者，ならびに本書の刊行にご尽力いただいた（財）東京大学出版会の関係者，さらには調査や資料収集にご協力いただいた大勢の方々に対し，厚くお礼申し上げる．

2004年9月30日
編者を代表して
小野佐和子

目次

はじめに　i

第Ⅰ部　海辺という場所

第1章　海辺のトポス……………………………………………………3
　　1.1　陸が海と，海が陸と出会う場所　3
　　1.2　都市に取り込まれた海辺　15
　　1.3　聖なる海辺とふれあう仕掛　27
　　1.4　なつかしき住家　31

第2章　海辺——すみかの原型…………………………………………33
　　2.1　縄文時代の豊かな海辺　33
　　2.2　縄文時代の環境変化と海辺の生活の変化　39
　　2.3　植物化石分析が明らかにした海辺の自然改変　45
　　2.4　ライフスタイルが変えた海辺の自然　54

第Ⅱ部　海辺のなりたち

第3章　東京湾——渚の自然と再生………………………………………65
　　3.1　渚の生物相　65
　　3.2　内湾渚の地形と生物ハビタット　72
　　3.3　渚生態系の再生　86

第4章　川がつくる海………………………………………………………93
　　4.1　流域が川を，そして海をつくる　93
　　4.2　物質循環をになう川　112
　　4.3　流域の環境総合管理計画に向けて　120

第5章　海から吹く風………………………………………………………124
　　5.1　江戸の夕涼み　124

5.2　東京湾周辺の風　128
5.3　熱の島と風の道　139

第 III 部　海にひらかれた都市

第 6 章　陸と海をつなぐ都市のかたち　157
6.1　産業基盤から環境基盤へ　157
6.2　三次自然のランドスケープ
　　――海辺の産業施設移転跡地を事例に　160
6.3　緑の海浜都市に向けて　167

第 7 章　海辺とかかわるための仕組
　　――三番瀬円卓会議の経験と教訓　186
7.1　海辺と人のかかわり　186
7.2　市民参加の考え方　188
7.3　海辺の市民参加――三番瀬円卓会議の経験　193
7.4　市民参加の手法としての「円卓会議」　208

第 8 章　海・まち育てのすすめ
　　――自然再生の市民参加と都市計画制度　212
8.1　ある日の海辺　212
8.2　環境時間とスロースペースとまち育て　215
8.3　海外の産業施設跡地の自然再生の事例からのまち育ての視点　219
8.4　海・まち育ての市民活動　233
8.5　海育てへの都市の法制度の課題　245

参考文献　253
索引　263
執筆者一覧　266

I
海辺という場所

1 海辺のトポス

1.1 陸が海と，海が陸と出会う場所

(1) 海沿いのむらとまち

　平城京への遷都から3年が過ぎた和銅6年（713），政府は風土記の編纂事業に着手する．地名とその由来，土地の地味や肥沃さの度合い，旧聞遺事などを国司に命じて書き上げ報告させた風土記の編纂事業は，天皇の権威を地方の国々に知らしめるとともに，風俗・物産・地理・自然など各地の実態を掌握することを目的としていた．提出された風土記のうち現在まで残るものの数は少ないが，その記述は，編纂にあたった官人たちの意識に強く影響されているものの，8世紀初めのころの人々の生活と自然環境をわれわれに知らせる貴重な史料である．風土記によると，海辺はすでにこの時代さまざまな様相をみせていた．まず，『出雲国風土記』に記された島根半島の海辺に，そのいくつかをみることから始めよう．

　8世紀初め，島根半島の岸づたいに船を進める者は，低い山の緑を背景に，切り立つ崖にはさまれて，浜や浦がつぎつぎと現れるのをみるだろう．日本海に突き出した島根半島は，南側には宍道湖と中海が連なり，美保関町森山付近が中海と日本海との境となっている．中海から日本海に出てまず最初に現れるのが宇由比の浜で，「広さ80歩なり．志毘魚を捕る」浜である．1歩は約1.8mであるから，80歩は150m弱となる．せまい浜である．それでもしび（マグロ）が捕れるとなれば，漁の時期には漁師が集まるのであろう．ちなみに，水野（1975）によれば，浜は，「相当の面積の広がりを有する海岸地帯で，海に沿っていくばくかの砂地や平地を有する地域を指して呼ぶ」．また，浦は，「海や湖の彎曲して，内陸深くくい込んだ場所をいう」．

　盗道，濘由比，加努夜と，宇由比の浜と同じようにしびの捕れる小さな浜が続いた後で，美保の浜となる．現在の美保関である．美保の浜は広さ160

歩，西に美保社があり，北に民家がある．この浜でもしびが捕れる．ここで半島の突端をまわると，しばらくして現れる久毛等の浦は広さ100歩，10艘の船が停泊できる．玉結の浜は広さ180歩，碁石あり，東の辺に砥石あり，また民家がある．千酌の浜は，広さ1里60歩．東に松林があり，南に駅舎，北に民家がある．ここは隠岐の国に渡る津である．

　漁が行われる浜がある．碁石の材料となる石が打ち寄せられる浜，砥石が切り出される浜がある．民家の並ぶ浜がある．村はずれに神社の大きな建物がめだつ村もあれば，船が停泊し人でにぎわう港もある．浜や浦の広さはまちまちであり，広さや地形に応じて，その居住のあり方が異なっているらしいこともみてとれる．「凡て，北の海に捕るところの雑の物は」と，『出雲国風土記』は，しび，ふぐ，さめ，いか，たこ，あわび，さざえ，はまぐり，うになどの魚や貝，みるやむらさきのりといった海藻類の名をあげ，種類が多いのでその名を全部はあげきれない，と結んでいる．浜や浦で暮らす多くの人々は，これら豊富な魚貝の漁や海藻の採取，あるいは船乗りで生計を立てる海人であったのであろう．

　島根半島の日本海側はリアス式海岸で，急峻で複雑な海岸線を呈する．このリアス式海岸の西のはずれ，恵曇の浜はまた異なる海辺の様相をみせる．『出雲国風土記』はつぎのように記す．

> 広さ二里一百八十歩なり．東と南とは並に家あり．西は野，北は大海なり．即ち，浦より在家に至る間は，四方並に石木なし．白沙の積れるがごとし．大風の吹く時は，其の沙，或は風の随に雪と零り，或は居流れて蟻と散り，桑麻を掩覆う．即ち，彫り鏨てる磐壁三所あり．（略）其の中に川を通し，北に流れて大海に入る．（略）源は田の水なり．（略）古老の伝へていへらく，島根の郡の大領（略）が祖波蘇等，稲田の澪に依りて，彫り掘りしなり．

「西は野」とあるように佐陀川の河口にある恵曇の浜は，川沿いに平野が広がり，海岸部では畑作が，内陸部では稲作が行われていた．風が吹き砂が舞う厳しい自然条件のもと，ときに積砂の被害を受けながらも人々は桑や麻を栽培する．海岸の硬い岩を穿ってつくられた用水路に，食料生産のために

自然と戦い自然を改変することが，この時代すでに歴史的出来事となっていたことを知ることができる．

　明治23年（1890）から1年余を出雲の地に過ごしたラフカディオ・ハーンは，松江から船で美保関を訪れ，島根半島を海から眺めた（小泉，1990）．彼によると，中海から外海に出た後，船は出雲海岸に沿って進むが，「この海岸は切り立ってたいへん嶮しく，（略）断崖の麓は，岩がごつごつとして，岩石に刻まれた奇妙な皺や褶は古代の火山活動の名残をしのばせる」．彼が，「左手の峨々とした砕けた緑の海岸はたまに二つの狭間の襞に隠された模型のように小さな村落の姿を見せてくれる」と記すとき，その風景は，風土記の記す浜とほとんど同じであることに気づく．もちろん，変化もある．「断崖や丘は海から頂上にいたるまでほとんど緑に蔽われ，多くは段々状に耕されてまるで緑の段々畑のピラミッドの連続のようである」と，彼は半島丘陵部における近世までの農耕地の拡大のさまを伝えるし，美保関では，中世以降の港としての重要性の高まりに呼応するように波止場が石造りになり，美保神社の前には多くの土産物屋が並び，港には近代風の造りの遠洋航海用の船が二艘停泊しているのを目にする．しかし，山の麓が海際までせまる三日月状の湾に沿って山際に民家が並び，湾の一方の端を美保神社が占めるまちのつくりは，風土記の時代と同じである．水もまだ汚れてはいなかった．「この海にはいりたいという気持ちに抗しがたくて」，ハーンは，宿屋の裏手から澄んだ海に飛び込み，港を横切って泳いでいる．

　このようにみてくると，農業のいっそうの進展とまちばの発展による変化は認められるものの，海辺に関するかぎり，そのたたずまいも，漁労採取にいそしむ人々の生活のありようも，工業化以前の島根半島の周辺では，大きな変化はなかったようにみうけられる．そして，たぶん，全国の多くの海辺が同じような状況であっただろうことも推察できる．

(2) 磯遊びの伝統

　風土記には，遊楽の場所として記載された海辺がいくつかある．『出雲国風土記』は，2つの海辺を遊楽の場所としている．そのひとつは，島根郡の邑美の冷水である．

> 東と西と北とは山、並びに嵯峨しく、南は海潭漫く、中央は鹵、濱磷々くながる。男も女も、老いたるも少きも、時々に叢り集ひて、常に燕会する地なり

　この地は山を背にした海辺の、清水の湧き出る場所である。男も女も、老も若きも「時々に叢り集ひて、常に燕会する地」との記述は、この海辺が、大勢の人々が集まって遊宴する場所であったことを伝える。

　邑美の冷水に続けて、『出雲国風土記』は島根郡前原の埼を記載している。前原の埼は、現在の松江市内だとする説と、美保関町下宇部尾の中海に突出したサルガ鼻とよばれるところだとする説があるが、山の麓の池と海の間が浜になっていて、つぎのように、大勢の人々でにぎわった。

> 西 東の長さは一百歩、北 南の広さは六歩なり。肆べる松翁鬱り、浜鹵は淵く澄めり。男も女も随時 叢り会ひ、或は愉楽しみて帰り、或は耽り遊びて帰らむことを忘れ、常に燕喜する地なり。

　長さ 180 m、幅 10 m 余の細長い小さな浜である。浜には松が並び、海辺は深く澄んでいる。「随時」「常に」とあるように、この浜では、季節になると思い思いに男女が集まり、遊宴を催して一日を過ごしたのである。

　邑美の冷水に人々が集まった理由として水野（1983）は、この地が大山を望む風光の地であることとともに、出雲国庁や意宇郡家からの距離がおよそ 5 km であることから、国庁や郡家の役人とその家族が遊宴を催したと考えている。また、前原の埼については、船を利用して遊びにきたのではなかったかとしている。

　『常陸国風土記』では茨城郡の条が、同郡高浜での船遊びをつぎのように記す。

> それ此の地は、芳菲の嘉辰、揺落の涼候、駕を命せて向ひ、舟に乗りて遊ぶ。春は則ち浦の花千に彩り、秋は是岸の葉百に色づく。歌へる鶯を野の頭に聞き、儛へる鶴を渚の干に覧る。社郎と漁嬢とは浜洲を逐せて輻湊まり、商豎と農夫とは舸艖に棹さして往来ふ。況むや、三夏の

熱き朝，九陽の煎れる夕は，友を嘯び僕を卒て，浜曲に並び坐て，海中を騁望かす．濤の気，稍扇げば，暑さを避くる者は鬱陶しき煩ひを袪ひ，岡の陰，徐に傾けば，涼しさを追ふ者は歓然しき意を軫かす．詠へる歌にいはく，高浜に　来寄する浪の　沖つ浪　寄すとも寄らじ　子らにし寄らば

　高浜は，現在の石岡市高浜町，恋瀬川の河口を指す．石岡は当時，常陸国府，国分寺，国分尼寺のおかれた常陸国の文化の中心であり，高浜は国府の外港であった．輸送手段として水運の果たす役割が大きかった時代を考えると，高浜も物資の集散地として相応のにぎわいをみせたであろうことが推察される．

　この高浜の海辺は船遊びの場所である．春と秋の行楽に適した季節に，大勢の人々が船遊びに興じる．駕籠を命じて出かけてくるのは国庁の役人にちがいない．農村からも漁村からも男や女が続々と集まってくる．船で訪れる商人や農民は交易品や農産物を運んだのだろう．遊楽の人出をあてこんで市が開かれたのかもしれない．本文に添えられた歌は，船遊びで詠われた歌であろう．とするならば，船遊びは，歌を詠い，酒を飲み，弁当を食べるにぎやかな宴をともなったと考えられる．

　また，『常陸国風土記』は行方郡の条で，「板来の南の海に洲あり．三四里許なり．春の時は，香島，行方二つの郡の男女尽に来て，蛤・白貝，雑味の貝物を拾ふ」と，潮来の海辺が春，人々の潮干狩りの場所であったことを記す．高浜でも，船遊びの人々は，貝を拾って楽しんだのかもしれない．

　いずれにせよ，この春と秋の遊びは，社会的地位や職業にかかわりなく大勢の人々が集団となってにぎやかに楽しんでおり，この点に儀礼的な意味合いをもった共同体の年中行事の趣が認められる．しかしながら，高浜の場合には，船遊びという，より遊興的な楽しみが遊楽の中心となっているし，夏の日の遊びには，友人を誘い従者を従えて出かけるやり方にも，木陰で涼風を受けながら海を眺める海辺での過ごし方にも，個人的な愉しみの色合いがみてとれる．したがって，ここには，都市近郊の海辺がこの時代，地方においても，季節ごとの遊楽の場として，都市的な様相をみせていたことが示されている．

春ならば花が咲き乱れる浦々に鶯の声が響き，秋ならば色づいた木々の上を鶴が舞い遊ぶ．海辺と鶴との取り合わせにはどこか仙境の趣があり，実景か修辞かはにわかに定めがたい．しかしながら，自然の移りゆきを目のあたりにしながら，広々とした海原を眺め，波の音を聞き潮風にふかれながら海辺で一日を遊び暮らすことは，日常生活を離れ，日々のくったくを忘れ去る，喜ばしい経験であったであろうことは十分想像できる．

　この海辺での集団の遊楽は，各地に伝えられる磯遊びの伝統を想起させる．磯遊びは，春の日，集落がともに海岸に出かけ，飲食したり禊を行ったりして一日を過ごす行事である．浜降りともよばれる．琉球および薩南諸島，九州の沿岸でとくにさかんに行われていたが，東北地方にもみることができる．磯遊びの際に餅や弁当の一部を海中に投げ込む風習もある．これらの餅や食べ物は，水神，海神，龍神，漁業神といった，水界の霊威に供されると考えられており，磯遊びの宗教行事としての性格をうかがわせる．また，旧暦3月3日に潮干狩りをすることも広く行われ，磯遊びの一種と考えられている（渡邊，1981）．

　春には，海辺以外にも，岡や野，河原など眺望のよい場所で磯遊びと同様の集団の飲食が行われてきた．各地でのよび方はさまざまであるが，それらの行事は一般に，野遊び，山遊び，春山入りとよばれ，磯遊びもこれら一連の行事のひとつとみなすことができる．これらの行事は，農耕の開始にあたっての物忌み，あるいは豊饒を願う予祝儀礼と考えられている．しかし，磯遊びは，稲作の開始時期が異なる琉球列島でも行われており，農耕との関連からだけでは説明できないことから，磯遊びを，基本的には豊饒を期待する行事で，農耕との直接の関係はないとする指摘もある（村松，1999）．

　農耕との関連の有無はともかくも，野遊び，磯遊びにおいては，山や海辺に出向き，山の神，あるいは海の神といった聖なる力との遭遇がはかられる．その霊威を身に帯びることで，物質的にも精神的にも，現実世界の活性化が期待されていることはまちがいない．

　『万葉集』は，平城京近郊で行われた野遊びを詠んだ歌をいくつかおさめているが，野遊びと題された4首の歌は，以下のようである．

　　春日野の浅茅が上に思ふどち遊ぶ今日の日は忘らえめやも（1880）

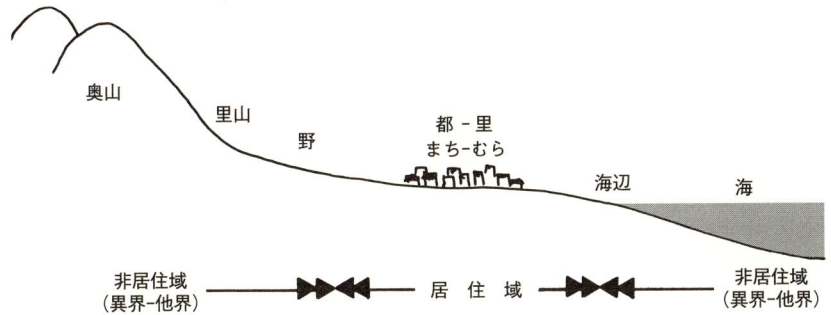

図 1.1 海辺の位置概念図

　　春がすみ立つ春日野を往き返り吾は相見むいや年のはに（1881）
　　春の野に心のべむと思ふどち来し今日の日は晩れずもあらぬか（1882）
　　ももしきの大宮人は暇あれや梅をかざしてここに集へる（1883）

　ここに詠まれた都での野遊びは，農耕儀礼的な意味合いは薄れ，生産のための労働から解放されて都市に暮らす人々が，思うどち（思いあうどうし），郊外に出かけ一日を過ごして春の到来を楽しむ，心のべ（気散じ）である点に，高浜の船遊びとの共通点が認められる．しかしながら，この野遊びは春ごとに行われる年中行事的な意味合いをもっているし，梅をかざしにすることには，春の霊威を身につけようとする農村の習俗の名残も認められる．
　ところで，野遊びの場に詠まれた春日野は，平城京における野の代表であった．この春日野では，遣唐使を送り出すときに使節の無事帰還を祈る祭が行われており，春日の地は外国および地方との境界の場所，つまり，国家にとって都とそれ以外の場所を結びつける重要な場所だったと考えられる．この春日野で野遊びが行われたのは，「都と異郷との境界でこそ，季節の変化は感じられるものだった」（古橋，1994）からである．
　オギュスタン・ベルクは，この点を，居住域（エクメーネ）と非居住域（エレミ）を現す言葉から説明している．彼は，居住域と非居住域の対に対応する言葉をあげ，居住域にもっとも近い言葉は「里」であり，「山」「野」「海」は非居住域に属するとしたうえで，山，野，海が「山遊び」「野遊び」「磯遊び」といった集団の遊びの場であったことを指摘している．そこでは，社会が日常から祝祭へと向

かうと同時に，居住域から非居住域へと気分（方向）転換しており，慣習の秩序が，非日常的なものに対する空間的かつ具体的指向によって，再生（再活性化）するというのである（ベルク，1988）．

ここで古橋の述べる都を居住域に，異郷を非居住域におきかえてみるならば，野は非居住域というより，居住域と非居住域の境界ととらえることができるだろう．海辺もまた，非居住域である海と居住域との境界である．したがって，海辺は，野と同じように，居住域から非居住域へと移り変わるはざまで，人々が遊びながら，遊びの非日常性を通じて，外なる世界にふれ，再生がはかられる場所であったといえる．海辺でそれがどのように行われるのか，次項以下でみてみよう．

(3) 海の彼方の理想郷

海辺に立って海を眺めるとき，人は時間と空間を超えたはてしない広がりに向かい合うことになる．その広がりの感覚を折口信夫は，「ほうとする程長い白浜の先は，また目も届かぬ海が揺れている．其波の青色の末が，自とおしあがるようになって，あたまの上までひろがって来ている空である」と記した（折口，1975a）．海上はるか水平線の先には，人の知らないなにか，人のけっして知りえないなにか，人を恐れさせ，それでいて人を魅了するなにかが待ちかまえている．だから海は人に，水平線の彼方に思いを馳せることを促してきた．人は，はるか彼方にあるだろう，あるにちがいない，あってほしいなにかを心の中に思い描き，その思いを物語として紡ぎ出し，歌に謡い，絵に描き，庭につくってきたのである．古代の人々は，はるか海の彼方に，海神の宮，不老不死の世界，死者が赴く場所を思い描いた．それは魂の帰りゆく原郷であり，神々の住む異郷であった．浦島太郎が訪れた竜宮はわれわれにもっともなじみ深い海の彼方の異郷である．

浦島伝説は，『丹後国風土記逸文』『日本書紀』『万葉集』に古いかたちをとどめている．浦島伝説の最古の記録だとされる『丹後国風土記逸文』によると，与謝郡筒川の人浦島子がひとり小舟で釣りに出かけ，三日三晩海上を漂った末に五色の亀を得る．亀は船中で美しい乙女と変じ，「天上の仙の家の人なり」と神仙境からきたことを告げて，「蓬(あめひじり)山に赴かさね」，常世(とこよのくに)の国へ行こうと浦島子を誘う．目を閉じた一瞬の間に2人がたどり着いたところ

は海中の広く大きな島で，地面は玉を敷いたように美しく色鮮やか，城門は高く，宮殿は照り輝いて，それまで見たことも聞いたこともないような場所であった．浦島子はこの仙境で夢のような日々を過ごすのだが，3年後，なつかしさに耐えきれず故郷に帰ってみれば，そこでは300年が経過していた．

この逸話は，乙女が五色の亀として出現することや仙境の住人であること，「とこよ」と読ませながらも海中の島は「蓬山」と記されることなどに，神仙思想による影響が認められる．しかしながら，逸話自体は，わが国の沿岸地帯の漁労民の間に伝承されていた伝説だと考えられている．

一方，『日本書紀』の浦島伝説にかかわる記事はごく短く，詳細は別巻に記すとあるが，別巻はみあたらない．同書では浦島子と乙女が「相逐いて海に入る．蓬萊山に到りて」と，蓬萊山は海底にあるとしている点が，『丹後国風土記逸文』の記述とは異なっている．

『万葉集』は「水江の浦島の子を詠む一首短歌を并せたり（1740）」と題する長歌と反歌をおさめ，住吉に伝わる出来事としている点が先の二書と大きく異なる．釣りに出た浦島子が海坂を超えて船を漕いでいくと偶然海神の娘に出会う．そこで，「あひ誂ひ　こと成しかば　かき結び　常世に至り」と，常世に行くことになる．たどり着いた常世は，「海若の　神の宮の　内の重の妙なる殿」と，海神の宮であり，不老不死の国である．その後の経過は『丹後国風土記逸文』とほぼ同じである．

住吉は，摂津国の住吉と考えられており，『万葉集』の歌がもととした伝承は，『丹後国風土記逸文』とは別系統の古い型に属する伝承にもとづくとされる（水野，1975）．とするならば，8世紀の初めごろ，すでに浦島伝説にはいくつかの異なる伝承があったことになる．

その後，中世の御伽草子で海神の宮に竜宮城の名が与えられ，竜宮城は富と長寿と悦楽の代名詞となり，絵巻物や謡曲などさまざまな形態をとりながら，近代の小学唱歌や浦島太郎の童話へと連なる．さらに，全国各地に，土地に根ざした浦島伝説がいくつも伝えられており，海の彼方の異郷訪問潭が人々の心を深くとらえてきたことを示している．

浦島子が訪ねた異郷は「とこよ」とよばれていた．とこよは通常，常世と記され，『古事記』『日本書紀』によると，神々が帰りゆく場所であり，長鳴鳥のすむ場所である．

常世に姿を消した神のひとりに，オオクニヌシの国づくりを助けた小さな神，スクナヒコナがいる．『古事記』は，オオクニヌシが出雲の美保岬にいると，「波の穂より天の羅摩船に乗りて」，つまり，波の上にガガイモの実の船に乗ったスクナヒコナが現れ，オオクニヌシとともに国をつくりかためた後，「常世国に渡りましき」と，常世の国に去っていったと記す．『日本書紀』では，スクナヒコナは出雲国の熊野の御崎から常世の国に行った，あるいは，淡島で粟茎にのぼりはじかれて常世国に行ったことになっている．また，風土記ではスクナヒコナはオホナムデとともに「稲種」の始祖とされており，粟の茎との関連からも穀霊であると考えられている．彼は，穀物が冬枯れ，春にまた芽を出すように，常世に去り，ふたたび訪れる神であったのである．

　とするならば，「常世の国とは，第一義的に，原始・古代人の農業生産と直結した，年々周期的に人間に幸をもたらすために去来する穀霊の住む一つの神話的空間であった」ことになる（安永，1968）．したがって，常世は，死してまた蘇る生命の原点であったとみることができる．

　常世が，生命の死と再生の場所であったことは，長鳴鳥の逸話にも現れている．『古事記』は，アマテラスが天の岩屋戸に隠れてこの世を夜の闇が覆ったとき，神々は「常世の長鳴鳥を集めて」鳴かせ，岩屋戸の前でにぎやかに騒ぎ，アマテラスをこの世によび戻す．つまり，常世は，暁を告げて夜を終わらせ，太陽神アマテラスのこの世界への蘇り，復活を促す生命の鳥のすむ場所でもあった．

　浦島子の訪れた常世が不老不死の国であったのも，常世が永遠の生命をもつ神仙の住む蓬萊になぞらえられたのも，死と再生を繰り返す生命の源としての常世の観念がその底に流れていたからであろう．海の彼方は，生命の源として人々の憧憬の地であり，海辺は憧憬の地をはるかに臨み，憧憬の地を目指す場所だったのである．

(4) 常世の波が寄せる浜

　『古事記』によれば，海幸山幸神話において，ホヲリ（山幸彦）と結婚した海神の娘トヨタマビメは，「天つ神の御子は，海原に生むべからず」と，海神の宮を出て海辺に赴き出産する．しかしながら，警告を無視してホヲリ

が産屋をのぞきみしたために，海神の国へと去ってしまう．ここには，陸の世界と海の世界はそれぞれに異なっていること，海辺がその境界として両者を媒介する場所であることが示されているのだが，このとき，トヨタマビメが波とともに海辺に現れ出ることに注目させられる．『日本書紀』によると，「妾(かなら)ず風濤(かざなみ)急峻(はや)からむ日を以て，海浜(うみへた)に出で到(いた)らむ」と，風が強く波の高い日が彼女が海辺に現れるときである．そして，「後に豊玉姫，果して前の期(ちぎり)の如く，其の女弟玉依姫(いろどたまよりひめ)を将(ひき)いて，直(ただ)に風波(かざなみ)を冒(おか)して，海辺(うみへた)に来到(きいた)る」と，約束どおり，トヨタマビメは風波を冒して海辺にやってくる．

　常世に姿を消したスクナヒコナも「波の穂(ほ)より天(あめ)の羅摩船(かかみぶね)に乗りて」と波の上を漂いながら出雲にたどりついたことを思い出そう．海神の娘タマヨリヒメの生んだ子どものひとり，ミケヌノも「波の穂を踏(ふ)みて常世国(とこよのくに)に渡りまし」と，波を踏んで海の彼方の国に去っていったし（『古事記』），伊勢の国神イセツヒコもまた，アメノヒワケとの戦いに敗れ国を献上した後，「八風(やかぜ)を起(おこ)して海水(うしほ)を吹(ふ)き，波浪(なみ)に乗りて東(ひむがし)に入らむ」と，大風を起こし海水を吹き上げ，波浪に乗って海の彼方に去るのである（『伊勢国風土記逸文』）．

　波は，神々の乗り物である．波を介して，聖なるものはこの世にたどり着き，この世から去っていく．「浜や磯に寄せてくる波は常世の霊威を運んでくるものだった」と，古橋 (1994) は，波は常世の霊威を運ぶと述べている．たしかに『日本書紀』は伊勢国を，「常世の浪がしきりに打ち寄せる国である．大和のわきにある美しい国である」と，常世の波が打ち寄せる国，美しい国としている．常世から打ち寄せる波は，陸を祝福し，陸に豊かな恵みをもたらす波である．そして，海岸に打ち寄せる波が常世からの波だとする観念は，広く人々の間に受け入れられていた．高浜の船遊びで，「高浜に来寄する浪の」と，高浜に打ち寄せる波が謡われるとき，人々は常世の国から打ち寄せる波の音を聞いていたのである．

　現実にも，波はさまざまなめずらしいもの，みなれぬもの，好ましいものを浜に打ち上げたので，人々の波に寄せる期待は理由のないことではなかった．海から浜へ流れ寄るものは，寄物(よりもの)とよばれる．強い風が吹くと，大きな魚や海藻，流木など，浜には数多くの，さまざまな寄物が流れ着く．強風の翌日，海辺に住む人々はその寄物を求めて浜に出た．流木は薪や建材として，海藻は肥料として，海辺の人々の生活に欠かせなかった．椰子の実，ウミガ

メ，イルカやウミヘビも打ち上げられた．出雲の佐太神社では，旧暦10月のころ，波に乗り浜辺に寄りくる龍蛇を海神が送り届ける佐太社への献上物として神前に捧げ，神事を行うが，龍蛇の上がった浦は翌年豊漁があるとされる（朝山，2000）．海辺に漂い着いた仏像や流木をまつる寺社も多い．

　寄物には難破船の船材や積み荷も含まれており，この寄物はたいへん魅力的で，人々の期待も大きかった．寄物への期待の大きさは，沖合を航行する船の難波を願う心持ちを抱かせるほどであった．玄界灘に面した北九州の港町では，寄物の多いようにと正月に箸と椀を流す風習があったというし，下北半島でも，正月の年占で，その年の月々の寄物の多少を判断したといわれる（宮本，1959）．

　寄物はまた，特別の性質を帯びていると考えられていた．古くから玄界灘の海上支配権を有する宗像神社では，大小75末社の修理料は「遠賀郡芦屋津から粕屋郡新宮端に至る十数里に及ぶ海上で，難破して同海岸に漂着した破船・寄物をあつめて，これにあてることが，数百年来の慣習となっていた」（宗像神社復興期成会，1961）．出雲大社でも寄木で正殿を造営した年があり，この寄木が神からの造営資材であるとする託宣があったと伝えられる（石井，1977）．また，浜に寄り着く流木はすべて村の共有とし，これを神社の修復や橋などの公共物の建築にのみ使用した例もいくつかみられるという（高桑・高崎，1976）．ここには，寄物が神から遣わされたものであるとする意識が認められる．

　日本海沿岸では，寄物をもたらす風をアイノカゼとよんだが，この風の名の語源は，海が種々のめずらしいものを打ち寄せてくれることを意味するのではないかといわれている（宮本，1959）．たしかに，潮の流れや風の向きなどにより流れくる寄物は偶然性に満ちており，予測することがむずかしい．したがって，寄物は「人為では如何ともしがたい自然の贈り物であり，これはまさしく海の彼方に住む，自分たちの祖先の霊がつかわしたものであると信じられ，扱いには一定の作法が必要とされた」ことは十分考えられるし，「漂着物は，村の老若男女，あるいは階層的へだたりを問わず，最初に見つけたものが，占有標をつけることによってわがものとすることができたという例も多い」（高桑・高崎，1976）ことにも，寄物を神の贈り物とする心意の現れをみることができよう．一方，寄物にはたたりがあり，拾うことを避

ける風習も各地にみられる．つまり，善であれ悪であれ，波が運ぶ寄物は霊威を帯びており，この寄物を人間が日常生活で取り扱うためには，霊威を除去するための一定の作法が必要であったのである．

　常世の波は豊かな恵みと脅威とを，寄物という目にみえる，現実のものとして海辺に送り届ける．寄物の存在が，そして寄物に頼る生活のあり方が，海辺が聖地としての性格を長くもち続けることのできた理由のひとつにあることは十分考えられる．

1.2 都市に取り込まれた海辺

(1) 「しま」とよばれた庭園

　都市は，自然を庭園というかたちで，都市のうちに取り込むことで，世界像(イマゴ・ムンディ)としての都市の姿を完成させる．したがって，庭園は都市の産物であり，庭園には，ある時代，ある文化の，理念化された自然が表現される．

　わが国においても庭園は，大陸に倣った都の建設が始まった飛鳥から奈良時代の宮廷生活のもとでかたちをとり始めた．都には宮廷付属の庭園である禁苑が設けられ，貴族たちも邸宅に庭園を営んで，宮廷行事に附随して，あるいは外国からの使節をもてなすために，または親しい人々を招いてと，公的，私的な宴が催され，庭園の自然を賞する習慣が広まっていく．このとき，奈良盆地という山に囲まれた都市において，人々が庭に写したのは海辺の風景であったことが，海辺の，わが国の文化に占める位置の重要さを示している．庭に写された海辺をまず，天平宝字2年（758）2月，式部大輔中臣清麻呂宅で催された宴で詠まれた歌にみてみよう．

　　恨めしく君はもあるか宿の梅の花散り過ぐるまで見しめずありける
　　（4496）
　　はしきよし今日の主人(あるじ)は磯松の常にいまさね今も見るごと　（4498）
　　梅の花さき散る春の永き日を見れども飽かぬ磯にもあるかも　（4502）
　　君が家の池の白波磯に寄せしばしば見(み)とも飽かむ君かも　（4503）
　　磯の浦に常喚び来棲む鴛鴦(をしどり)の惜しき吾(あ)が身は君がまにまに　（4505）

中臣清麻呂は後に右大臣を務める人物で，招かれた客の中には大伴家持や後に造東大寺長官に就任する市原王などがいた．この日の宴は梅の花を楽しむ催しであり，最初の歌が，散りかけの花を前にして，いままで花を独り占めにするなんて，招いてくれるのが遅すぎたと恨み言を述べていることに，私的な宴のなごやかさがみてとれる．清麻呂宅の庭園には，池が設けられ，梅や松が植えられ，池にはおしどりがすみついていた．宴で詠まれた歌には，松は磯松，池畔は磯あるいは磯の浦と，庭が海の景色，それも磯にみたてられて表現されており，海辺は「みれども飽かむ」喜ばしい風景と受け取られている．

　同じく『万葉集』におさめられた草壁皇子の死を悼む歌に詠まれた庭園もまた，海との関連を示している．天武天皇の皇太子である草壁皇子は，持統天皇の元年（687），28歳の若さでこの世を去る．皇子に仕えた舎人たちの挽歌はつぎのように庭園を詠んでいる．

　　　島の宮上(うへ)の池なる放ち鳥荒(あら)びな行きそ君まさずとも（172）
　　　御立せし島の荒磯(ありそ)を今見れば生ひざりし草生ひにけるかも（181）
　　　鳥(と)𥑕(ぐら)立て飼ひし鷹の児巣立ちなば真弓の岡に飛び帰(かへ)り来(こ)ね（182）
　　　東(ひむがし)の瀧(たぎ)の御門に伺侍(さもら)へど昨日も今日も召すこともなし（184）
　　　水伝ふ磯の浦廻(うらみ)の石上(いは)つつじ茂(も)く開く道をまた見なむかも（185）

　草壁皇子の邸宅は島の宮とよばれた．庭園には，池や水音高く流れるせせらぎ，躑躅(つつじ)の植え込み，池の周囲をめぐる園路などが設けられ，池には水鳥が放し飼いされていた．この庭園も，池の周囲は，磯，荒磯と詠まれており，庭が海の風景の見立てであったことを伝える．

　後にみるように，荒磯は古代の庭園の主要な意匠のひとつである．荒磯について古橋信孝は，アラが本来は始源的な，霊力が強く発動している状態を現す言葉であり，荒磯が「常世からの波の寄せ来る所，つまり神の寄り着く所として」歌に詠われ，「勢い激しく白波の寄せるさまが海の神の霊感の強い状態として」場所を賛める詞となったが，海の霊威が強すぎると近づくことは禁忌となる，と指摘する（古橋，1988）．海辺は聖性を帯びた場所であり，自然の聖なる力が発動する場である．その力が凝縮されて現れるのが荒

磯であるといえる．

　池に放し飼いされる水鳥もまた，たんなる愛玩のためでなく，鎮魂に必要であった，と折口信夫は説いている．倭健命が死後に白鳥となって飛び去った伝承に現されているように，鳥の中でも水鳥は，霊魂の具象した姿だと信じられたこともあれば，霊魂の運搬者だとも考えられていたことが，「常にも水鳥を飼うて，此を見る事で，魂の安定をさせよう」とすることになり，また，「臨時には，篤疾・失神・死亡などの際に，魂ごひの目的物とせられた」のであるというのである（折口，1975b）．

　挽歌であってみれば，魂乞の意識が働き，ことさらに水鳥や荒磯が詠われたとも考えられる．しかし，挽歌の対象に庭の風景が選び取られていることは，庭が霊魂の発動の場所として当時の人々の心の中にあったことを物語っていよう．

　　庭中の阿須波の神に木柴さし吾は斎はむかへり来までに（4350）

と『万葉集』に詠われているように，庭は本来，神の降臨する場所であった．この神の寄り来る場所としての庭と海辺との関連を，静かな海面が庭とよばれる場合のあったことにうかがうことができる．海が庭とよばれることについて，高崎正秀は，海面もしくは海辺についていわれる庭の語が，語の本源的な用語例であり，庭園に使われるのはその転化であるとしている．彼は，庭は最初神を迎える場を指し，その場がいつも海辺にあったことを述べる．人々の移動につれ，神を迎える場は海辺からしだいに山に移っていったとするのである（高崎，1936）．とするならば，庭園が海の風景の見立てであることは故なしとしない．庭園と海辺との間には，精神史とかかわる深いつながりがあったことになる．

　庭園と海辺との関係に関しては，草壁皇子宅の庭園が島とよばれていることにもふれておかなければならない．この時代，庭園を現す言葉は「しま」であった．『日本書紀』推古34年（626）は，蘇我馬子が，庭に池を掘り，池中に小島を築いたので，島の大臣とよばれた逸話を記して，馬子の庭園が海の景色を現し，池の中島が注目の的であったことを示唆する．ちなみに，草壁皇子の島の宮は馬子の邸宅の跡地と考えられている．馬子宅の庭園の中

島は，神仙思想で信じられた海上の三神山を象り，神仙世界を再現したものともいわれる．当時の王族や貴族たちの間に神仙思想の影響が著しかったことを考えると，島が神仙境を現したことは十分考えられる．だが，『万葉集』では庭園を意味する「しま」は，つぎのように，山斎，山池とさまざまに表記されて，植え込みや池を備えた庭園全体を指す言葉として使われており，「しま」が，周囲を水で囲まれた陸地としての島を超えた意味を有することを示唆する．

妹として二人作りしわが山斎(しま)は木高(こだか)く繁くなりにけるかも（452）
君が行(ゆき)け長くなりぬ奈良路なる山斎(しま)の木立も神(かむ)さびにけり（867）
　　　　山部宿禰赤人，故太政大臣藤原家の山池(しま)を詠(うた)ふ歌一首
古(いにしへ)の古き堤は年深み池の渚に水草(みくさお)生ひにけり（378）
　　　　山斎を属目て作る歌三首
鴛鴦(をし)の住む君がこの山斎(しま)今日見れば馬酔木(あしび)の花も咲にけるかも（4511）

　ここで思い出されるのは，『古事記』の国生み神話において，始源の混沌から最初にかたちをなしたのは島であったことである．天の浮橋に立ったイザナギとイザナミが，天の沼矛で海水をかきまわして矛を引き上げると，矛の先から塩が滴り落ちてオノゴロジマとなる．そこで，2人の神はその島に下り，天の御柱を選定し，大八島国の島々を生み出す．オノゴロジマの天の御柱のもとで，国土(くに)が，つまりこの世界のすべてが生み出されるのである．したがって，オノゴロジマは，エリアーデいうところの「一切の実在の源泉，したがって生のエネルギーの源泉である」（エリアーデ，1974），世界の中心，始源の大地であり，天の御柱は宇宙軸であることになる．馬子宅の庭の中島に樹木が植えられていたかどうかを記録は伝えていない．けれども，いつのころからか，中島には1本の松が植えられるのが庭のデザインの定型となっていく．1本の松の植えられた中島は，天の御柱のそびえるオノゴロジマに通じる，はるか昔の記憶の風景の造型であるとみることができる．
　一方，「しま」はまた，現実の空間でもある．国生み神話においてイザナギとイザナミが生み出した島は，淡路島，四国，隠岐島，九州といった実在の島々であり，大和朝廷の勢力範囲と重なる．さらに，最後に生み出された

大倭豊秋津島は，本州ではなく大和を中心とする畿内を指す．阿部一はしまを「シマ」と表記し，始源の大地であり，国土であり，大和である「シマ」は，宇宙に一貫してみられる秩序であって，古墳時代に「シマ」のイメージにもとづく環境の「見かた」，つまり「シマ」のコスモロジーが生まれたとしている（阿部，1995）．とするならば，庭園がしまとよばれたことは，庭園が宇宙の似姿であり，すべてのものが生まれ出る宇宙の中心であり，聖なる空間であったことを示すことになる．

　海の風景は，宇宙の似姿として，海の彼方の理想郷として，霊威の発動する荒磯として，庭園に現された．このとき，庭園において，人は宇宙を自らのものとする．世界／自然を人間の秩序のもとにおくのである．しかしながら，その一方で，庭園を通じて，人間界の秩序は自然のはらむ異界のエネルギーにさらされることになる．都市を，都市の内部において象徴的に外の世界にひらく装置が庭園であり，庭園は海の風景，それも荒波の打ち寄せる海辺を写すことによって，その働きを確かなものにしたといえる．

(2) 荒磯と洲浜

　海辺はどのように庭園に写されるのだろうか．平安時代の末から鎌倉時代の初めのころの書とされる造園技術書『作庭記』がその手がかりを与えてくれる．同書は冒頭に，庭づくりの原則を三箇条にわたって記すが，続けて，庭をつくるには，まず地形に応じて池を掘り，島々をつくり，池への水の流入と流出の方向を定めると記して，庭園の中心となるのが池であることを述べる．さらに石のすえ方の条では，池の広いところや島の周囲は「海のやうをまねび」と，池が海の様相を模す場所であるとして，庭園の主題が海の風景にあることを示している．

　『作庭記』が取り扱うのは寝殿造りの貴族の邸宅や寺院，内裏などの庭園で，そこにはもちろん，遣り水とよばれた細流や，滝，野筋，山里など，野や山の景色も取り込まれていた．しかし，庭園の中心に位置し，大きな面積を占めるのは池であったから，庭園デザインの中心は海の風景を現すことにあったといえる．庭園の主要な景を池とする庭園のデザインは，この後，書院造庭園を経て江戸時代の大名庭園にも踏襲されたので，日本の庭園は基本的に海の風景を主題としてきたことになる．

庭のデザインが海の風景，それも荒磯を重視したことは石組みのやり方にも現れている．石を立てる様式として『作庭記』は，大海様，大河様，山河様，沼池様，葦手様をあげるが，大海様を第一におき，大海様は，まず荒磯の有様を現すべきであると述べる．荒磯を現すには，勢いのある強い石を崎が突き出ているようにすえ，続けて，水中の岩盤が頭をのぞかせているように沖へと石を立て並べる．さらに，その先に，離れて頭を出す石も少しあるようにする．このようにして荒磯は，波が厳しくかかるところで，岩盤が洗い出された姿を現す．さらに，ところどころに，洲崎や白浜を設け，松などがあるようにして，大海様が完成する．

別の箇所では，「池のいしは海をまなふ事なれはかならすいはねなみかえしのいしをたつへし」と，池の石は海をモデルとするのであるから，必ず，岩盤がわずかに頭を出しているようにみえる石や波に向かって挑みかかるように傾斜している石をすえるべきだとしている．

これらの記述から，庭園には波の荒い外海の風景が現されたこと，その風景の中心となるのは海辺であり，海辺は荒磯と砂浜で表現されるが，主眼は荒磯におかれたことがわかる．荒磯と洲浜の組み合わせは平城京の庭園遺構にみることができるので，『作庭記』の記された時代には，庭に海辺を写すことは，すでに数百年の伝統を有していたことになる．

このように，庭園には勢い激しく白波の寄せる，海辺の霊威が強く発動する状態が取り込まれた．しかしながら，現実には，屋敷内に設けられた庭園の池に外海の激しい波が寄せることはない．したがって，庭をみる人は，激しい波が打ち寄せるさまが象徴的に表現された石の造型に荒磯のありさまを思い描いて，海辺にいる気分を味わったことになる．

数は少ないが，池の水際に海辺の波打ち際の岩が使われた例も知られている．平城京跡左京三条二坊六坪庭園遺跡では，水蝕痕のある石英室片麻岩が水辺に使用されている（尼崎，2002）．この岩の採集地は不明だが，波打ち際の石を運んだのであろう．波に洗われた岩は磯の情景をよりリアルにしたにちがいない．『作庭記』流の技法をもっともよく残すとされる奥州平泉毛越寺の庭園では，水際や水面下にすえられた粘板岩と，出島の砂岩の中に穿孔貝の巣穴のある岩が含まれている．この穿孔貝の巣穴はその形状からカモメガイの仲間であると考えられているが，一般に穿孔貝は強い水流の影響下

図 1.2 荒磯と洲浜——平城京跡左京三条二坊六坪庭園遺跡

にあるところ，すなわち岩礁海岸の波打ち際に生息する．毛越寺で使用された石と同質の粘板岩は気仙沼市大谷海岸付近に分布しており，奥州藤原氏が金を採掘していた大谷海岸から運ばれたと考えられている（尼崎，2002）．

　石が神の依代として霊性を帯びることは岩座や岩境にみることができるが，海の石が海との関係で崇められたことを松本信宏は，「海より示現する石は石としての霊力で崇祀せられると共に，もっと幽玄な霊力の表徴として尊ばれ，海という聖域から現世を訪れる神霊の示現者としての意味からも崇められていたのではなかろうかと考えられる」と説いている（松本，1956）．とするならば，池辺の海石は，意匠上の効果だけでなく，海辺の聖地性を庭園にもちこみ，庭園を聖域化する意味合いをも込めて用いられたとも考えられる．

　『作庭記』も禁忌の項では，「荒磯の様は面白けれとも所荒て不久不可学之」と，荒磯の姿はおもしろいが，所が荒れて永く保てないから，つまり，家運が傾くから学んではならないと，庭園の荒磯が海辺のマイナスの聖地性を帯びているとみなされる場合のあったことをわれわれに知らせる．もっと

も「荒磯は面白けれとも」との指摘は，庭園の荒磯はおそるべき異界との接点であると同時に，美的興趣の対象でもあったことを伝えている．

　磯浜ばかりではなく，庭園には砂浜も写された．緩い傾斜地に小さな玉石を敷き並べて砂浜を表現する意匠は，洲浜とよばれる．この洲浜は，『作庭記』では，島に多く使われている．同書は「島姿の様々」で，10種類の島をあげているが，そのうち磯島を除くと，すべての島で，一部あるいは島全体に洲浜が設けられる．洲浜が部分的に設けられる場合も，邸からみえる部分は洲浜とされる．たとえば，山島は，池の中に山を築くが，前には白浜を設けて山際や水際に石を立てる．野島は，石と草からなる低い島だが，これも前には白浜を設ける．杜島は，平地に木をまばらに植えた島で，木の根元に石を少し立て砂を散らす．これらの島以外は，雲形，霞形，洲浜形，干潟様など，すべて洲浜が主体で，木や石が使われない場合もある．したがって，ここには洲浜からなる島と荒磯主体の池辺との対比をみることができる．それはまた，荒磯と洲浜の両者があいまって，海の風景が表現されることを示してもいる．

　ところで，大海は広大で波の荒い外海を指す言葉であるが，この時代，大海は模様の名前としても知られていた．海賦ともよばれる大海は，大波，洲浜，海辺の松，貝や海鳥が図案化されて海の風景を現すもので，衣装や手箱・衣装箱などの調度品に広く用いられた．『枕草子』は「裳は　大海（おほうみ）」と，大海を裳にもっともふさわしい模様としている．裳は，儀式の場に着される貴族の女性の正装で唐衣とともに用いられ，祝賀を現す模様が織り込まれた．したがって，大海の模様は，晴の場にふさわしい祝意を帯びた模様であったことになる．このことは，海の風景が祝意を帯びた晴の風景とみなされたことを示唆する．

　『作庭記』には，大海のほかにも，葦手，松皮，洲浜型といった模様の名が石の立て方や島の意匠を説明する言葉として使われており，大海様の大海が，模様の大海の意味をも含んでいたと考えることは可能である．とするならば，海辺はパターン化されたモチーフとして，海辺から遠く離れた都市の人々の身近にあったことになる．海辺のあるべき姿として理想化されたモチーフをとおして，人々は海辺のイメージを育み，共有したのである．家永(1966)は，「当時の人々は直接に山野に出でて自然に接しただけでなく，こ

れを日常生活の圏内に引き入れ，衣食住の内に自然の趣を表現することによって間接に自然を翫ばうとした」と述べている．このことは庭園に表現された海辺にもあてはまる．庭園には，人々が共通に認識できる海辺の趣が様式化されて，いいかえるならば約束事として取り入れられた．イメージを共有しイメージをつくりだすことで自然を享受することは，庭園にかぎらず，都市の人々が自然と接するあり方のひとつであるとみることもできよう．このとき，庭園が衣服や調度と異なる点は，庭園は岩や木や水といった自然そのものを素材とし，なおかつそのうちに身をおくことのできる現実の空間であったことにある．荒磯や洲浜の眺めが，しばしの間であっても，人々に海辺にある心持ちをもたらす．さらに，そこでは現実の空間に手を加えて，理想化された自然をつくりだすことも可能となるのである．

(3) 描き出される海辺

わが国の図像史では，荒磯と洲浜が組み合わされたデザインが，時代を超えて認められる．中世から近世初期に「蓬莱鏡」とよばれる和鏡が数多くつくられて，婚礼の祝儀に不可欠のものとして重宝されたが，その図柄は，荒磯と洲浜の組み合わせに松や竹，鶴や亀があしらわれていた．蓬莱鏡の名のとおり，鏡に表現されたのは蓬莱のありさまだが，その図柄が大海のただなかにそびえたつ蓬莱山ではなく，海辺の情景，それも荒磯と洲浜の組み合わせであったことは，庭園の荒磯と洲浜を考え合わせると興味深いものがある．

また，この時代には寺社の由来を描いた縁起絵にも荒磯と洲浜の組み合わせがみられる．四国88ヵ所の札所のひとつ志度寺に伝わる鎌倉後期に描かれた志度寺縁起絵では，海を隔てて上方に観音の浄土である志度寺の境内，海の手前に現世と地獄が描かれているが，観音の浄土は洲浜をなし，現世と地獄は岩山の上におかれている．京都黒谷の金戒光明寺の地獄極楽図もほぼ同様の構成で，海の向こうには洲浜の浄土が，手前には荒波に洗われる岩山上の現世と地獄とが描き分けられている．太田昌子は，毛越寺などにみられる浄土庭園の池の中の洲浜の島山の構成が，地獄極楽図屏風に描かれた世界イメージの原形をなすのではと指摘している．また，海の彼方の聖域のイメージが，浄土と重なっており，この「イメージ・マップ」が，民族の心理の中に深く長く共有され続けていたからこそ，多彩な図像のセットがつくりだ

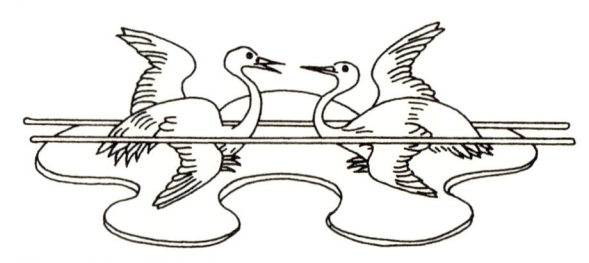

図 1.3 箸台の洲浜（『類聚雑要抄』より）

されたのだと述べている（太田，1995）．この荒磯と洲浜を組み合わせた図像は，「浜松図」「天橋立図」「美保松原図」など近世の屏風絵の主題へとつながり，白砂青松という，晴れやかで喜ばしい風景の理想像が定着する．時代とともに，荒磯と洲浜の組み合わせは，蓬莱，浄土と地獄・現世，名所と主題を変えながら変容し，人々の心の中にあこがれの地として生き続けてきたといえる．

　風流の飾り物としての洲浜も，都市生活における海辺と人々とのつながり方を考える場合の手がかりとして重要である．この場合の洲浜は，平安時代の宮中で歌合や物合などの晴儀の場に飾られた，歌や物にふさわしい情景や歌を雅びやかに飾りつけた台のよび名である．遺品が残っていないので，洲浜の具体的な姿を知ることはできないが，箸をおく台として使用された洲浜の存在（図 1.3）や『栄華物語』月の宴の段に洲浜を「汐満ちたる形」につくったとあることから，この台が洲浜とよばれた理由は，洲浜が潮の満ち引きする水際の様や波が打ち寄せては返して出入りする様といった水辺のかたちを輪郭にもつ台であり，「水と陸の狭間で様々に織りなされる様相を造形化したもの」であったからだと考えられている（小泉，1995）．なお，この洲浜は，近世においても祝賀の席の飾り物，あるいは，料理を盛りつける台として広く使われていた．

　洲浜の様態を，長久元年（1040）5月，当時斎宮として伊勢にあった良子内親王のために催された貝合にみてみよう．貝合は，平安時代の貴族たちの間に行われたもの合わせの一種で，左右に分かれ，貝のかたち，大きさ，美しさなどの優劣を競う遊びであり，洲浜に貝を飾り歌を詠み添えて勝負を競った．『斎宮貝合日記』によると，この貝合は3月の潮干狩りがきっかけとなり，めずらしい貝をひとつでももってきたほうを勝ちとするルールで催

されることになった．催しまでの2カ月間，斎宮周辺の人々はあちこちの海辺で貝をあさり，数多くのすばらしい貝を集めて準備したのだが，集められたさまざまの貝で斎宮の御座の前は二見浦がそのまま引っ越してきたような趣であった．遊びの当日，斎宮の前には趣向を凝らした洲浜が並べられ，そのいずれにも二見浦や白良浜など伊勢の海辺の名所が映し出されて，浦々で拾い集められた美しい貝が飾られていた．

たとえば，洲浜のひとつは対の櫛箪笥を使い，片方は徐福の仙薬探査の場面で，一面に張った銀の海に蓬莱の山と子どもたちを載せた船をおき，箪笥の中には歌を彫り，篦貝(のがい)が入れてあった．他方は，二見浦や白良浜に船が行き交う様を現し，こちらも箪笥の引出しにはいろいろな貝が入れてあった．また，山の向こうの浦には荒波が寄せ，こちらの浦には大勢の人が潮干狩りをしている様を現した洲浜，大きなつくりものの蛤の蓋を開けると，蓋の裏は海原の遠望が，身には長浜・白浜の浜辺が描かれ，下机に貝が象嵌された洲浜もあった．

貝合では，洲浜のできばえが勝負の要件であった．「この遊びにとって洲浜の描き出す海辺の情景と，それによって醸し出される情緒とが欠くことのできない本質的な要素であった」と，飾り物としての洲浜の重要性を永池健二は指摘する．たしかに，遊びのクライマックスは貝合の日に洲浜の趣向を競うことにあったにしても，この遊びは貝を集めるところから始まっている．海岸に出てめずらしい貝を探すこと，集めた貝を並べてみなで眺めて楽しむことの延長線上に，州浜の描き出す海辺の情景はある．勝負当日，参加者は洲浜のありさまを歌に詠むのだが，「読み手の心は，洲浜を媒介として，現実の海辺へと分け入っていく．そして，さらにその心を一首一首歌い継ぐという行為の積み重ねが，その場全体を，春の情趣の溢れた海辺の場へと移しかえていく」(永池，1991) ことが可能であったのも，現実の海辺の経験に裏打ちされていたからであろう．現実の海辺と，飾り台の海辺と，歌に詠まれる海辺が重なり合いながら，遊びの場において，人々の海辺の経験がかたちづくられていくことになる．

この洲浜のかたちから洲浜型の模様が生まれ，そのかたちが中島のかたちとして庭園に取り入れられる．海辺は，庭園のデザインと，衣装や調度を飾る図像と，遊びの場の舞台となる小物に共通するモチーフであった．その関

係の詳細を論じる余裕はここにはないが，海辺が人々の心の奥に荒磯と洲浜との組み合わせのイメージとして生き続けてきたことは確かである．

1.3 聖なる海辺とふれあう仕掛

(1) 海に旅する山の神

　山の神が海の魚であるオコゼを好むとする，山の神とオコゼにかかわる俗信や習俗あるいは祭事に柳田国男は注意を促し，紀州熊野の山中の神社で行われる山神にオコゼを供える祭や，獲物を山神に願うために猟師がオコゼをもちいる風習を紹介している（柳田，1978）．オコゼを山神に供える風習は各地にみることができ，オコゼを手に入れることがむずかしい海から遠い山村では，生の魚を供えたり，山にすむ巻貝を代用するところもある（山村民俗の会，1990）．これらの例は，海の生きものが山の豊かさに影響を与えるとする認識の現れである．反対に，陸の獣が海の神への供物に使われたり，狐が漁神として崇められる例もある．これら祭事や風習には海と山との深いつながりをうかがうことができる．

　たしかに，海と山との間には，古代から物資と物資を運ぶ人々を通じて交渉があった．山で生活する人々にとって必需品の塩は，海でしか手に入れることができなかったからである．塩の見返りとして，古くはおそらく獣の皮や肉あるいは薬草などが，近世になってからは薪が山から海辺へと運ばれた．山地の住民が丸木船をつくり，漁民たちに売ることも行われていた．多くの島や海岸の住民が，海藻や魚の加工品を山に運び，穀物や藁などの品と交換する風習をもち続けており，近世の都市の興隆が，人と物との動きを仲介するようになるまで，海と山とは直接交渉をもっていたと考えられる（千葉，1983）．

　海と山の関係を象徴的に現すのが，山の神の海への渡御である．磯遊びにおいて個人が浜に降りて清めを行うことがあり，浜降りとよばれたことをすでにみたが，神輿が海辺に渡御して神事を行うことも，浜降りのほか浜出，磯下りなどとよばれて各地で行われている．この浜降り祭は，日本海側でもみることができるが，太平洋岸に多く，とくに九州南部と関東・東北に濃密

に分布する．この浜降りは，個人の場合も神事の場合も，潮水によってけがれを清め，生命力の蘇生・回復を祈願するものであった（藤田，2002）．祭の時期も，祭にまつわる伝承も，祭の形態も各地でそれぞれに異なっているが，浜で神事を行うことは共通している．

　東京湾でも佃島の住吉神社の祭で，防波堤が建設されるまで海中渡御が行われていたように，海岸部の神社で浜降りが行われることはめずらしくないのだが，海岸から遠くはなれた山間部の神社から神輿が海辺へと渡御する祭が少なからずみられることには，内陸部の人々の生活もまた海と深くかかわってきたことを物語る．福島県では，太平洋に流入する河川に沿って，浜降り神事を行う集落が多数存在する（佐々木，1971）．茨城県でも河川に沿って，山間部の神社の浜降り祭が行われる．たとえば，茨城県多賀郡十王町の竪破山頂にある黒前神社は古くから7年目ごとに，4月8日に伊師浜への磯出を行ってきた．神輿は5泊6日にわたって14の村々を巡幸し，伊師浜で「潮垢離の儀」を行う．また，日立海岸では35社が浜降り神事を行っており，もっとも多くの神社が浜降りを行ってきた水木の浜では，13社の浜降り神事が執り行われる（笹谷ほか，1991）．

　水木の浜で行われる浜降りのうち，西金砂神社と東金砂神社の浜降り祭は規模の大きさで際立っている．西金砂神社と東金砂神社は，水木の浜から直線距離にして22 km離れた阿武隈山地の東・西砂山頂に座しており，浜降り祭は，大祭礼が72年に一度，小祭礼が6年に一度行われる．両社ともに，祭神が鮑の船に乗って水木の浜に上陸したとの伝承を有する．また，渡御の途中，宿泊地で舞われる田楽は，五穀豊穣を祈り新しい生命を蘇らせる意味合いをもっており，浜降りが生命の再生を願う祭であることを示唆する．昭和6年（1931）の大祭礼では足かけ3年におよぶ準備がなされ，祭礼の順路となる町村では延べ数万人が奉仕活動に参加した．このように浜降り祭は広域的な村落の共同作業である．日立海岸では，かなり広域の内陸部の神社から，特定の浜に浜降りをしており，山・岡・浜・海（磯）を結ぶ古代以来の社会交流圏の存在を示唆している（笹谷ほか，1991）．

　このように山の神と海の神が出会う浜降りは，山の原理と海の原理が結びつく機会とみることができよう．海辺が，山の原理と海の原理を媒介する場であったことを，青木由起子は海幸山幸神話を例につぎのように述べている．

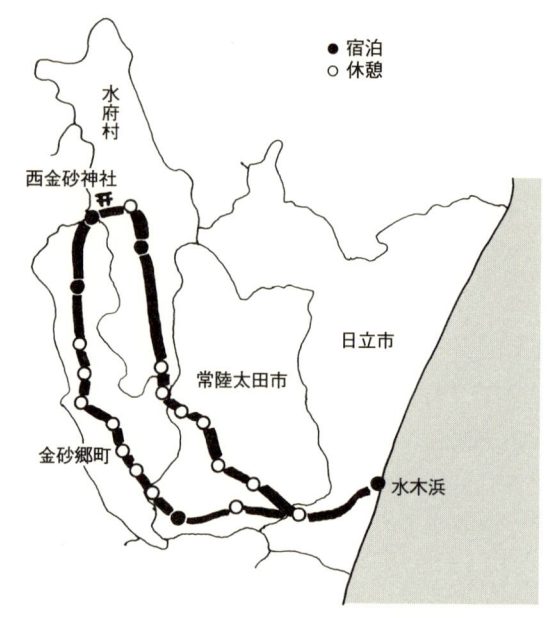

図 1.4 西金砂神社浜降り祭順路（藤田，2002 より作成）

　海幸山幸神話では，釣り針を失ったホヲリ（山幸彦）は，シホツチノヲジ（塩椎神）の助力を得て海神の宮にたどり着くことになっている．ホヲリが海辺で悲嘆に暮れていると，シホツチノヲジが現れて話を聞き，竹籠の船をつくってその船にホヲリを乗せ，海神の宮への道を教えるのである．シホツチノヲジ（『日本書紀』では塩土老翁，塩筒老翁）は，よい場所の存在を教える役割を有し，そこへの海上交通を支配する，塩の霊を意味する名をもつ神だとされる（『日本書紀』註，151）．ホヲリは，海と山の中間に位置し両者の境界領域である海辺でシホツチノヲジに出会っている．したがって，山の原理の代表者であったホヲリを海の原理と結びつける媒介者としての役割をシホツチノヲジが果たしているとみることができる（青木，1983）．
　このようにみてくると，山の神が海へと旅する浜降りは，山に住む人々が海との関係を共同体として確認する作業であったといえる．この祭礼において物や人の交流は，神輿の渡御という目にみえるかたちになって人々の前に示される．田楽や神事といったパフォーマンスをともない山から海へと続く道筋を身体的に経験しながら海辺を定期的に訪れることで，内陸部に住む

人々は海とのつながりを保持してきたのである．

(2) 上巳の潮干狩り

　春の磯遊びで潮干狩りが行われたことはすでにみたが，江戸時代になると都市の近郊の浜辺が潮干狩りの場所として名所に数えられるようになり，潮干狩りは春の行楽として定着していく．江戸の年中行事を記した『東都歳事記』3月3日の条は，「汐干」として，

　　当月より4月に至る．其内三月三日を節とす．（略）
　　芝浦・高輪・品川沖・佃島沖・深川洲崎・中川の沖早旦より船に乗じて，はるかの沖に至る．卯の刻過より引始て，午の半刻には海底陸地と変ず．ここにおりたちて蠣蛤を拾い，砂中のひらめをふみ，引残りたる浅汐に小魚を得て宴を催せり．

と，江戸のいたるところの海辺で潮干狩りが行われたことを記す．船で沖に出て潮の引くのを待ち，潮が引くと干潟に降りて貝を拾い，あるいは小魚をすくって遊んだり宴を催したりするのである．佃島についても『江戸名所図会』が，「弥生の潮乾には，貴賤袖を交えて，浦風に酔を醒し，貝拾い，あるいは磯菜つむなんど，その興殊に多し」と記している．

　　うららかさ品川沖へかちはだし
　　のどかさは女中ひらめに踏みあたり
　　汐干には内の苦労も忘れ貝
　　大海で土ほじりするうららかさ
　　母一人舟の廻りで拾ってる

と川柳は，潮干狩りを春の風物として詠む（西原，1928）．これらの川柳には，通常は海水に満ちた海のただなかが陸地になり，歩いたり掘り返したりすることのできる不思議さと新鮮さ，素足にふれる砂や魚の感触，広い砂浜で一日を過ごす開放感が認められる．

　海で手に入れた貝を知人に贈ることもあったらしい．天明3年（1783）3

30　第1章　海辺のトポス

月6日，大和郡山藩二代藩主柳沢信鴻は，その『宴遊日記』に，「米堂手紙，汐干に行し由，蛤等数種貰ふ，移りに土筆・最中月遣ハす」と記している．信鴻は隠居の身で，六義園で知られる駒込の下屋敷に住んでいた．米堂は信鴻の俳諧用人である．米堂の出かけた潮干狩りの場所は不明だが，江戸の北はずれの郊外である駒込の地まで，潮干狩りの季節には，貝とともに潮の香りが届けられたことになる．

　潮干狩りのにぎわいが江戸だけではなかったことは，和歌山吹上浜の潮干狩りにみることができる．『紀伊名所図会』の挿し絵「吹上の浜汐干」は，武家も町人も，大人も子どももいっしょになって貝拾いに興ずる一方で，砂浜には茶店や食べ物屋が並んで，春景色と貝拾いを眺めながら酒宴を開く人々を描いている．九州の長崎では大浦の浜辺などに男女うち群れて，楽器を鳴らす芸人を引き連れて出かけたというし，伊豆の伊東でも，潮干狩りのころは，近くの島を訪れて三味線などを鳴らしてにぎやかに遊んだという．潮干狩りを見物する風習もあった（小野，1992）．

　このように，江戸時代の，とくに都市近郊の海辺で行われた上巳の潮干狩

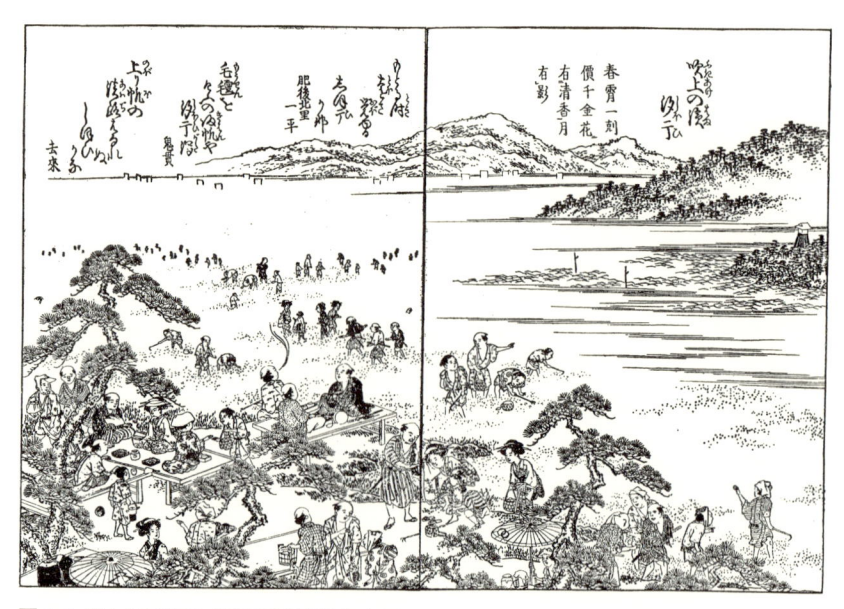

図 1.5　吹上の浜汐干（『紀伊名所図会』より）

りが，貝拾いに興じ海辺で詠い騒ぐ娯楽性の強い催しであることが多かったにしても，その民俗行事としての性格が失われてしまったわけではなかった．たとえば，熊本城下の年中行事を記した『歳序雑話』は，「上巳，……此日銀潮平にして干潟遠し，之を以て俗に名づけて潮干と曰ふ，海浜蛙蛤・蜆・蟹・海藻を求めて，或は小舟にて或は跣足にて，以て興となす」と，江戸や和歌山と同じような潮干狩りの様子を記した後に，「旧事尽く流水に随って去る」と，この日海水に浸かることに蘇りの意味合いが含まれていたことを述べている．

　都市に住む人々にとって潮干狩りは，日常生活において海と直接関係のない生活をする人々が，海にふれる機会であった．せまい長屋住まいや，大きな屋敷の奥深くに暮らす人々が海辺へと出かけ，海の風に吹かれ，波に足を洗われ，砂の感触を足裏に感じながら，一日を過ごすのである．自分で捕った貝を食べるのも，都市生活者には新鮮な経験であったにちがいない．風土記の時代の高浜の磯遊びと同じように，潮干狩りの人々は，自然の霊気にふれて生命の蘇りをはかったのではないだろうか．そして，それが上巳の潮干狩りの本来の意味であったであろう．この潮干狩りが年中行事であることは，年に一度，日ごろ海にかかわりのない一般の人々にも海にふれる機会が準備されていたことを意味する．海とのふれあいは，暦に記されて，生活の中に組み込まれていたのである．

1.4 なつかしき住家(すみか)

　　われは海の子白浪の
　　騒ぐ磯辺の松原に
　　煙たなびく苫屋(とまや)こそ
　　わがなつかしき住家(すみか)なれ
　　　（『尋常小学校読本唱歌』六年生用，1910）

　「われは海の子」と題されたこの小学唱歌の冒頭に詠われている海辺のしつらえ，つまり，波の打ち寄せる磯，砂浜の松原，松の木陰の簡素な家は，古くから名所絵に描かれてきた海辺の光景と重なり合う．海辺の風景の共通

イメージが，永く変わらずにきたことを，この歌は教えてくれる．だが，その光景をこの歌は追憶の対象としている．しかし，明治43年（1910），この歌が発表されたころ，ここに詠われた海辺の様子は，当時多くの人々が目にする海辺の姿とほぼ同じであったはずである．たしかに歌詞を読み進むと，この歌が遠く離れて故郷の海辺を想う歌であることがわかる．しかしながら，われわれはこの歌に詠われた海辺を，時間の彼方の光景として思い描く．

工業化時代の到来とともに，海辺の聖地性は失われていく．おおまかにみるならば，遠洋漁業がもたらす沿岸漁業の衰退，ガスや電気の普及による松林の燃料源としての重要さの減退，苫屋の風流より文化住宅やマンションの利便性がもてはやされる時代への推移などなど．それに，陸上交通の発達は，海からの寄物をあてにしなくても，鉄道とトラックで運ばれる物資で用がたりる生活をもたらした．

用済みになった海辺は，ただの空地となり，埋め立てられて工場用地となったのだ．

現代社会において，海辺が人々にとって意味のある場所となるためには，海辺と人々との間に新たな関係をつくりだすことが必要であろう．海が人間にははかりしれない力を秘めた自然であることは昔もいまも変わらない．だが，人々はそのことをほとんど忘れている．海との関係が断ち切られたところでわれわれは生活している．だから，われわれの時代にふさわしい海との関係をむすぶためには，海辺に新しい意味を付与し，われわれと海とをつなげる，ある工夫と仕掛が必要とされるであろう．それは，われわれの心の奥深く，いいかえるならば，わが国の文化の基層に流れ続けてきた海とのつながりの深さと豊かさをよびさまし，現代に蘇らせる手立てでなければならない．

そのために，まずは海辺に出かけよう．海の不可思議にふれ，海の美しさにみほれ，そして，みすてられた海辺のあわれさに目を向けよう．それが海との関係を生み出す第一歩となる．

小野佐和子

2 海辺
——すみかの原型

2.1 縄文時代の豊かな海辺

(1) 東京湾は住宅密集地帯

　東京湾の海辺には，いつから人々が住むようになったのだろうか．日本で人間が生活していた痕跡が確実にみつかり始める時代は，いまのところ，およそ3万3000年前とされている（堤, 2002）．この時代から約1万3000年前まで，旧石器時代（先土器時代）とされる地層からは，石鏃や石斧などの打製石器やそれらの加工場が，日本各地でみつかっている．これらの多くは，台地上や火山周辺の山麓斜面の土の中から発掘される．住居跡がみつかることがきわめて稀なので，人々は一カ所に定住せずに，食料を求めて移動しながら生活をしていたと考えられている．

　この時代，東京湾は干上がっていて，海岸線は三浦半島よりも南にあった．大陸氷河の発達によって，最終氷期の最寒期（約2万2000-1万8000年前）には，海面は現在よりも約120m低下したと考えられている．最終間氷期（約12万-8万年前）に広がった平野と浅い海も陸化して台地になり，台地は奥深くまで削り込まれ，無数の谷が形成された（図2.1）．この時代に海辺で人々の生活が営まれていたかどうか．それは，当時の海岸線がいまでは海底にあるためによくわかっていない．しかし，海の貝が石器とともにみつかっていないので，海辺で多くの人々が生活していたとは考えにくい．

　氷期が約1万8000年前に終わり，気候が温暖化するにつれ海水面が上がり，約6500年前には，現在よりも3m高い位置にまで上昇した．海は，氷期にできた谷の奥深くまで入り込み，無数の細かい入り江が形成された．当時の海岸線の位置や海の環境は，現在の低地の地下に堆積した地層を調べることでわかる．それだけではなく，台地の縁にしばしばみつかる貝塚の分布や，貝塚を構成する貝の種類を調べることでも，当時の環境と人々の暮らし

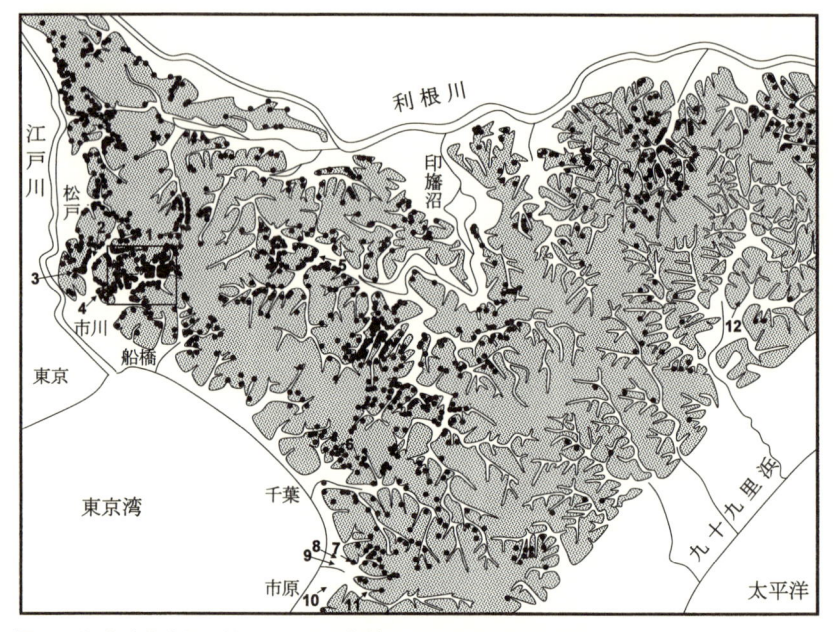

図 2.1 縄文時代中期（約 4000-5000 年前）の千葉県北部の遺跡分布図（千葉県文化財センター，1985 にもとづく）
●は縄文時代中期の指標となっている加曽利 E 式の縄文土器が出土する遺跡の分布．遺跡は造成工事の際に発見されることが多い．まだ開発されていない場所や，文化財保護法によって造成時の発掘調査が義務づけられる前に宅地化された場所では，遺跡の分布は少なくなる．
1 は図 2.5 の大柏川流域の地図の範囲．2-12 は本文と図 2.10 で取り上げる遺跡や植物化石調査地点の位置．2：松戸市国分谷，3：市川市堀之内南遺跡，4：市川市イゴ塚貝塚遺跡，5：八千代市平戸，6：千葉市加曽利貝塚，7：千葉市神門遺跡，8：千葉市浜野川遺跡，9：千葉市村田服部遺跡，10：市原市市原条理跡遺跡，11：千葉市茂呂町，12：多古町南借当遺跡．

が明らかになってきた．

　人々の定住生活は，縄文時代（約 1 万 3000-2300 年前）の海辺で始まっていた．台地上に分布する住居跡と貝塚，それらとともに大量にみつかる縄文土器などの遺物が，定住生活の証拠である．何世代も同じ場所に竪穴住居を築き，そこで大きな土器を使って煮炊きが行われていた．ゴミ捨て場には貝殻や壊れた土器が累々とたまり，貝塚となった．同じ場所で生活を続けるには，住居の周辺で食料が安定して得られることが必要である．貝塚を構成す

る大量の貝殻と魚骨は，当時の人々の生活が豊富な海産物によって支えられていたことを物語っている．

東京湾北部沿岸では，縄文時代の早期（約1万-6000年前）から前期（約6000-5000年前）へと遺跡の数が増加し（図2.2），縄文時代中期（約5000-4000年前）の遺跡数は，図2.1のようにおびただしい数になった．東京湾周辺の台地上は，日本でもっとも遺跡の密度が多い場所だとされている．現代ほどではないが，縄文時代も住宅密集地帯だったのである．これだけ多くの人々の生活を長きにわたって支えることができた，縄文時代の自然環境はどのようなものだったのだろうか．

(2) 海と森に囲まれた台地の住まい

縄文遺跡の分布は，東京湾や太平洋に面した場所よりもむしろ，東京湾や利根川に流れ込む谷など，当時，入り江になっていた谷の奥に集中している（図2.1）．入り江の奥まで貝塚をともなう遺跡が広く分布するのは，居住に適した台地に海が接する場所が，それだけ広がっていたからである．氷期に台地が削り込まれてできた谷は，そこに海が入ることで浸食が進んだが，土砂が入り江の中に堆積し，海の底を浅くした．入り江が遠浅の海になったことで，干潮時には干潟や浅瀬が広がり，貝や魚が豊富な漁場となった．

外洋に面した場所よりも少し陸側に住居が集中する理由は，縄文時代の人々が海産物だけではなく，植物や哺乳類など，多種多様な食料を利用して生活していたためでもある．海辺の遺跡から出土した人骨の炭素・窒素同位体分析から，縄文人の食生活が復元された（南川，2001）．この研究によって，本州以南の貝塚をともなう集落では，食物重量の6-9割が植物起源で，魚介類や海産動物は1-3割にすぎないことが明らかになった．タンパク質は，堅果，根菜，雑穀などの植物から4-5割，イノシシやシカなどの哺乳類から2-3割，イルカなどの海産哺乳類や魚介類から2-4割を摂取していたと推定されている．

このことから，海辺の縄文人は植物食を中心とした食生活を維持するとともに，特定の食料に依存することで資源が枯渇することをさけていたと考えられている．すなわち，海の幸と森の幸の両方が豊富な台地の入り江が，もっとも生活に適した場所だったのである．

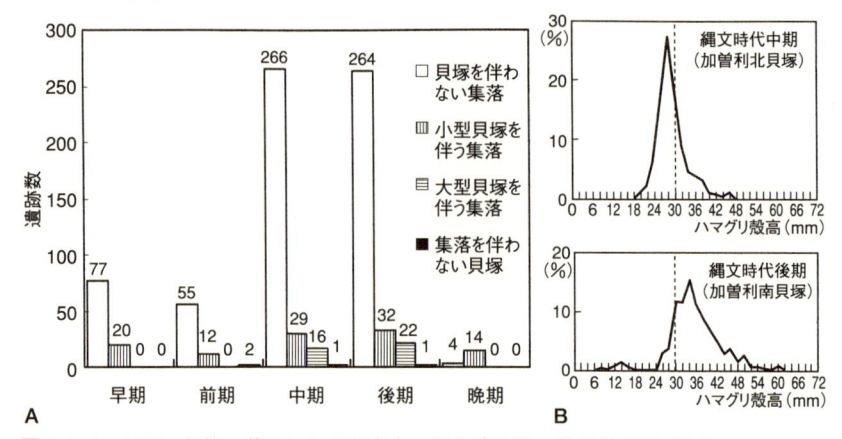

図 2.2 A：貝塚の規模に着目した千葉市内の縄文遺跡数の時代的変遷（後藤，1996 をもとに作成），B：千葉市加曽利貝塚の縄文時代中期から後期へのハマグリ殻高サイズ分布の変化（樋泉，2001）．
遺跡数の時代累計は 906 で，貝塚をともなわない集落 666，小型貝塚をともなう集落 107，大型貝塚をともなう遺跡 38，集落をともなわない貝塚 4，性格・時期不明のもの 91 が存在する．

　住居跡の大部分は台地面の縁辺部でみつかっているが（図 2.1，図 2.5），これは谷壁斜面の下でしか真水を得ることができなかったためである．関東平野は，標高 20 m 前後の平坦な台地からできており，湧水はそれを削り込む谷（開析谷）の斜面の下から湧き出ている．

　台地の上部は，最終氷期（約 8 万 –1 万年前）に箱根・富士，浅間などの火山から飛んできた火山灰が数 m 積もり，それが風化してできた関東ローム層で構成されている．ローム層は多孔質で水をよく吸収するため，台地上に降った雨は地表を流れずに地下水となる．地下水は，ローム層の下の最終間氷期にたまった砂泥層を通って，台地の縁の斜面の下で湧き出す．房総半島北部の縄文時代の集落の 94 % 以上が，湧水点から 200 m 以内の距離に限定されていたことが明らかになっている（菊池，2001）．台地地帯ではごく最近まで，泉の近くがもっとも居住に適した場所だった．

　台地上の集落は，竪穴住居や共同作業が行われる建物などから構成され，その周囲には貝塚などのゴミ捨て場や土坑墓群があった．これらの施設の空間利用はかなり秩序だっていたことが，日本各地の遺跡の発掘調査から明らかになっている．たとえば，青森県の三内丸山遺跡では，縄文時代前期から

中期までの約1500年間，約35 haにおよぶ大集落が存続したが，その間，居住と大型建物，墓，ゴミ捨て場の位置は変化せず，一定の場所に整然と長い間，構築され続けた．縄文人は同じゴミ捨て場に継続して廃棄を行い，地点によっては分別を行っていた．これらのことからは，医療が未発達だった当時，衛生環境の保持こそが生き延びるための適応戦略だったこと，長期間の定住によってその土地に対する愛着・執着・習慣・風土といった精神文化が積み上げられていったことが示された（岡田，1997）．

　縄文時代は約1万3000年前から約2500年前までの1万年以上続き，その間の数千年にわたって同じ地域で集落が存続したことはめずらしくない．このように長い間定住生活が続けられたのは，豊富な食料資源が安定して供給されたためだけではなく，有限の土地と自然資源をうまく利用する術を，縄文人が心得ていたためである．海辺の縄文人は，魚や貝，陸と海の哺乳類，クリやクルミなどの堅果類やその他の果実，マメ類やアワ，ヒエなどの雑穀，ヤマノイモなどの根菜，山菜類など，多種多様な食料を居住地周辺から採取して生活していた．季節によって状態が変化するこれらの自然資源をうまく利用し，1年間の生活を全うした彼らには，地域の生態系を観察し，理解する力が相当あったにちがいない．

　縄文土器の製作にしても，粘土や混入物の選定から陰干しや焼き上げに至るまで高度な技術が必要であり，その土地の地質と天候についての知識が不可欠である．製作工程を考えると，春先と秋口にしか土器がつくれないので，熟練工によってかなり計画的・組織的に土器づくりが行われていたと考えられている（後藤，1996）．このように，縄文社会は自然環境と生活技術についての豊富な知識をもつ人々の集まりであり，計画的・組織的に共同作業が行われ，規則と習慣を守ることで存続した，成熟した社会なのである．

(3) 貝塚が物語る海辺の社会

　関東平野の台地の縁で頻繁にみつかる貝塚を調べると，縄文人の生活ぶりや，縄文社会の様子が詳細に明らかになる．貝塚とその周辺からは貝だけではなく，魚骨や獣骨，魚を採るための釣り針や，獣を捕るための石鏃，その他，生活のためのさまざまな石器や土器が出土するからである．

　貝塚には，直径数mのものが遺跡内に点在する小型貝塚と，数十m以上

の範囲に貝が集中的に廃棄されている大型貝塚の2種類ある．日本最大級の大型貝塚には，東京下町低地の西縁に位置する中里貝塚（図2.4）や，千葉市都川中流域に位置する加曽利貝塚（図2.1，地点6）がある．中里貝塚は長さ約1km，幅70-100m，厚さ最大4.5mに達する巨大貝層からなり（樋泉，2001），加曽利貝塚は東西300m，南北400mにおよぶ（後藤，1985）．このような大型貝塚に匹敵するものは，宮城県塩竃のカキのむき身や滋賀県堅田の淡水貝の佃煮といった，江戸時代以降の貝の加工産業にともなう廃棄場でしかみられない（後藤，1985）．

中里貝塚は居住に適さない低湿地に分布し，住居跡がみられず土器などの遺物がきわめて少ない．ただし，西側の台地上に同時代（縄文時代中期）の大集落群がみつかり，貝塚と集落の盛衰の時期はよく一致していた．大型貝塚の分布が多い千葉市でも，貝塚をともなわない集落の数は貝塚をともなう集落よりもはるかに多く，集落をともなわない大型貝塚も分布する（図2.2；後藤，1985）．

大型貝塚には，同じ種類の貝が同じ場所に大量に投棄されていることが多く，それらの貝殻の成長線を分析すると，春期を中心にある程度定まった季節サイクルにしたがって採取が行われたことが明らかになっている（小池，1979）．また，大型貝塚では，小型貝塚にはみられない大きな焚き火跡や，煮沸用土器が認められることが多い（後藤，1985）．これらのことから，大型貝塚は集落の生活ゴミの廃棄場ではなく，貝のむき身作業を行ったり，貝を煮つめて干貝にしたりする，浜辺の水産加工場だったと考えられている（後藤，1985）．

大型貝塚で加工した干貝は保存食として内陸集落へと送り出され，それらと引き替えに，日常の生活に不可欠であるが近隣では得ることのできない物資を得ていたと考えられている．たとえば，加曽利貝塚からは，房総半島では得ることのできない，硬い石材を使った道具が多数出土している．伊豆・箱根や長野県和田峠産の黒曜石を使った石鏃，赤城・榛名山系産の安山岩でつくられた石皿や石斧などである．そのほか，網につける浮きに使われた軽石は伊豆天城山のもの，勾玉に使われたヒスイは新潟県姫川・糸魚川上流の原産だった（後藤，1985）．大型貝塚は，縄文時代後期末から晩期初頭へと急速に減少し（図2.2），時を同じくして製塩遺跡が出現する．このことか

ら，干貝は塩そのものがまだ普及していなかった時代の塩分の補給源として，重要な意味をもっていたと考えられている（後藤，1985）．

大型貝塚は縄文時代中期になって出現するが，これは，人口の増加とともに漁獲量が飛躍的に増加したことを物語っている．その一方で，長期におよぶ継続的な貝類の採取の結果，干潟の貝類資源が深刻なダメージを受けていたことが，東京湾岸の貝塚の主要構成貝であるハマグリの貝殻の大きさの調査から明らかになった（樋泉，2001）．縄文時代中期に形成された加曽利北貝塚のハマグリは，殻高20-35 mmの小型のものが大部分である（図2.2）．ハマグリが成熟し，繁殖能力をもつようになる大きさは30 mm前後なので，当時は未成熟の貝まで「濫獲」していたことになる．

東京湾岸の貝塚の数や規模は，縄文時代後期前半（4000-3500年前）になってさらに拡大し，東京湾岸一帯にくまなく分布するようになった．これは，漁獲量がさらに増加したことを示している．ところが，加曽利南貝塚を含む千葉市の縄文時代後期の貝塚では，むしろ，30-40 mmの成熟貝が主体となる（図2.2；樋泉，2001）．

漁獲量の増加に相反してハマグリの大きさが増加する現象の背景として，海水位の低下にともなってハマグリの生育に適した干潟の環境が広がったことも考えられているが，人間の貝の採取の仕方にも大きな変化が起こったことが指摘されている（樋泉，2001）．図2.2のサイズ分布では，30 mmを境にしてそれよりも小型の貝の個数が急減しており，当時の人々が未成熟の貝を意図的に漁獲対象から外していたことを示している．このことから，現在の海辺でも行われているように未成熟の貝を採らずに残すことが，資源の保全と持続的な生産につながることを，当時の人々が経験的に学び，社会の規則の中に取り入れていったことがわかる．

2.2 縄文時代の環境変化と海辺の生活の変化

(1) 地球温暖化と定住生活の始まり

縄文時代の約1万年間は，海辺を取り巻く環境が大きく変化した時代である．氷期の最寒期末（約1万8000年前）から縄文時代の最温暖期（6500年

前) までのおよそ 1 万 2000 年間に，地球上の大氷河が溶けることによって，海水面が約 120 m 上昇した．気候の温暖化は同じ割合で進んだわけではなく，寒暖を繰り返しながら進行し，温暖化が急激に進んだ時代と，緩慢に進んだ時代がある．

縄文時代早期にあたる 8500 年前から 6500 年前には，海水面の上昇が急激に進んだ．東京湾沿岸では，マガキなど潮間帯に生息する貝の化石を使って，海面高度の変化が調べられた（図 2.3）．この結果，約 1 万 1000-8500 年前の海面高度は現在の海水面の約 38 m 下にあったのが，約 6500 年前には現在の海水面よりも 3 m 高くなったことが明らかになった．すなわち，2000 年間で海水面が約 40 m 上昇したことになり，100 年間で約 2 m の海面の上昇があったことになる．海水の重みや断層運動で海底が沈んだことを考慮に入れると，実際の上昇速度はこれよりも少し小さい値になる．しかし，現代の地球温暖化による今後 100 年間の海面上昇が 65-100 cm とみつもられていることを考えると（堂本・岩槻, 1997），この時代の海面変化はきわめて急激だったことにはちがいない．

海面の急激な上昇にともなって，海辺の集落は移動を余儀なくされたと考えられる．しかしながら，この時代の海辺の生活を知る手がかりはいまのところ少ない．縄文時代早期に海辺にあった遺跡の多くが，海底に水没しているからである．たとえば，渥美半島で発見され，8600-8300 年前の炭素同位体年代が得られた先刈貝塚は，標高 −13 m の位置にある（泉・西田, 1999）．

縄文時代の地球温暖化は，地域の生物相に大きな影響を与えた．太平洋岸各地でみつかる貝化石の組成を時代ごとに追跡することで，8000 年前から 6500 年前へと，ハイガイなどの貝の北限が，黒潮前線とともに北上していく様子が明らかになった（松島, 1984）．この結果，各地の内湾の貝類相の多様性が高くなった．温暖化によって南方系の貝が北上するとともに，海面の上昇によって谷の奥まで海が広がり，多様な生息環境が形成されたためである．

陸上の生態系も温暖化とともに変化したことが，関東各地の地層の花粉分析や，種子・果実化石の調査から明らかになっている．最終氷期の関東地方から近畿地方までの低地には，バラモミ類，チョウセンゴヨウ，コメツガ，

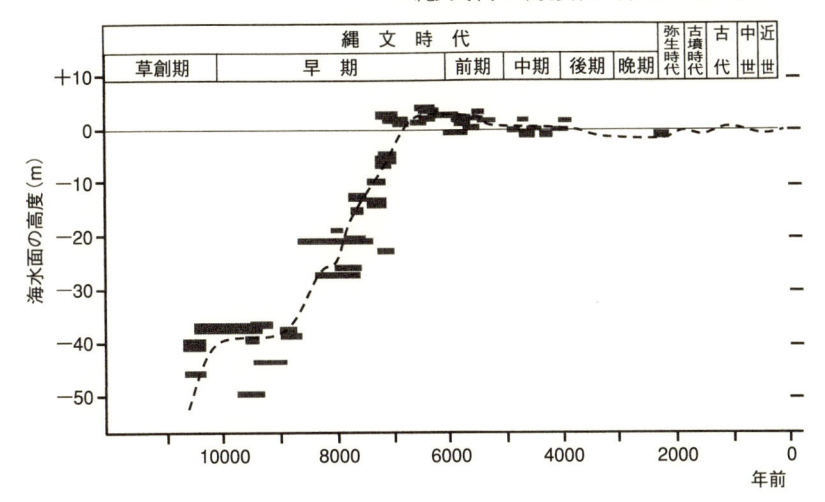

図 2.3 約 1 万 2000 年前以降,現在までの東京湾の海水位変化曲線(小杉,1992 にもとづく)
黒色の部分は東京低地地下から発掘された,カキなどの潮間帯生貝化石や泥炭層の地表からの深さと,それらの放射性炭素同位体年代の分布.それらから,海水面の高さの時間変化が復元された.

シラビソなど,現在の亜高山帯に分布する針葉樹が優占する林が,ナラ類やカバノキ属が優占する落葉広葉樹林とともに広がっていた.およそ1万3000年前に針葉樹林が関東平野から急激に消滅し,その後カバノキ属の多い森林を経て,約1万年前には平野部がナラ類,山地域がブナとミズナラの多い落葉広葉樹林に覆われるようになった.この時代の東海地方から九州にかけての太平洋岸では,カシ類やシイ属などの常緑広葉樹が分布を拡大し始めた(松下,1992;辻,1997).

日本列島でこのような植生変化が起こった約1万3000年前から1万年前は,日本各地で最初の土器が出土し始める,縄文時代草創期にあたる.縄文時代の始まりは,生産力の低い針葉樹林が消滅し,豊かな食料資源をもたらすブナ科の広葉樹林が分布拡大し始めた時代とほぼ一致する(辻,1997).すなわち,気候の温暖化が,海と陸の土地の生産力を高め,定住生活を可能にしたのである.

縄文時代は,土器の様式の変化にもとづいて時代区分されているが,文化史的には,環境に適応するために技術革新を模索した模索期(縄文時代草創

期；約1万3000-1万年前），貝塚や定住集落の原型が出現した実験期（縄文時代早期；約1万-6000年前），典型的な定住集落を完成した安定期（縄文時代前期-晩期；約6000-2500年前）の3期に大別する見方がある（泉・西田，1999）．縄文時代前半の約7000年間かけて縄文文化が成熟していったことを考えると，縄文文化は，急激な自然環境の変化の中で，人々が長い間，試行錯誤を繰り返して築き上げた，生活の知恵の結晶だといえる．

(2) 貝塚からトチ塚，クルミ塚へ

約6500年前にもっとも海水面が高くなったときの海は，関東平野の奥深く，現在の栃木県南部の渡良瀬遊水地あたりまで入り込み，奥東京湾とよばれる内湾となった（小杉，1992；図2.4）．その後，6500年前から5300年前までの縄文時代早期末から縄文時代前期にかけて，海水面は現在よりも3m高い位置で安定した（図2.3）．入り江が広がったことと，比較的安定した海の環境が続いたことで，東京湾北部から奥東京湾周辺の台地域では台地上の集落と貝塚が増加した．

ところが，縄文時代前期末の約5300年前に，海水面が標高1mにまで急速に低下した（小杉，1992）．海進が終わると，川によって運ばれてきた土砂が，河口の三角州の先端で海を浅くし，海岸線が湾の出口へと前進し始めた．奥東京湾には利根川と荒川が流れ込んでいたために土砂の供給が多く，海水面の低下にともなう海岸線の移動も速かった．約5500年前に埼玉県北部にあった海岸線は，縄文時代中期の約4300年前には埼玉県南部の三郷市あたりまで前進した（図2.4）．この間の海岸線の前進速度は，年間30mである．

このような海岸線の急激な変化の様子を，奥東京湾周辺で暮らしていた縄文人たちは台地上から眺めて過ごしただろう．しかしながら，彼らの生活にとって，この環境変化は死活問題だったにちがいない．これまで豊富だったアサリやカキなどの海の貝が少なくなり，湾の奥ではシジミしか採れなくなってしまったからである．これは，海水位の低下とともに奥東京湾が縮小しただけではなく，川によって運ばれた土砂が内湾の出口で砂州をつくったことで，湾内の淡水化が進んだためである．海岸線の後退にともなって，集落や貝塚が湾口部へと移動し，貝塚を構成する貝の組成も変化していく様子が

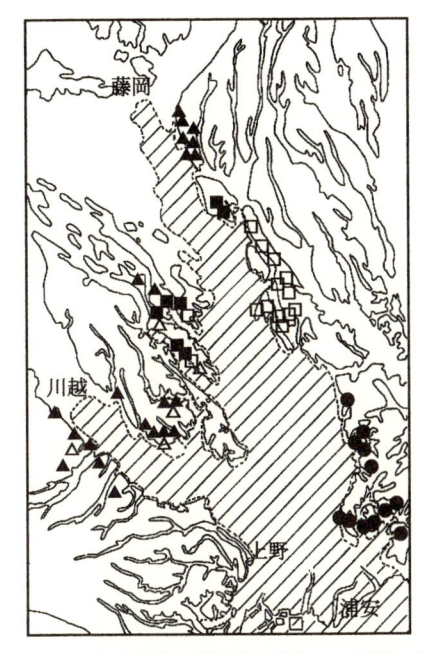

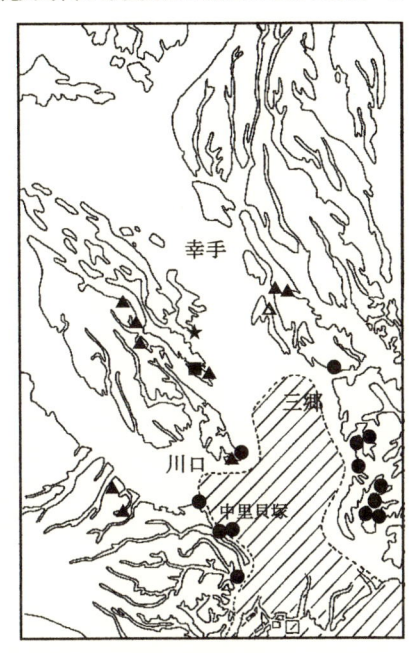

図 2.4 奥東京湾の海岸線の変化と, 貝塚の主体貝種の組成変化 (金山・倉田, 1994 を改変)
左：縄文時代前期 (約 5500 年前), 右：縄文時代中期後半 (約 4300 年前).
▲：ヤマトシジミ, △：マガキ, □：アサリ, ■：ハイガイ, ●：ハマグリ, ★：ハナモグリ.

明らかになっている (図 2.4；金山・倉田, 1994).

　海水面は, 約 3500 年前の縄文時代後期後半にさらに低下した. それまで標高 1m 前後だった海水面が, 弥生時代前期にあたる約 2000 年前までに, 現在よりも 1m 低い位置へと低下したのである (小杉, 1992；図 2.3). 東京湾奥部の海岸線は約 2000 年前には現在とほぼ同じ位置になり, 奥東京湾は消滅した (小杉, 1992). 千葉県北部の台地の入り江では, 土砂の流入が奥東京湾ほど多くなかったため, 比較的遅くまで海水が流入していたと考えられる. しかしながら, 縄文時代後期以降の海退によって, 海水域は入り江の出口へと大きく縮小した.

　縄文後期から晩期への海退にともない, 東京湾北部周辺の遺跡からは貝塚が急激に減少し, 規模もしだいに縮小していった. それとともに, 獣骨や狩猟具の出土量が増加し, 狩猟への傾倒が顕著になったとされている (樋泉,

1999).また，縄文時代中期から後期へと，土掘りの用の打製石斧が普及するようになるが（金山・倉田，1994），これはヤマノイモなどの根菜を掘る機会が増えた可能性を示している．さらに，縄文時代後期にはトチノキの種皮の破片だけが集積してできたトチ塚や（金箱，1990），割られたクルミの果皮だけが集積してできたクルミ塚が（たとえば，東村山市遺跡調査会下宅部遺跡調査団，2002），割るのに使ったと考えられる石皿や叩き石とともにみつかるようになる．すなわち，海産物が減少することで，植物食の比重のより大きい食生活へと変化したのである（金山・倉田，1994）．

　トチノキの種子はアクがかなり強く，アク抜きには複雑な作業工程を必要とし，水でさらしてアクを抜くのに時間がかかる（渡辺，1984）．トチ塚は，粉々に砕けたトチノキの種皮が密集したもので，埼玉県川口市赤山陣屋跡遺跡では東西174 cm，南北169 cm，最大厚48 cmのものを含め2つのトチ塚がみつかっている（金箱，1990）．トチ塚は，台地面の縁につくられた貝塚と異なり，湧水や流水の豊富な台地斜面の下でみつかり，そこには杭や横板を組み合わせてつくられた大きな遺構がみつかることが多い．この遺構は，トチの実を大型土器で蒸した後，石皿と叩き石を使ってトチの種子を細かく砕き，それを流水にさらしてアクを抜いてトチ粉をつくるための加工施設だったと考えられている．

(3) 貝塚の衰退と製塩の開始

　縄文時代後期から晩期にかけて貝塚が衰退する背景として，内湾の環境変化による貝の減少のほか，製塩の開始が考えられている．安定した定住生活を行うには，食料の貯蔵が必要になるが，塩の利用がもっとも保存効果が高い．集落の人口が増加する一方で，集落のまわりで貝や魚が採れなくなったり，大型動物が採り尽くされたりすると，より遠方から食料を輸送する必要が生じる．そのためにも，塩は必要である．茨城県霞ヶ浦周辺の縄文時代後期末以降の遺跡から，煮沸による製塩のための土器が大量に発掘されることから，この時代に製塩が始まったとされている（川崎，1982）．

　縄文時代中期から後期にかけて栄えた大型貝塚の定住地では，製塩の開始とともに貝塚がつくられなくなるだけではなく，周辺の集落全体が縮小し，人口の大半がほかの地域に移動した．この原因として，それまで干貝との

物々交換で成り立ってきた交易関係が、塩との交易にかわったとき、塩が生産できない地域と塩が生産できる地域に差が生じたためとする説がある（後藤，1985）．

塩が生産できる地域は，塩分の高い潮流が流入し，薪炭が豊富に採れる場所である．しかも，製塩には大量に土器が消費されるので，土器製作に適した粘土が豊富に採れる場所でなければならない．製塩土器は厚さ約 2-4 mm ときわめて薄いため（川崎，1982），高度な技術をもつ人材も必要である．

製塩が始まった霞ヶ浦周辺は，これらの条件を満たす場所であり，もともと土器生産がさかんな場所だった．この地域では貝の採取が活発ではなかったため，土器製塩が開発されるやいなや，ほかに先駆けて干貝加工から製塩への切り替えが容易であった．塩が普及し始めると，干貝よりも塩のほうが交換価値が高くなり，干貝加工で繁栄していた集落群は大きな打撃を受けた．塩を生産できない地域の集落では，石材などの欠乏物資を得ることができなくなり，自給自足だけでは集団・定住生活が維持できなくなったのである．そこで，新しい生産活動と共同体を求めて各地に移動していった，というのが後藤（1985）の説である．

縄文時代の海辺の台地上での集団・定住生活を支えたのは，干貝，塩や土器などの生産活動だったとすると，これらの活動には大量の燃料を消費したにちがいない．千葉県北部のような遺跡密集地域で，人々の生業活動は台地斜面や台地上の植生にどれだけの影響を与えたのだろうか．また，人口が増加するとともに海が退いて海産物が少なくなったとき，人々は遺跡周辺の植生からどのように食料を得ていたのだろうか．この答えは，台地を削り込む谷の底にたまった堆積物に含まれる植物化石を調べることで，明らかになる．

2.3 植物化石分析が明らかにした海辺の自然改変

(1) 谷津の地下はタイムカプセル

関東平野の台地を削り込む谷（開析谷）の底には，標高の低い平らな谷底面が，海岸平野から谷の奥まで細長く広がっている．このような低地は谷津，あるいは谷戸とよばれている．谷津は谷津田，すなわち，水田として利用さ

れてきたが，最近は休耕田が増え，畑地や宅地，資材置き場に造成された場所も多い．

　谷津の平らな面は，縄文時代の海が退いた後，川から流されてきた土砂で埋め立てられることでできた．水田になる前，谷津を流れる川の氾濫原には湿地が広がり，そこに生えていた植物の遺体が泥炭となって厚くたまった．この泥炭には，湿地に生えていた植物の種子が含まれていたり，台地斜面の植物の種子や葉が，川砂とともに流れ込んでいたりする．目にはみえないが，周囲から飛来した植物の花粉も大量に含まれている．

　谷津の地表から地下へと地面を掘り進むと，水田土壌から，氾濫原でたまった泥炭や泥，海の砂へと，より古い時代に堆積した地層が現れる．これらの地層を，ボーリングなどで切り出してきて，中に含まれる植物の化石を丹念に調べることで，その土地の植生の歴史をさかのぼることができる．

　筆者は，人間と植生とのかかわりの歴史を調べるために，千葉県北部の遺跡密集地帯のひとつである大柏川流域で機械ボーリングを行った（百原，2002；図2.1の地点1，図2.5）．ボーリング地点は，鎌ヶ谷市南西部根郷の谷津中央の休耕田で，近くにはハンノキの湿地林がみられる．谷津を縁どる谷壁斜面は，イヌシデ，コナラが優占する落葉広葉樹林とシラカシ林が多く，マツやスギの植林もみられる．台地上には果樹園が広がっている．この地域は，松戸，鎌ヶ谷，市川，船橋といった東京近郊の住宅密集地に囲まれながらも，鉄道や幹線道路から遠いことで開発をまぬがれ，かろうじて里山の自然が残っているところである．

　ボーリングは，金属の筒を垂直に地面に押し込むことで，堆積物を地表から順々に取っていく作業である．この調査では，直径10cm長さ1mの筒を用いた機械ボーリングによって，一度に大量の試料を得ることができた（図2.6A）．ボーリング・コアの地層の外観を観察すると，地表下80cmまでは現在の水田土壌を構成するローム質の泥層，地表下80cmから460cmまでは泥炭か泥混じりの泥炭で，−310cmのところに流されてきた砂の層がはさまっていた（図2.7左側の地質柱状図）．地表下460cmから500cmはシルト層からなり，500cmより下は砂層で，貝殻が混じる部分もあった．

　それぞれの深さの地層の堆積年代は，地層から取り出した種子や果実などの植物化石の放射性炭素同位体（^{14}C）年代を測定することで得られる．生

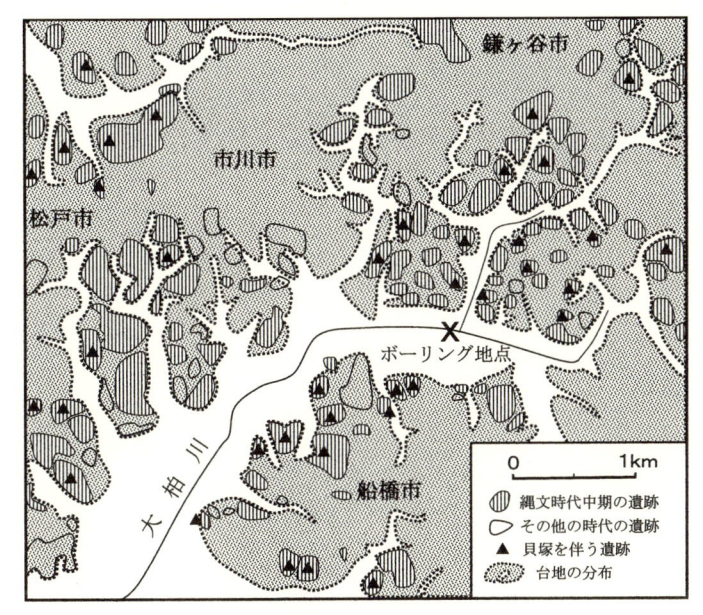

図2.5 千葉県北西部,大柏川低地のボーリング調査地点と,縄文時代中期の遺跡分布(千葉県文化財センター,1997より作成)
貝塚は縄文時代中期以外の時代のものも含まれる.

きている植物の組織に含まれる炭素の同位体比は,大気中の同位体比($^{12}C：^{14}C=1：1.2×10^{-12}$)と同じである.植物が死んで堆積物に取り込まれると,植物を構成する炭素のうち,^{12}Cが変化しないのに対して,^{14}Cは時間がたつにつれて一定の半減期(5568年)で窒素に変化する(Libby, 1955).植物化石を構成する^{14}Cと^{12}Cの量比を測定することで,植物が埋まった時代を割り出すのである.

調査地点周辺に広がっていた植生を復元するには,各深度の堆積物を切り分け,そこに含まれるさまざまな植物化石を取り出す必要がある.花粉化石(図2.6B, C)は,少量の堆積物をアルカリや酸を使って処理し,遠心分離を行って抽出する.それをプレパラートにして生物顕微鏡で観察し,どの種類の花粉が何%含まれているかを計数するのである.種子・果実・葉などの化石(図2.6E)は,100 cm³の試料を0.25 mm目の篩に載せて泥を洗い流す.篩の上に残った植物片をシャーレに広げ,実体顕微鏡の下で,種類が同定できる植物の器官をピンセットで拾い出し,数を数える.

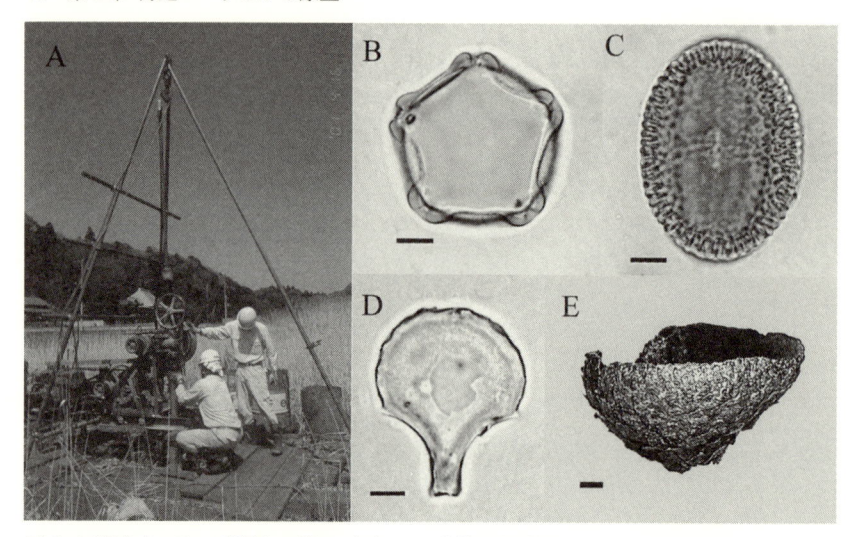

図 2.6 機械ボーリング調査の様子（A）と，大柏川低地ボーリング堆積物中に含まれていた植物化石（B-E）（B-Dは（株）パレオラボ，鈴木茂氏撮影）
A：千葉市大草，都川低地での調査風景，B：ハンノキ属花粉，C：ソバ属花粉，D：イネ機動細胞珪酸体，E：コナラ殻斗．スケールはB-D：10μm，E：1mm．

　このほか，植生を構成するイネ科を同定するために，ここでは植物珪酸体の分析も行った．植物珪酸体（図2.6D）とは，イネ科などの細胞内に沈着するガラス質の粒子である．イネ科は種子が残りにくく，花粉は特徴がないために科までしか同定できないが，植物珪酸体では，タケ・ササ類，ヨシ，イネなどの植物が識別できる．

(2) 海辺の森は落葉樹林

　ボーリング・コアの堆積物の様子に対応させて，各深度の試料に含まれるおもな花粉化石の産出割合をグラフで表したのが，図2.7の花粉ダイアグラムである．図の左側には放射性炭素同位体年代，右側にはイネ植物珪酸体の含有量を付け加えた．図2.8は，堆積物を洗って拾い出した種子，果実などの化石の産出量を示す図である．

　泥炭層の基底の年代は約5600年前なので，その下の貝化石を含む砂は，縄文時代早期末から前期の海進の最盛期に，海でたまった堆積物である．この時代は，ナラ類の花粉が樹木花粉の約50％を占め，クリの花粉が約20％

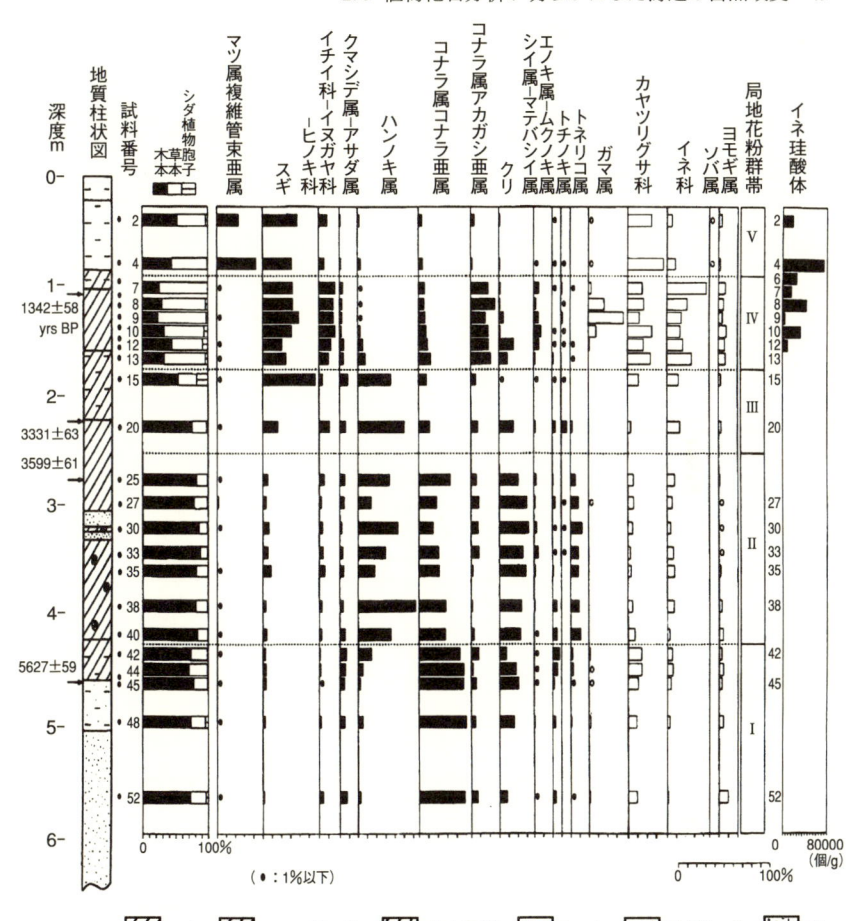

図 2.7 大柏川低地ボーリング地点の花粉ダイアグラム
花粉・植物珪酸体の分析とダイアグラム原図の作成は（株）パレオラボ，鈴木茂氏による．地質柱状図左側の年代は，放射性炭素同位体年代（ニュージーランド・ワイカト大学の測定による AMS 年代）．ハンノキ属以外の樹木花粉の産出割合（％）は，ハンノキ属を除く樹木花粉総数を基数（100）とする．ハンノキ属花粉と草本花粉の産出割合（％）は樹木花粉総数を基数とする．

を占めていた（図2.7）．海辺の台地斜面や台地上は，ナラ類とクリの落葉広葉樹林に覆われていたことになる．種子・果実の化石も，もっとも多いのはコナラの殻斗（図2.6E）や果実で，イロハカエデやサクラ属といった落

50　第 2 章　海辺——すみかの原型

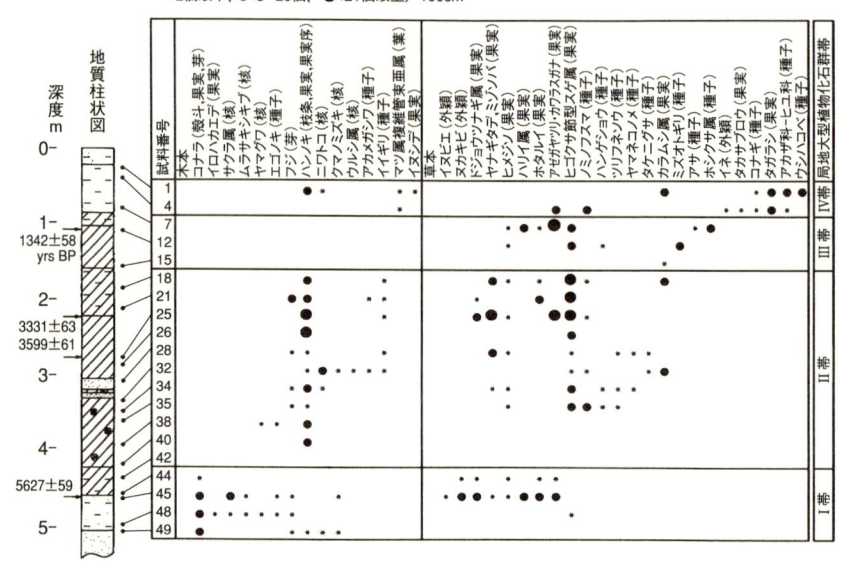

図 2.8　大柏川低地ボーリング地点の種実類（葉や枝なども含む）化石一覧表

葉広葉樹だけが産出する（図 2.8）．

　この時代は，現在よりも温暖だったと考えられているので，カシやシイといった常緑広葉樹の花粉が大量に出てもよさそうである．しかし，意外にもカシ類とシイの花粉は，合わせて樹木花粉の 10% 程度しか出てこない．

　海が退いて比較的早い時期に，泥炭層がたまり始めた．泥炭層の堆積開始とともにハンノキ属の花粉（図 2.6B）が増加し，約 5600 年前から 3000 年前までは，全樹木花粉の 40-60% を占めるようになる（図 2.7）．泥炭には，木本ではハンノキの枝や果実，果実序が多く，それ以外の樹木の化石は少ない（図 2.8）．草本はスゲ属や，ミゾソバ，ドジョウツナギ属，ツリフネソウなどの湿地の草本の種子や果実ばかりである．谷津はハンノキ湿地林で覆われていたことになる．

　ハンノキの花粉とともに多いのが，やはりナラ類とクリの花粉で，それぞれハンノキ属を除く樹木花粉の 30% 前後（全樹木花粉の 15% 前後）の割合で検出される（図 2.7）．カシやシイの花粉は，ここでも非常に少ない．谷津にハンノキ湿地林が広がっていた縄文時代前期後半から後期まで，台地上

や台地斜面に広がっていた植生は，やはりナラ類とクリなのである．

泥炭の上部では，ハンノキ属花粉が急激に減少し，それとともに，イネの珪酸体（図 2.6D）が出てくるようになる（図 2.7）．これは，谷津のハンノキ湿地林が伐採されて，水田に変わったことを意味する．この変化が起こる層準の年代は明らかではないが，弥生時代以降だろう．このころになって，ナラ類やクリの花粉が減少し，カシ類とシイ類の花粉が増加する．それよりも増加が顕著なのは，スギ花粉である．

泥炭の堆積が終わり，現在と同じ水田土壌が堆積し始める約 1300 年前以降，スギとともにマツ属の花粉が樹木花粉のほとんどを占めるようになる（図 2.7）．ここでは，コナギやタガラシといった水田雑草の種子・果実が多産する．栽培植物も，イネ以外に，アサの種子やソバの花粉（図 2.6C）がみつかった（図 2.8）．

(3) クリは栽培されていた

花粉化石と種子・果実化石，植物珪酸体の分析結果から，谷津の谷底面，谷壁斜面から台地上までの植生の分布と，周囲の景観の移り変わりを復元し，図 2.9 にまとめた．調査地点周辺の遺跡数の変化を調べると，縄文時代早期から前期へと遺跡数が増加し，中期でもっとも遺跡数が多くなり，後期から晩期へと減少する（図 2.9）．クリ花粉が増加した縄文時代中期は，調査地点周辺の台地上でもっとも遺跡密度が多く，人間活動がもっともさかんだった時期である．この時代の貝塚も，調査地点周辺の台地上から，たくさんみつかっている（図 2.5）．

調査地点の約 6 km 西北西に位置し，同じ真間川水系に属する国分谷でも，縄文時代後期（約 4500-4000 年前）の堆積物には，クリ花粉が全樹木花粉の25％前後を占めていた（清永，1994）．コナラ花粉が約 20％，ハンノキ花粉約 40％と，今回の花粉組成に似る．この堆積物は河川がもたらした砂で，今回調べた泥炭層とは異なり，周囲の台地斜面に生育していた植物の種子が多く含まれていた．その中には，コナラの果実が多かったが，クリの葉や果実，イガの多い殻斗はまったく含まれていなかった（百原ほか，1993）．すなわち，コナラは花粉と果実の両方が谷津の中央でみつかるのに対し，クリは花粉が多いのにもかかわらず，果実や葉はみつかっていない．

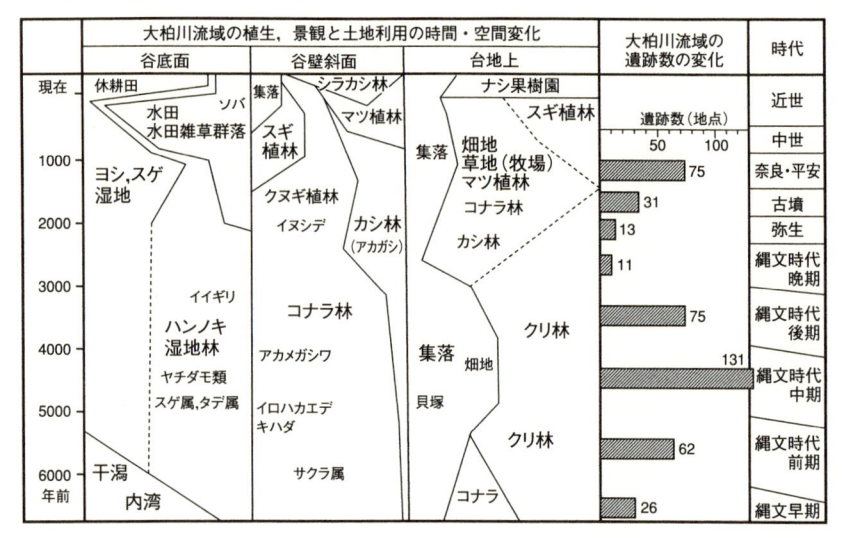

大柏川流域の植生，景観と土地利用の時間・空間変化			大柏川流域の遺跡数の変化	時代
谷底面	谷壁斜面	台地上	遺跡数（地点）	

図 2.9 大柏川中流域の谷津の谷底面，谷壁斜面から台地上までの植生の分布と景観，土地利用の変遷
大柏川流域の遺跡数の変化のグラフは千葉県文化財センター（1997）にもとづいて作成．

　これは，コナラが台地斜面に生えていて，クリは台地上だけに生えていたことを物語っている．台地斜面が大雨で崩れるたびに，斜面にあったコナラ林のリター（落葉落枝）や土砂とともに果実が谷津に流された．一方，クリ林は台地上にあり，クリ林のリターは流されることはなく，花粉だけが風に乗り，谷津の中までもたらされたのである．

　では，台地上には，クリはどれだけ生えていたのだろうか．クリの花粉は虫媒で，花にきた虫に花粉が付着して媒介されるので，花粉の数は少なくてすみ，花粉は粘着質の物質で覆われ飛散しにくい．一方，風媒のコナラ属やハンノキ属の花粉は，単位面積あたりの生産量は多く，風で飛散しやすい．実際に，純林 1ha あたりの年間花粉生産量（平均値）は，コナラの $9-25 \times 10^{12}$ 粒（齋藤ほか，1991），ハンノキの $22-49 \times 10^{12}$ 粒（齋藤ほか，1996）に対し，クリは 2×10^{12} 粒と少ない（Kiyonaga, 1995）．したがって，クリ花粉とハンノキ花粉がおよそ 1：3 の割合で出てくる約 5600-3000 年前には，クリ林がハンノキ林よりも 3.6-8 倍広い面積を占めていたことになる．

　調査地点の北側の台地周辺で，ハンノキが生育していた谷津とクリが生育

2.3 植物化石分析が明らかにした海辺の自然改変　53

していたと考えられる台地面のおおよその面積比は，1：10である．谷津の半分がハンノキに覆われていたとすると，台地上のおよそ2-4割がクリの木で覆われていたことになる．さらに，台地上のクリの花粉は，谷津の中の調査地点まで飛来しにくく，大部分が乾燥した地面に落ちて分解されてしまう．これらのことを考慮すると，集落域以外の台地面の大部分がクリの木で覆われていたと考えてもおかしくはない．現在の周囲の台地上はナシの果樹園で覆われているが，縄文時代中期には，クリの果樹園に同じように覆われていたのである．

　縄文時代には，クリの栽培化が進んだと考えられている．それは，縄文遺跡からみつかるクリの果実が，品種改良された現在の栽培グリと同じような性質をもっているからである．日本各地の遺跡で大量にみつかるクリの果実は，縄文時代早期から前期のものは高さ2cmのものだったのが，縄文時代後期には現在の栽培グリと同じ高さ3-4cmになる（南木，1994）．また，三内丸山遺跡などで行われたクリ果皮のDNA分析では，遺跡出土果実で遺伝子多様度がきわめて小さく，多様な遺伝子をもつ野生個体群から特定の個体が選抜され，それが人為的に増やされた可能性が示されている（佐藤，2000）．

　縄文時代には，クリの木材は建築や木製品，燃料など多様な用途に使われていた．縄文集落の建築・土木のために，大量のクリの木が使われたことが，遺構の柱跡や出土する木材遺体などから明らかになっている．東京都立大学の山田昌久氏によって，60-100人程度のひとつの拠点集落を構成する住居群，高床建物，木柵などの建造や土木工事には，直径10cm以上のクリの木が約1600本必要だったと推定されている（鈴木，2002）．クリ材が建材として多用された理由は，タンニンが豊富で腐りにくいこと，やや硬めであるが割りやすく，石斧などで伐採，加工しやすいことがあげられる（山田，2001）．また，成長が早く，伐採した切り株からの萌芽再生によって次世代の住居の建て替えも可能である（山田，2001）．

　大柏川周辺でも，市川市イゴ塚貝塚遺跡（図2.1，地点4）の縄文時代後期の貝塚からは多くのクリの炭化材が出土している（パリノサーヴェイ株式会社，2000）．したがって，この地域では，食料として果実を利用するだけではなく，集落の造成・維持のための資材のほか，貝塚での干貝づくりなど

の生産活動や，住居での煮炊きのための燃料として木材を利用していたと考えられる．大柏川流域では，縄文時代前期から後期までの集落の分布密度が非常に高かったにもかかわらず（図 2.5，図 2.9），約 6000 年前から約 3000 年前までの 3000 年間，クリ花粉が多産し続けることから，縄文時代の人々が集落のまわりのクリ林をよく管理し，効率よく計画的に利用していたことがうかがわれる．

2.4 ライフスタイルが変えた海辺の自然

(1) ナラ林・クリ林の広がりが告げること

　大柏川のボーリング調査の結果に，これまで行われてきた植物化石分析結果を合わせると（吉川，1999；辻，2001），縄文時代前期から中期（約 6000 −4000 年前）の千葉県北部の台地には，クリやコナラが優占した落葉広葉樹林が広がっていたのは明らかである．しかし，その林には常緑広葉樹がまったく生えていなかったわけではない．カシ類やヒサカキなどの常緑広葉樹種の葉や材が，縄文時代前期から中期の大宮台地南部や多摩丘陵の遺跡から出土しているからである（百原ほか，1993）．

　このことは，縄文時代の温暖化とともに，常緑広葉樹の分布が関東地方中部にまで広がっていたことを物語っている．このような温暖な気候下で常緑広葉樹が付近に生育していると，落葉広葉樹林は常緑広葉樹林に自然に移り変わるはずであるが，そうならなかったのである．落葉広葉樹林が常緑広葉樹林に遷移しなかった原因として，暖温帯の北限に近い寒冷で乾燥した気候条件だったことに加え，台地上の土壌が未熟だったことが原因だとする説もある（辻，1989）．しかし，縄文時代早期以降の遺跡がきわめて多い地帯では，人間の生業活動が植生におよぼした影響は多大であったと考えられる．

　同じ場所に定住しながら燃料や建築のための木材を確保するために，集落周辺で集約的に，しかも，計画的に木材を生産し続けなければならない．このために，林が短い周期で伐採され，萌芽によって林が維持されたのだろう．クリやナラ類では若木のほうが老木よりも萌芽を出しやすいからである．さらに，常緑広葉樹と比べると，落葉広葉樹のほうが，光条件のよい管理さ

た場所では成長が早い．そのために，落葉広葉樹林が維持され続けたと考えられる．

縄文時代中期から晩期にかけての海岸線の後退にともない，貝や魚などの海産物にかわって植物食がより重要な位置を占めるようになったことも（金山・倉田，1994），落葉広葉樹林を維持させた重要な要因のひとつである．貝塚にかわって塚の構成要素となったクリ，トチノキ，クルミといった果樹は落葉広葉樹であり，ヤマノイモなどの根菜類や山菜類は落葉広葉樹林下で生産が可能だからである．

関東平野のナラ林は，もともと最終氷期に常緑針葉樹林に混ざって分布したのが，そのまま縄文時代の人間活動によって維持され，二次林として存続したものだといえる．房総半島北部では，最終氷期最寒冷期から縄文時代の終わりまで，ナラ類の花粉が連続して多産し続けるからである．千葉県八千代市平戸（図2.1，地点5）の谷津の堆積物の花粉分析結果では（稲田ほか，1998），最終氷期最寒期末の約1万7400年前の地層から，マツ属とトウヒ属の花粉とともにナラ類の花粉が樹木花粉の約30％産出する．その後，針葉樹の花粉が減少した後，ナラ類の花粉は縄文時代の終わりごろまで樹木花粉の50-70％の割合で産出し続ける．

落葉広葉樹林は薪炭林としてごく最近まで利用され続けたので，現在の雑木林は，最終氷期の林の生き残りだといえる．これは，房総半島北部の雑木林に，低木のハシバミや，林床草本のカタクリやフクジュソウといった北方系の植物が多数残存していることからも明らかである（千葉県環境部自然保護課，1999）．これらの植物は，林床が明るい落葉広葉樹林下でのみ，生き続けることができる．縄文時代の温暖期に森林の大部分が常緑広葉樹林に遷移していたなら，これらの植物は現在まで残存しえなかっただろう．縄文時代から昭和初期まで，台地とその周辺の林がクリ林や，コナラ，マツ二次林として利用されてきたことで，最終氷期の落葉広葉樹林を構成していた北方系の林床草本や落葉広葉樹が，現在まで生き延びたのである．

(2) 水田稲作が支えたカシの林

千葉県北部の東京湾岸では，縄文時代後期後半から晩期にかけて，カシ類の花粉が増加する．カシ類の花粉が増加し始める時代は，千葉市西南部茂呂

町（図2.1，地点11）では約3500年前（辻ほか，1983），大柏川流域では約3000年前以降である．これらの時代は，それぞれの地域で遺跡数が少なくなる時期と，おおまかに一致する．このことからは，生業活動の減少とともに集落周辺の林が利用されなくなることで，落葉広葉樹林が常緑広葉樹林に遷移して減少した可能性が浮かび上がる．

弥生時代以降は，水田稲作が大陸から導入されたことで，落葉広葉樹林が食料資源として利用されることはさらに少なくなっただろう．しかし，集落周辺の落葉広葉樹林は，薪炭林として利用され続けたと考えられる．その一方，稲作を営む弥生人の生活にとって，カシの林は必要不可欠なものになった．関東地方南部の弥生時代の遺跡からみつかる鋤と鍬のほとんどは，カシ類の材でつくられているからである（鈴木，2002）．堅さと耐久性に優れているために，カシの材は石斧の柄にもよく使われていた（鈴木，2002）．

弥生時代の常緑広葉樹林は，どのような種類の樹木で構成されていたのだろうか．筆者は，君津市常代遺跡（百原，1996），市原市市原条理跡遺跡（百原・勝野，1999；図2.1，地点10），茂原市国府関遺跡（百原，1997）などの千葉県中部の遺跡で，洪水によって埋まった河道の中の砂にはさまっている葉の化石を同定し，枚数を比較した．これらの遺跡では，河道の中から，鋤・鍬や田下駄などおびただしい数の木製の農耕具がみつかっており，その大部分がカシ材でつくられていた（図2.10）．

みつかった葉の大部分はカシ類の葉で，もっとも多いのがイチイガシ，ツクバネガシ，ウラジロガシだった．このほか，アラカシとアカガシはわずかに含まれていたが，現在の関東地方の常緑広葉樹林にはもっとも多いシラカシは含まれていないのである．国府関遺跡では，カシ類の葉と果実が樹木種実・葉化石の68％，カシ類の花粉が樹木花粉の60-70％を占めていた．そのうえ，カシ類の葉の68％がイチイガシの葉で構成されていたことから，遺跡周辺にイチイガシの優占林があったと推定された（百原，1997）．

イチイガシとツクバネガシは，現在の房総半島ではきわめて稀である．イチイガシは清澄山系にわずかしか分布せず，そこが分布の北限になっている．この2種はむしろ，東海地方から九州までの暖かい地域に多い．しかしながら，この2種のカシが優占する林は現在ではかなり少なく，奈良公園の東側にある春日山原生林や，宮崎県南部の綾原生林など限られた場所にしか残っ

2.4 ライフスタイルが変えた海辺の自然　57

図2.10 千葉県下の遺跡から出土したおもな植物化石（木材，種実類，葉）の一覧表（百原，印刷中を改変）

遺跡名	神門遺跡	浜野川遺跡	神門遺跡	国分谷	神門遺跡	イゴ塚貝塚遺跡	常代遺跡	村田服部遺跡	神門遺跡	国府関遺跡	神門遺跡	浜野借当遺跡	南借当遺跡	郡遺跡	市原条理跡遺跡
化石群の年代	縄文早期後半-前期初頭	縄文前期	縄文前期後半-中期初頭	縄文中期	縄文前期後半-中期初頭	縄文後期	弥生中期	古墳前期	弥生末-古墳初頭	古墳	弥生末-古墳初頭	奈良-平安	平安	奈良-平安初頭	9世紀末〜14世紀
化石群の種類	自然木	自然木	自然木	種実葉	加工材	炭化材	種実葉	種実葉	木製品	木製品	加工材	自然木	自然木	加工材	木製品
産出点数	31	60	714	175	24	37	81	2157 665	1212	432	526	490 173	60 67	82	34 107

常緑針葉樹
- カヤ: ＋ ○ ● 2 ● ＋ ◎r ＋ ○ ● ○ ● ○
- イヌガヤ: ＋ ◎ ●r ● ＋ ◎r ○ ○ ○ ○
- ヒノキ: ● ＋ ○ ◎ ■ ○ ○
- スギ: ◎ ◎ ○ ○ ■ ◎
- モミ: ＋ ◎ ●r ＋ ○ ○
- マツ属複維管束亜属: ◎ ◎ ○

常緑広葉樹
- スダジイ: ＋ ＋ ◎ ○ ○ ○
- コナラ属アカガシ亜属: ○ ＋ 1 ＋ Or ○ ○ ○ ○ ＋
- シキミ: ○ ◎
- クスノキ: ＋ ○
- ヤブツバキ: ＋ ＋ 1 ○
- サカキ: ○ ＋ ○ ○
- ヒサカキ: ○ ＋ ○

落葉広葉樹
- ヤナギ属: ＋ Or ■ ● ● ＋ ＋
- ハンノキ: ○ ●r ●r ＋ ＋ ＋
- イヌシデ類: ＋ ○ ○ 3 ＋ Or ＋ ＋ ＋
- アサダ: ○ ＋ ＋
- クリ: ＋ ○ ◎ ＋ ○ ＋ ◎r ● ＋
- コナラ属コナラ節: ● ■ ＋ ◎ 5 ＋ ＋ ◎ ◎ ＋
- クヌギ: ○ 1 ＋ ○
- ムクノキ: ○ 4 ○ ○
- エノキ: ●r ◎ ◎ 2 ○ ◎r ● ＋
- ケヤキ: ○r ● ◎r ＋ 1 ＋ ◎r ● ＋
- ヤマグワ: ＋ ○ ○ ＋ ＋ ＋
- カエデ属: ○ ◎r ＋ ＋
- ムクロジ: ＋r
- トチノキ: ＋
- エゴノキ: ＋r ◎ ＋ ○ ＋ ◎
- トネリコ属: ◎ ●r ◎r ○ ○r ＋ ○ ■r

君津市常代遺跡と郡遺跡，茂原市国府関遺跡以外の遺跡の位置は図2.1を参照．化石群の種類のうち，自然木とは人為による加工跡のない木材で，加工材にはなんらかの加工跡のある木材と製品化された木材（木製品）の両方が含まれる．出土木材群，種実・葉化石群でそれぞれの植物が占める量比を記号で示す．＋：1％以下，○：1.1-4％，◎：4.1-10％，●：10.1％以上，■：25.1％以上．産出点数が30-99点の化石群では1点だけの産出を＋，2点以上4％以下を○で表示．30点以下の化石群では産出点数を数字で表示．rは根材が含まれることを意味し，遺跡とその周辺にその樹種が生育していたことを示す．

ていない．これらの場所では，ほかのカシ類が山地斜面におもに分布するのに対し，この2種は谷底部の土壌が厚い湿った場所に生育している．

イチイガシは，関東地方南部以西の低地の縄文遺跡からはよくみつかるので，もともと西南日本の沖積平野に広く分布していたと考えられている．イチイガシ以外のカシは縄文時代後期までに関東地方に出現するのに対し，イチイガシは，関東地方では縄文時代晩期以降になって初めて出現する（百原，1997）．イチイガシの果実は，十分渋抜きをしないと食べられないほかのカシ類とは異なり，生で食べられる（渡辺，1984）．そこで，水田の側の湿った場所でも生育でき，飢饉のときの食料ともなり，成長が早くて農具も大量につくれる便利なカシとして，水田の伝播とともに植えられて房総半島中部にまで広がったのではないだろうか．

(3) スギ・ヒノキの植林とマツ林の出現

房総半島中部から北部の縄文時代後期から晩期の堆積物では，カシ類の花粉とともにスギ花粉の産出割合が増加している．しかしながら，古墳時代以前の遺跡からはスギの種子や果実，枝や人為的な加工の跡のない木材はみつかっていないので（図2.10），房総半島ではスギの木の分布量がまだ少なかった可能性が高い．産出割合の増加は，関東地方西部などでスギの木が増加し，房総半島への花粉の飛来量が増加したためだろう．弥生時代から古墳時代には，房総半島でもスギの木製品や加工跡のある木材が多く出土し始めるが，やはり種子や加工跡のない木材はみつからない（図2.10）．これは，房総半島でもスギ材が普及し始めたものの，房総半島以外で切り出された木材が運び込まれていたことを示している．

縄文時代から平安時代までの千葉県中・北部の遺跡から出土するおもな加工材や木製品の種類を時代ごとに比較すると（図2.10），縄文時代，弥生・古墳時代，奈良・平安時代へと，樹木の利用傾向が変化していく様子がわかる．縄文時代ではモミ，カヤ，イヌガヤといった常緑針葉樹とハンノキ，ナラ類，ムクノキ，ヤマグワ，トネリコ属などの落葉広葉樹が多く利用されている．弥生・古墳時代にはそれらに加え，スダジイやカシ類などの常緑広葉樹とスギとヒノキが多くなる．これらの時代では，スギのように運ばれてきた木材に加え，遺跡周辺に生育する多種多様な樹木が木材として利用されて

いたのである（図2.10；百原，印刷中）．

　奈良時代以降になると，スギ材とヒノキ材の利用がますますさかんになった．スギは奈良時代以降，流域に生育した木が流れ込んで堆積したと考えられる加工跡のない材がみつかるようになり（図2.10），千葉県北部で植林がさかんになったことがうかがわれる．その一方で，ほかの広葉樹材の利用が少なくなり，集落周辺に生育する樹木の中から，スギやヒノキを中心に，限られた種類だけが利用されるようになった．これは，同時代の同地域の遺跡（浜野川遺跡と市原条理跡遺跡；図2.1，地点8と10）で，出土する自然木と加工材の樹種を比較することでわかる（図2.10）．

　スギとヒノキが弥生時代以降にさかんに使われるようになったのは，この時代に鉄斧が普及し始めたためと考えられている（鈴木，2002）．スギ・ヒノキ材は，石斧では加工しにくく，鉄斧が普及するまであまり利用されなかったらしい．さらに，奈良時代以降，鉄製の鋸が普及するようになると，加工が容易なスギ材やヒノキ材が多用されるようになった（山田，1993）．建造物も，丸太を組み合わせた竪穴式住居から，弥生時代から古墳，奈良時代へと倉庫や，寺院，豪族の家などを中心に板材を多用した高床建物が増加したことも，スギ・ヒノキ材の普及と関連がある．それまでは製品の種類に応じて，さまざまな樹種が使い分けられていたのが，スギとヒノキの板材があらゆる用途に使われるようになったのである（山田，1993）．

　弥生時代から古代へと，鉄製品の普及や土器の大量生産にともない，広葉樹よりも強い火力を起こすことのできるマツ類が増加した．弥生時代には土器が大量生産されるようになり，古墳時代後半には本格的な窯で強い火力を用いてつくる須恵器が普及し始めた．西日本では5世紀後半から7世紀後半へと，須恵器の窯の燃料が，広葉樹材からマツ材へと変化していく様子が，窯跡に残された木炭の分析によって明らかにされている（西田，1976）．ただし，マツ材の燃料は，火力が強すぎることや，燃やすと灰が飛び散るために（西田，1976），食料の煮炊きなどにはコナラやクヌギなどの広葉樹がもっぱら燃料として使われ続けたのだろう．

　このようにして，古代以降，房総半島北部では，製材資源としてスギ・ヒノキの植林が，燃料資源としてマツの植林やコナラ，クヌギの萌芽再生林が最近まで維持されてきたのである．

(4) 次世代のライフスタイルのために

　植物化石記録と人々のライフスタイルの変化とを対応させながら植生変化を復元していくと，植生と人間のかかわりの歴史は縄文時代以降の約1万年間以上におよび，しかも，それぞれの時代のライフスタイルに応じて，人間は周囲の自然環境をつくりかえてきたことが明らかになってきた．縄文時代に広がっていたクリとナラの林は，石から鉄への道具の変化にともなってスギ・ヒノキ，マツの植林へと変化し，主食がクリなどの果実からコメへと変化することでカシ林へと変化したのである．

　弥生・古墳時代の房総半島中部のカシ林で優占し，鋤・鍬などに使われたと考えられるイチイガシも，現在では非常に稀な樹木になっている．平安時代以降のイチイガシの変遷についての化石記録は残っていない．しかしながら，平安時代以降，関東地方南部で水田開発がさかんになって谷津の縁のイチイガシの生育場所も少なくなっただろうし，鉄刃をもつ鋤・鍬も普及してカシ材が使われる機会も少なくなったかもしれない．今度は，水田の増加とともにイチイガシが消滅していったのである．

　戦後，薪炭が不要になったことで，コナラ・マツの薪炭林が放棄され，現在の房総半島北部の台地の斜面林は，シラカシ林へと遷移が進んでいる．このシラカシは遺跡から化石が産出しないことから，もともとそれほど多くは生育していなかったと考えられる．市川市堀之内南遺跡（図2.1，地点3）などの遺跡からも化石が産出し（千葉県文化財センター，2001），現在の千葉県北部の社寺林で大木がよくみられるアカガシのほうが，かつては多かっただろう．

　シラカシは，台地上でも成長が早く，樹形がまとまっているので，防風林として台地上の屋敷や畑の周囲にさかんに植栽されてきた．現在の雑木林で生育するシラカシは，これらの防風林から果実が散布され，台地斜面の林へと広がったと考えられる．シラカシ林は房総半島北部の「潜在自然植生」のひとつと考えられ（宮脇・奥田，1974），公園などにもさかんにシラカシが植樹されている．しかしながら，現在みられるシラカシ優占林の歴史は，1万年近く地域の人々の生活によって維持されてきた落葉広葉樹二次林の歴史と比べると，最近のごく短い時間にすぎない．

過去の植生の様相が，人々のライフスタイルに対応して変化してきたことを考えると，現代人の生活にとって必要ではなくなり管理が放棄された現在の雑木林も，現在の人間のライフスタイルに対応した植生の様相であることにはちがいない．しかしながら，シラカシ林へと植生の遷移が進んだことで林床の光環境が悪化し，最終氷期以降，落葉広葉樹林の林床で生き延びてきた北方系の植物群が最近の数十年間で激減し，房総半島から絶滅しようとしている．この現状を考えると，落葉広葉樹二次林を地域の歴史的自然遺産として将来に残すために，遷移が進まないように植生の管理を続けることは重要である．

　それは，将来，人間のライフスタイルが変化したときの人間と自然とのかかわり方について，多様な選択肢を残しておくためにも必要なことである．現在では，人々は住居近くの雑木林を見向きもしなくなり，子どもたちでさえもそこで遊ばなくなった．放棄されて薮になった雑木林にはゴミが投棄されるようになり，そのような林は鉄条網で囲われ，ますます人間と自然との距離は遠ざかっていく．そのような林でも，多種多様な樹木や草本が土壌や光などの環境のちがいに応じてすみわけており，さらに膨大な種数の動物や菌類などが生息している．その中にはまだ新種として記載されていない生物もたくさん含まれており，生物多様性の宝庫だといえる．これと同じことは，防波堤によって住居域から切り離された浜辺の自然についてもいえるだろう．

　しかしながら，縄文人がかつて，住まいを取り巻く海と森から多様な食料や生活の道具を得ていたように，身のまわりの自然に多様な価値をみいだし，それを利用することで人々の生活が豊かになり発展する時代が，やがて訪れるかもしれない．そのときになって，長きにわたって維持されてきたものの多くが，ごく短い間に失われたことに気づいても，遅すぎるのである．

百原　新

II
海辺のなりたち

3 | 東京湾
──渚の自然と再生

3.1 渚の生物相

(1) 江戸前の幸

　東京湾沿岸は，つい50年ほど前まで，浦安から富津まで切れ目なく続く遠浅の海岸によって縁取られていた．戦後まもなく進駐軍が撮影した空中写真から当時をしのぶと，浦安の東京ディズニーランドのあたりは江戸川河口の広大な干潟だった．江戸川は末端で複雑に分派合流し，干潟には大小の澪筋があり，沖合にはびっしりと海苔ひびが並んでいた．

　東京湾の春は潮干狩りで始まる．春は水が温むだけではない．冬の間，大潮の昼間の干潮はあまり引かないが，3月に潮汐変化の位相ががらりと変わると，大潮の昼間の干潮で潮がとてもよく引くようになる．さらにこの時期のアサリは産卵前で身がよく太っている．渦鞭毛藻類の毒を蓄積する貝毒もこの季節ならまだ心配がない．あらゆる好機が重なる3月後半以降，東京湾岸はどこも潮干狩りでにぎわったことだろう．

　内湾を豊かにしているのは河川である．川は山から土砂を運び遠浅の海岸をつくる．海底まで光がよくあたる遠浅の海岸ではアマモやノリがよく育ち，藻の葉陰でさまざまな魚の稚魚が育つ．また，川が運ぶ落ち葉などが分解してできた有機物は海水に遭って沈殿し，アサリなどの餌になる．内湾環境には川が不可欠だ．

　江戸時代には，隅田川（荒川）河口の佃島，江戸川河口の行徳，目黒川河口の品川，渋谷川河口の芝浦は漁村として栄えた．そこであがった海産物の一部は生食され，他は干したり，佃煮にされたりして市に出て行った．江戸の町はそれらの海産物を売る威勢のよい声でにぎわっていたにちがいない．江戸はまさに渚に臨む町だったのである．

　いま，東京湾からは，そのような渚も町もほとんど失われてしまった．こ

のような海のある町のにぎわいをどのようにしたら都会に取り戻すことができるだろうか．この本の目的はそういうことだろう．このような町には海の中にもにぎわいがあるのである．本章の目的は，できるだけ渚の生きものの視点から，東京湾の現在について把握し，渚の再生の可能性を探ることにある．まずは渚の仲間の由来と系譜をたどってみることにしよう．

(2) 生物地理学的にみた東京湾

海岸には，潮が満ちれば海底になり潮が引けば陸地になるような部分があり，これを潮間帯とよぶ．潮間帯は，潮が満ちれば魚が訪れ，潮が引けば鳥が訪れて採餌するように，海の動物にも陸の動物にも利用されている．その一方で，潮間帯そのものにすみかをもち，潮の干満にしたがって水没と干出を繰り返しながら生活する動物も多数存在する．そういう動物に，たまにしか水に入らない陸生のカニ類やごく浅い海にすむ動物などを合わせて「海岸動物」とよぶ．日本は長く複雑な海岸線をもつものの，動物相の研究がよく進んでいる海域はわずかしかない．海岸動物の調査・研究はおもに各大学の臨海実験所の周辺で行われてきたことから，臨海実験所がひとつもない東京湾内湾（観音崎–富津以北）の海岸動物に関する情報は，風呂田らの一連の研究以外，断片的なものしかない．

東京湾の現状を正確に把握する必要があるため，筆者らは小櫃川河口や江戸川河口を重点的に，さらに東京湾内湾のおもな海岸に足を運び，どういう海岸動物がいてどのように生活しているのか調べることから始めた．筆者らの対象としたのは海岸動物のなかでも，潮間帯から潮上帯にかけて生息する大型底生生物である．底生生物とは，プランクトンのように浮遊したり魚のように泳ぎまわったりせず，海底を歩きまわったり，岩などに固着したりしている動物のことであり，貝類やカニなどがこれに相当する．「大型」というのはおおむね「肉眼でみえるサイズ」である．

生物の地理的分布という観点からみた場合，東京湾はどういう位置にあるだろうか．ここでは，東京湾岸底生生物調査で確認できた海岸動物のうち，海から陸への移行帯付近に生息するイワガニ科とスナガニ科のカニ類を取り上げて検討してみる（表3.1）．表には種名のほか，分布域の北限もしくは東限と分布域南限もしくは西限を掲げた．17種のうち上の4種は日本以外

表3.1 東京湾でみられたイワガニ科とスナガニ科のカニ類の地理的分布

	北・東限	南・西限
インド-西太平洋要素		
カクベンケイガニ	東京湾・新潟	セレベス
オオユビアカベンケイガニ	東京湾	南アフリカ
ベンケイガニ	東京湾	インド洋東部
コメツキガニ	根室	セイロン
極東固有要素		
ヒライソガニ	北海道	台湾，朝鮮，中国
アシハラガニ	青森	朝鮮，沖縄，台湾，中国
ハマガニ	房総	沖縄，台湾，中国（-香港）
アカテガニ	東北	台湾，朝鮮，中国北部
クロベンケイガニ	房総・青森	台湾，朝鮮，中国
ウモレベンケイガニ	東京湾	台湾，中国
スナガニ	東北	台湾，中国北部
チゴガニ	房総	台湾，黄海沿岸
オサガニ	東京湾	台湾，朝鮮，中国
ヤマトオサガニ	青森	九州，朝鮮，中国
アリアケモドキ	青森	九州，黄海沿岸
それ以外		
イソガニ	サハリン	オーストラリア
ケフサイソガニ	サハリン	台湾・ハワイ

にも広く分布し，熱帯域にまで分布域が広がっている．つぎの11種は分布域がせまく，日本以外では朝鮮半島・中国沿岸・台湾に分布する．海洋生物地理学では，前者のような分布パターンを示す種を「インド-西太平洋要素」，後者を「極東固有要素」とよぶ．最後の2種はいずれにも属さない．

中生代から新生代初めまで存在していた熱帯海洋であるテーチス海は，やがて大西洋とインド洋・太平洋に分離した．このとき東に逃れた種族の子孫がインド-西太平洋要素だと考えられている．寒冷化によって多くの種族が絶滅した大西洋と異なり，インド洋・太平洋では多くの種族がさらに発展した．南アフリカからアフリカ東岸を経てインド洋沿岸，東南アジアから東は東京湾もしくは房総半島までがインド-西太平洋区とよばれる海洋生物地理区である．オオユビアカベンケイガニはインド-西太平洋区のほぼ全域に分布することがわかる．

極東固有要素は，インド-西太平洋要素の種を母種として新生代の氷期に種分化したものだと考えられている．いまから1万5000-2万年ほど前，ウルム氷期には海面が現在よりも100m以上下がり，日本は朝鮮半島と陸続きになり，琉球列島や台湾は中国と陸続きになり，その結果，東シナ海はトカラ列島付近を湾口とする内湾になり，ここへ古黄河や古揚子江が流れ込んだ．この古東シナ海に取り残された種が温帯内湾の汽水環境に適応しながら種分化したものが極東固有要素だと考えられる．これらは氷期が終わり，海が広がり始めると，後退する海岸線を追うようにして分布を広げていったのである．

ところで，表のうち半数の種の北限もしくは東限が東京湾もしくは房総半島になっている．これにはわけがある．本州南岸沖を流れる黒潮は世界有数の暖流である．フィリピン東方沖をゆっくりと北上した暖かい海水は八重山群島を北へ横切って東シナ海へ入り，そこで流速を増しながらトカラ列島付近を東へ横切って太平洋に入り，九州南岸，四国南岸，紀伊半島をなめるように通り，房総沖を最後に日本から遠ざかる．この黒潮が低緯度地方から膨大な熱を日本付近にもたらすため，日本南岸は中緯度地方であるにもかかわらず亜熱帯的な海洋環境になっている．一方，房総半島よりも北側は寒流の親潮の流域である．熱帯性のインド-西太平洋要素であれ，温帯性の極東固有要素であれ，寒冷な親潮域に侵入できなかった種では，分布の北限・東限が東京湾もしくは房総半島になっているわけである．

じつは，表3.1で極東固有要素に分類したハマガニは，上に書いたようなシナリオがあてはまらない．分布範囲からは極東固有要素といって差し支えないのだが，熱帯アジアにもインド洋にもハマガニの近縁種がいないのだ．ハマガニの近縁種は，南太平洋のソシエテ諸島と南米の温帯大西洋岸にそれぞれ別種が知られている．これは，ハマガニの仲間が種分化したのが氷期よりももっと古い時代，たとえば，テーチス海の分断にまでさかのぼるのかもしれない．

イソガニとケフサイソガニは，独特の分布域をもつ．近縁種は南太平洋と北米太平洋岸に分布している．極東固有要素の種よりも古い時代に種分化したグループなのかもしれない．

上述したように，東京湾の海岸動物の多くはインド-西太平洋要素と極東

固有要素のいずれかに分類できるのだが，それらに属さず，むしろ北米太平洋岸に近縁種をもつものがわずかだが存在する．氷期と間氷期が繰り返すうちに，冷たい北米太平洋岸の種族がアリューシャン列島や千島列島をわたってきたのだろう．そういう種の多くは寒流である親潮に沿って犬吠埼付近まで多くみられ，一部はそれよりも南側にまで侵入している．東京湾のカニ類では，たとえばラスバンマメガニがこれに相当する．

ここまで，一部のカニ類についてしか述べなかったが，ほかの動物群でも状況はおおむね同じと考えてよい．つまり，東京湾の海岸動物相は全体として，極東固有要素すなわち温帯的要素が中心であり，それに熱帯的要素であるインド-西太平洋要素が付け加わっているのである．それ以外に寒流系の種が若干付け加わっていることはすでに述べたが，移入種の存在も忘れてはならない．

移入種とは，意図的であるにせよそうでないにせよ人間活動の結果，そこに分布するようになった生物のことであり，東京湾岸でよく目につくものには，ムラサキイガイ，ミドリイガイ，コウロエンカワヒバリガイ，イッカククモガニ，チチュウカイミドリガニ，アメリカフジツボ，ヨーロッパフジツボ，マンハッタンボヤ，カタユウレイボヤなどがある．これら移入種は，自然環境が豊かな場所ではなく，埠頭や運河の護岸など人工的で劣悪な生息環境の場所にみられることが多い．人間活動の結果，それまで存在しなかった環境が生まれ，たまたまその場所を好む種が人間活動の結果もたらされ，そのまま定着したものと考えられる．

もともとハマグリがすんでいたような湾奥の浅海の砂地で，近年北米原産のホンビノスガイが増えている．ハマグリが東京湾から消滅してすでに久しいが，ハマグリの消滅によって空いていたニッチをようやく最近になってこの貝が埋めたということなのかもしれない．ハマグリのように大型でしかも美味である．

(3) 生物相のホットスポット

現在の東京湾は，沿岸がほとんど全域にわたって埋め立てられてしまい，天然の自然環境をとどめ東京湾本来の生物相を確認できる場所はきわめて限られている．外洋に面した岩礁海岸と異なり，内湾にすむ生物は陸との結び

つきが非常に強いため，本来の姿を知るには，海岸がたんに埋め立てられていないというだけでなく，後背地の陸上も自然植生が維持され，そこと海とが防波堤や防潮堤などの障壁なしに続いていることが条件になる．この条件に合うのは，東京湾内湾では小櫃川河口だけになってしまった．

　小櫃川河口にはヨシ原が広がり，その中にいく筋かの浅いクリークがある（図 3.1）．ヨシ原にはアカテガニやクロベンケイガニ，ハマガニ，ウモレベンケイガニ，ヨシ原辺縁にはアシハラガニ，コメツキガニ，チゴガニ，クリークの泥干潟にはヤマトオサガニ，サビシラトリガイなどがみられる．

　前浜は小櫃川が運んだ土砂が厚く堆積した盤洲とよばれる砂質干潟で，ホソウミニナ，マメコブシガニ，オサガニ，シオフキ，バカガイ，アサリ，マテガイ，イボキサゴ，ツメタガイ，ツバサゴカイ，スゴカイイソメなどが生息している．前浜に続く浅海には海苔ひびがつくられ，ノリ養殖が行われているほか，アサリの好漁場になっている．近年，ヨシ原に生息するヘナタリなどの巻貝類が著しく減少しているようだが，小櫃川河口と盤洲は，東京湾沿岸の昔の景観と生物相をおおむね保存していると考えられる．

　天然の自然海岸ではないが，江戸川放水路は小櫃川河口についで貴重な渚だ（図 3.2）．江戸川放水路は約 80 年前に開かれた人工の水路で，旧江戸川との分派点付近につくられた可動堰の水門が出水時以外は完全に閉じられており，河川水が流れない．そのため，江戸川放水路は川でありながら河川水が流れず，潮の干満にしたがって河口から海水が出入りする細長い入り江となっている．

　両岸の堤防の内側はコンクリート護岸が整備された「保全地区」を除き，せまいヨシ原が干潟へ続いている．前浜とそれに続く浅海に相当するのは，行徳沖から船橋沖にかけて広がる三番瀬だ．江戸川放水路-三番瀬は，小櫃川河口-盤洲にはおよばないものの，それと似た環境をつくっている．生息する種もよく似ているが，江戸川放水路にはオキシジミやハナグモリが豊富に産することから，さらに内湾的な生物相を維持しているといえる．

　ハナグモリは潮間帯中部のわりあい硬い泥地にすむ小型の二枚貝だ（図 3.3）．近縁種は東南アジアを中心にマングローブ湿地にみられるのに対し，本種は極東固有の分布を示し，内湾のヨシ原辺縁に続くごくせまい範囲に生息する．内湾性の程度が高く，東京湾でもとくに内湾傾向が著しい場所にだ

図 3.1 小櫃川河口
東京湾に唯一残る健全な自然海岸.生物の多様性が非常に高い.

図 3.2 江戸川放水路
両岸にヨシ原がありヒヌマイトトンボ,ウモレベンケイガニ,ハナグモリなど貴重な生物が多数生息する.

けみられる．日本では九州西岸から瀬戸内海西部にかけての干潟，徳島県吉野川河口，東京湾が産地として知られている．なかでも，有明海諫早湾の湾奥部は本種の最大の生息地だったが，潮受け堤防締め切りにより，そこの個体群は消滅した．この貝の分布地で東京湾だけが東へ大きく飛び離れていることから国内他地域からの移入種かととられかねないが，そうではない．本種の貝殻が縄文時代の貝塚（たとえば埼玉県花積貝塚）からみつかっているのだ．本種を多産する江戸川放水路は人工の水路ではあるが，ハナグモリを多産することから，縄文時代の海岸環境を考えるうえで貴重な場所だといえよう．

筆者らの調査で，意外に思われた点がいくつかある．ひとつは，稀種と思われたウモレベンケイガニがわりあいふつうにみられたことである（図3.4）．本種がみられたのは後背地にヨシ原が存在する河口干潟だけである．そういう環境条件の場所が全国的に減少しつつあり，本種の絶滅が心配されている．

もうひとつ，東京湾全域の干潟でふつうに出現するイソギンチャクがいた．筆者らでは同定困難なので，海中公園研究所の内田紘臣氏に標本を送って調べていただいたところ，ハリアクチア科に属するが，属も種も未記載のイソギンチャクだということだった．東京湾内のほとんどの干潟でふつうにみられるような種が，存在すら指摘されず無名のまま今日まで存在し続けたことは驚きに値する．東京湾の海岸動物には，まだまだ研究の余地が残っているのである．

3.2 内湾渚の地形と生物ハビタット

(1) 渚——海と陸をつなぐ場所

渚は海とも陸ともいえない．満ち潮にあっては海水に浸り，引き潮にあっては大気にさらされる，そのような海と陸の間の場所，それが渚である．このように2種類の異なる生態系の間のどちらともつかない空間のことをエコトーンとよぶ．渚はその代表的な例である（図3.5）．満ち潮と引き潮の間のゾーンという意味で，「潮間帯」というよび方もある．

図 3.3 ハナグモリ
本種の仲間は東南アジアからオーストラリア北部のマングローブ湿地に生息するが，本種だけが温帯に適応した極東固有要素である．全国でもきわめて限られた地域にすむ．

図 3.4 ウモレベンケイガニ
河口のヨシ原にすむ．全国的に稀少だが，東京湾では多摩川河口，江戸川放水路，小櫃川河口でみられる．

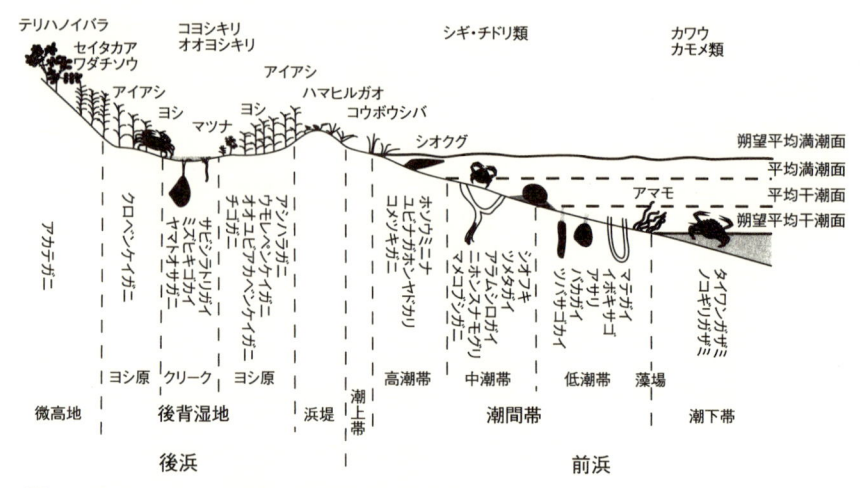

図 3.5 渚のエコトーン構造と生物分布（清水良憲，作図）

　干潟は英語で"tidal flat"すなわち「潮の差す平地」とよばれる．大きな波がこず，河川によって上流から豊富な土砂が供給される内湾では，海浜が浸食されにくいため，平坦・広大な潮間帯が発達する．そのような場所が干潟だ．

　千葉県房総の小櫃川の河口には，幅2km近い盤洲干潟が発達している．いまでは，このような広大な干潟が発達している場所はここだけとなったが，戦後の大規模埋立が進行する前には，東京湾はほとんど幅の広い干潟によって縁取られていた．

　月の引力によって干潟を浸し尽くしていた潮は，月が傾くにしたがって引いていく．潮の満ち干は1日2回起こるので，潮が完全に引くには6時間を要す．浅瀬で泳いでいたキスやハゼ，ワタリガニなどは，潮の後退とともに沖へ帰っていく．アサリなどの貝類も，数cmも長く伸ばしていた水管を殻におさめて，砂の中に隠れる．満ち潮のとき，海面下をにぎわせていた海の生きものたちはみな退き，干潟は静まりかえる．

　かわって干潟の主役になるのは，コメツキガニなどの陸上行動性のカニやシギ・チドリ類の水鳥だ．カニは底泥をハサミでつかんでは食べて，そこに付着した藻類だけを取り込む．シギやチドリは干潟を歩いて，泥に潜ったゴカイやカニを掘り出しては食べていく．干潟に残った潮だまりをよくみると，

砂泥に擬態したカレイの稚魚やハゼがじっと潜んでいるのがみつかる．毒針をもつアカエイが逃げ遅れて干上がっていることもある．

　時間がたつと今度は潮が満ちてくる．もっとも潮の動きが大きい大潮のとき，盤洲干潟では，10秒に1mの割合で潮が進む．けっこうなスピードでひたひたと潮は差してくる．足下に差す潮には，美しいコバルト色の文様をもつタイワンガザミのような生きものもみえる．潮が満ちる時間は，心もなにかによって満たされるような不思議な気がする．こうして干潟はまた海面下のにぎわいを取り戻す．

　このような潮の満ち干によって，底土には養分たっぷりの海水と十分な酸素が供給される．さらに良好な光条件のため生物の生産力が高く，動物の現存量はきわめて大きい．干潟は潮汐によって育まれているといえる．だから，潮汐運動を失った干拓地などの干潟は干上がって，急速に渚としての生命力を失うことになる．

　渚の生きものは潮間帯だけをすみかにしているわけではない．海浜生のカニ類は幼生期を海で過ごす．ある程度大きくなって，カニの姿に成長すると，潮間帯あるいは陸上に上がって営巣するが，放仔期にはふたたび海へ戻る．アカテガニはその極端なもので，ふだんは山の中の森林で生活している．林の中でその真っ赤なハサミをみてびっくりした人もいるのではないだろうか．そんなアカテガニでも放仔は海で行うから，海から渚，後背湿地，森林と空間が連続していないと，アカテガニの生活は成立しない．

　なお，生態学では生物の生息場所のことをハビタットという（図3.6）．

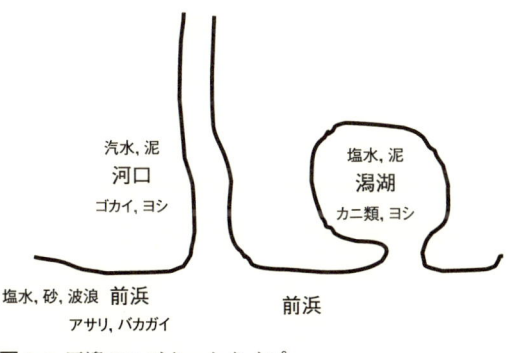

汽水, 泥
河口
ゴカイ, ヨシ

塩水, 泥
潟湖
カニ類, ヨシ

塩水, 砂, 波浪　**前浜**
アサリ, バカガイ

前浜

図 3.6 干潟のハビタットタイプ

この章のキーワードなので覚えておいていただきたい．

　東京湾では多くの場所で渚がまったく失われた．建物が建つ安定した陸地と大きな船が着岸できる深く浚渫された港がよいとする考え方が第二次世界大戦後支配的だったためだ．そういう考え方では，生きものが豊かで，緩やかに傾斜した渚などはまったくむだなものである．そうして人の心からも海は失われて，海岸の岸壁だけが残った．しかし，そのような考え方が反省されて，東京湾のような都会の海でも，渚を取り戻そうという動きがさかんになってきている．ここでは，現在の東京湾の渚をよく観察することによって，その復元の方途を少し考えてみたいと思う．

(2) 渚ハビタットと生物相の関係

　同じ内湾性の渚でも，地形によって渚のありようは大きく変わる．海洋生物学の分野では，内湾の地形は一般に，前浜・潟湖・河口に大別される（秋山・松田，1974）．実際の海岸地形と生物相の関係はどうなっているか，われわれが2001年に一斉調査した東京湾のデータからみていこう（小林ほか，2003）．図3.7，図3.8はそのデータをまとめたもの（主成分分析図）だ．少しわかりにくいと思うが，潮間帯の調査地に，底生動物のどのような種類のものがどの程度の密度で生息しているかを調べたものである．グラフ上の点が近い位置にあるものは，同じような生物が同じような数で生息していると考えて差し支えない．

　図3.8のグラフは，東京湾でも，海岸地形によって生物相が似通っていることを物語っている．すなわち，グラフの第1象限と第4象限はすべて前浜の調査地で占められている．グラフの第一軸が正とはまた，アサリ・バカガイなどの水中懸濁物を濾し取って食する二枚貝類が多いことを示す．内湾前浜はそれら二枚貝が豊富な環境といえる．

　グラフの第2象限は潟湖地形によって占められている．第2象限はチゴガニ・コメツキガニなどの陸生カニ類が多いことを示す．第3象限の主体は河口干潟である．第3象限の特徴的な生物はゴカイである．

　前浜は海に面し，波浪の影響を直接に受けて浸食されるために，粒径の小さな泥分は失われ，砂だけが選抜されて残る．東京湾では，盤洲干潟がその代表的な場所である．アサリの潮干狩り場になるのはこのような地形である．

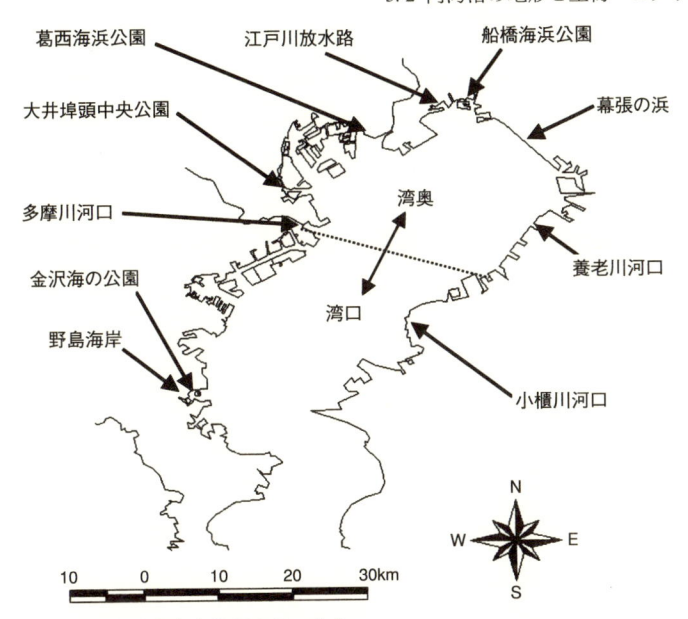

3.2 内湾渚の地形と生物ハビタット　77

図 3.7 東京湾底生生物調査地の分布

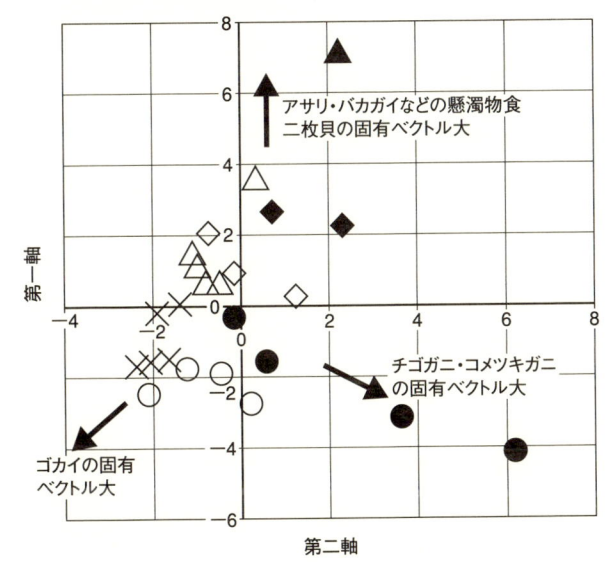

図 3.8 中潮帯の底生生物種組成の特徴
◆：前浜・湾口，◇：前浜・湾奥，▲：人工前浜・湾口，△：人工前浜・湾奥，
×：河口・湾奥，●：潟湖・湾口，○：潟湖・湾奥．

潟湖は塩水性の入り江やクリークだが，波浪の影響をあまり受けないため，比重の重い砂は運ばれず，粒径の細かい泥がゆっくりと堆積する．江戸川放水路は通常，堰によって江戸川からの淡水の流入がせき止められているため，水の塩分濃度は高く，潟湖的な環境になっている．底泥は深く，ヤマトオサガニやチゴガニなどのカニ類やアナジャコなどの穴居性の底生動物が多く生息する．底生動物とは，水中の底土面に依拠して生活を行う動物を指す．図3.9に示すように，底泥面はそれらの生物が掘った穴だらけで，多いところでは泥面の30％ほどが穴という状況である．潟湖はヨシ原が発達しやすい地形であり，ヨシ原にはアシハラガニが広く生息する．

河口は上流より淡水が流入するため，塩分濃度が低く，かつその濃度は日変化する．上流より有機物や養分を含んだ泥が供給されるため，潟湖と同じように泥っぽい環境だ．東京湾では多摩川や養老川，小櫃川などでそのような干潟がみられる．河口では塩分濃度変化に耐えられる底生生物だけが生活できる．ゴカイはその代表的な生物である．河口にもヨシ原はよく発達する．カニ類がたくさん生息しているが，淡水性が強くなると，アシハラガニからクロベンケイガニに種類が変わる．

もう少しよくみると，点の分布は地形だけでは決まっていないことがわかる．グラフの黒い点と白抜きの点は，その干潟が湾口に近いところにあるのか湾奥にあるのかを示している．同じ前浜でも，白抜きの湾奥の干潟は原点に近いところに集中しているのがわかるだろうか．一方，黒い湾口の前浜干潟は原点から離れているものが多い．

これはつぎのようなことを意味する．地形によって生物の種類は似通っている．しかしその個体数は湾奥に比べて湾口のほうがずいぶん多い．この理由については，つぎの項で，前浜の指標種であるアサリの生態を検討することによって明らかにしたい．

このグラフはもうひとつのことを物語っている．前浜地形には三角シンボルの人工のものと菱形の自然干潟とが含まれるが，それらの分布には特定の傾向はなかった．すなわち，人工渚でも自然渚の生物相とは大きくは異ならないということである．

つぎにカニ類調査の結果を説明する．すでに述べたように，陸生のカニは生活史の各段階で海と陸の両方を利用する．海から陸へと続く渚のエコトー

図 3.9 泥干潟底面の穴

ン構造を検討するにはよい材料なので調査した．よって，図 3.8 のデータは中潮帯だけのものだが，図 3.10 は潮上帯，高潮帯，中潮帯，低潮帯それぞれのデータを総計したものを分析してつくられている．また地形は，カニがよく出現する河口・潟湖のハビタットに限られている．

　図 3.10 によって示される環境軸を解釈するために重回帰分析を行った．その結果，第一軸は高潮帯と中潮帯の植生被度によっておもに規定されており，それらの被度が大きいほど第一軸はマイナスを示すことがわかった．潮間帯の植生といえばまずヨシ原である．第一軸がマイナスなほど，その群落が茂っていることを示す．また，第一軸の値が大きいとはコメツキガニが多いことを，その値がマイナスとはアシハラガニ，チゴガニ，ウモレベンケイガニが多いことを示す．すなわち，開けた渚ではもっぱらコメツキガニが生息し，ヨシ原の湿地にはアシハラガニ，チゴガニ，ウモレベンケイガニなどが潜んでいることを示している．

　アシハラガニは雑食性の腕力（ハサミ力？）の強いカニで，ヨシ原を支配

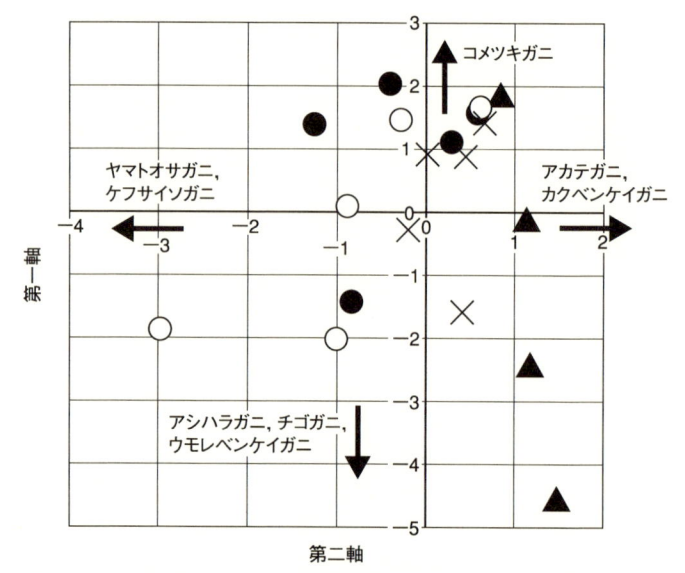

図 3.10 低潮帯-潮上帯のカニ類種組成の特徴
● : 江戸川放水路, ▲ : 小櫃川河口, ○ : 多摩川河口, × : 養老川河口.

する暴君のようなものである（図 3.11）. めずらしい種類とされるウモレベンケイガニは，暴君から隠れるように，ヨシ原にたまった木材やゴミの陰に潜んでいる. 同じく東京湾ではめずらしいアリアケモドキもヨシ原に生息していた.

一方，第二軸は中潮帯底土の細粒分の割合によって規定されており，その割合が大きい，すなわち中潮帯が泥っぽい場所ほど，第二軸はマイナスを示すことがわかった. 第二軸がマイナスの方向へ大きいとは，ヤマトオサガニ，ケフサイソガニが多いことを示す. 中潮帯以下が泥質の底土であれば，これらのカニ類がよく生息することを意味する.

さらに地域的には，小櫃川河口の生息地はすべて第二軸が正の領域に属していた. 第二軸が大きいとは，アカテガニ，カクベンケイガニ，オオユビアカベンケイガニが多いことを意味する. アカテガニは陸生のカニであり，今回の調査では，小櫃川だけで観察された. 小櫃川河口は東京湾内でただひとつ，天然の渚エコトーンをひととおりもっている地域である. その中には砂丘堤などの小起伏を含み，森林生のアカテガニはそうした立地に依拠して生

図 3.11 ヨシ原から干潟に出てきたアシハラガニ

息しているのであろう．カクベンケイガニやオオユビアカベンケイガニは小櫃川だけで観察されたカニではないが，いずれも潮上帯に営巣し，潮間帯を活動場所に通勤するカニなので（小野，1995），営巣に好適な起伏ある潮上帯を豊富にもつ小櫃川河口で生息量が多いと考えられる．

このように潮間帯の背後のヨシ帯や草地・森林帯に多くの陸生カニ類が生息していることが明らかになった．エコトーンが海と分断されると，これらのカニ類は生息することができない．

渚を餌場にする水鳥についても同様なことがいえる．コアジサシは小型のカモメで，空中から急降下して水中の小魚を突くように捕食するので，「鯵刺し」とよばれる．彼らは姿が美しいことでも人気がある渡り鳥だが，わが国で営巣・産卵を行い，その場所は陸上のレキ原だ．シギやチドリの仲間は潮の引いた干潟で餌を捕るが，潮が満ちている間は陸上で休息する．このように，これらの水鳥は浅瀬と陸上という2種類の異なる生息場所を必要としている．東京湾ではシギ・チドリの来訪が減少しているが，満潮時の退避場所の余裕がない渚しかないことが原因のひとつとして指摘されている（石川，

2001).渚では海辺だけが大事なのではない．周辺の生態系の連続が大切なのである．

(3) 東京湾口と湾奥のアサリの個体群動態比較

　子どものころ，潮干狩りでアサリを掘ったことのある人は多いのではないだろうか．さまざまな模様をもつアサリはみているだけでも美しく飽きないほどだ．同じ種の生物は，ふつう同じかたち，色を示すものだが，アサリのように個体によって模様がちがうような現象を生態学では「多型」という．

　アサリの産卵がもっとも多いのは春から初夏にかけてである．海水中に放出された卵は水中で受精し，トロコフォアとよばれる幼生になる．2日ほどたつともう幼殻が形成されて，二枚貝らしいかたちのベリジャー幼生になる．幼生は周囲に繊毛を有するベラムとよばれる遊泳器官をもっており，それを使って海水中を浮遊して生活する．そうした浮遊生活を3-5週間ほど送ると，ベラムは脱落し，浅瀬の海底に着底する．そのときのアサリの大きさは約0.2 mmである．時間がたつにつれて成長すると，しだいに砂に潜って生活するようになる（増殖場造成計画指針編集委員会，1997）．

　アサリはほとんどが砂面下5 cm以内に潜んでいる．そこから水管を砂表面に伸ばして海水を吸入し，海水中のプランクトンを濾し取る．アサリのおもな餌は珪藻類だといわれている．アサリの成長は意外に早く，東京湾では1年で殻長約2 cmまで成長し，生殖活動に参加する．その後は潮干狩りで採取されることなどもあって，個体数は減るが，3年程度は生きることができるようである．

　2001年夏の調査から，アサリは湾口に近い盤洲干潟や横浜・金沢ではたくさんいるのに，湾奥ではほとんどみられないことがわかっていた．そこで同じ年の秋から，盤洲干潟と金沢海の公園と湾奥の幕張海岸，葛西海浜公園の4カ所のアサリの個体数変化を比較調査することにした．なお，この4カ所では盤洲干潟を除いて，アサリの放流は行われていない．盤洲干潟ではアサリが放流されている場所を避けて調査した．

　ちょうどわれわれの調査と同じころ，2001年夏と秋に，国土技術政策総合研究所らのグループは，アサリの浮遊幼生の分布について，東京湾内湾部全体の大がかりな調査を行った（粕谷ほか，2003a，2003b）．アサリの浮遊

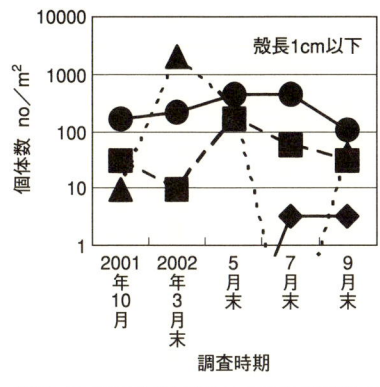

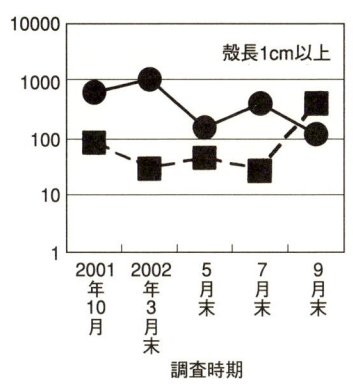

図 3.12 2002 年東京湾のアサリ個体数の変動（田中ほか，2004）
―●―：金沢海の公園，--■--：盤洲干潟，‥▲‥：葛西東なぎさ，―◆―：幕張の浜．

幼生はほかの二枚貝と形態的に似ており，これまでその生態を調査するのが困難だった．ところが最近，免疫反応を利用し，アサリ幼生だけをうまく蛍光発色させて識別する手法が開発された．彼らはその方法を用いて，アサリ幼生の個体数をカウントした．

彼らの結果から，アサリの幼生は，盤洲干潟周辺や三枚洲-羽田，横浜-金沢湾あたりに密度の高い区域があるものの，東京湾全体に浮遊幼生が分布していることが明らかになった．密度の高い地域はアサリの親貝が分布する地域とほぼ重なる．その他の地域で幼生がみつかっているのは，海流に乗った移動や拡散によって，意外に広く幼生が移動できることを示している．

われわれの調査の結果，盤洲干潟と金沢海の公園では，浮遊幼生も多く，着底稚貝の量も多いこと，さらにその後の個体数の減少が少ないことがわかった（図 3.12）．とくに海の公園では，潮干狩りによる捕獲を除くと，アサリの数の減少がほとんどみられず，アサリの生息にとって好適な条件であることがわかる．ここでは毎年，多くの横浜市民が潮干狩りに押しかけるにもかかわらず，アサリの量はまったく減少せず不思議がられている．八景島の入り江で波が穏やかなこと，海水の養分が豊富でプランクトン量が多いことに加えて，アサリが好む砂が人工的に搬入された人工海浜であることが生息良好の原因と考えられる．また野島海岸という自然の干潟が近隣に残されていること，公園が 2cm 以下の稚貝の採取を禁止していることなども，アサリの稚貝供給を低下させず，個体数を維持するのに役立っているのであろう．

一方，葛西海浜公園では，2002年春先にはたくさんの着底稚貝がみられたが，5月，7月と季節が進行するにつれて急激に減少して，ほとんどいなくなってしまった．この公園は荒川と江戸川という大きな川の河口にはさまれている（図3.13）．そのために春から河川流量が増えて，アサリの嫌う塩分濃度の低い海水が形成されたのが原因のようである．従来の研究から海水の塩分濃度が2％以下では死亡率が高まるといわれている．2003年には個体数の減少は6月までみられなかったが，7月の大雨の後，塩分濃度が1％を切ると急激に減少してしまった．

　幕張では，アサリ浮遊幼生の供給は少ないながらも観察された．しかし着底個体はほとんどみられなかった．ここは千葉・幕張の埋立地地先につくられた人工海浜だが，近年，砂の浸食・流亡に悩まされている（図3.14）．前浜で波あたりが強いこともあるが，この近辺の海底は埋立のために浚渫され，深くなっている．そのためとくに浸食が激しい．このような浸食が激しい場所ではアサリは定着しにくいのだろう．

　幕張では，アサリ以外の底生生物もほとんど観察することはできない．幕張だけでなく湾奥，とくに船橋から千葉にかけての海域はほぼ同じ状態である．この地域は稲毛海岸をはじめとして，アサリの有名な産地だったはずである．なぜアサリはいなくなってしまったのだろうか．そのもっとも大きな要因は青潮の発生によると考えられている（風呂田，1997a，1997b）．青潮とは，東京湾湾底に発生した有毒の硫化水素を含む貧酸素水塊が，海水表面に湧き出てきて，魚介類を加害する現象である（図3.15）．

　夏は海水表面が暖められ比重が軽くなるので，表層にとどまりやすく，なかなか表層・底層間の海水交換が起きない．そのため底層に貧酸素水塊が発達しやすいのだが，たまに台風などで北風が吹くと，表層水が湾口のほうへ押し流され，そのかわりに底層の貧酸素水塊が湧出してくる．湧出した水塊は硫化水素の影響で鮮やかな絵の具のような「水色」を示す．それで青潮とよばれている．船橋から千葉にかけての海岸線はその北風とほぼ直交しており，とくに底層水の湧出が起きやすいのである．大きな河川の流入がなく，海水の混合が起きないのも発生を長引かせて被害を大きくしている．

　では，昔はなかった青潮がなぜ発生するようになってしまったのだろう．その理由のひとつは東京湾に流入する河川水が養分過多になってしまったか

図 3.13 洲形成のポテンシャルが高い江戸川河口の浅海域に造成された葛西海浜公園の東渚
人の立ち入りを禁止し,サンクチュアリとなっている.

図 3.14 浸食が激しい人工の幕張の浜
大河川の流入がない,海底へ向けて急傾斜,青潮常襲地などの要因で,前浜とその生物相形成のポテンシャルが低い.

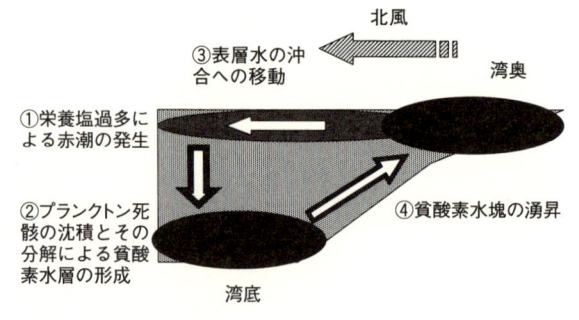

図 3.15 青潮の発生機構

らだと考えられている（風呂田，1997a，1997b）．現在，河川からは大量の有機物が供給される．それだけでなく，河川から流れ込んだ窒素やリンなどの豊富なミネラルは，東京湾で大量のプランクトンを発生させる．そのプランクトンはいずれ有機物として海底へ沈殿していく．それらの大量の有機物の分解のために酸素が消費され，貧酸素水塊が発生しやすくなっているわけである．

　もうひとつの理由は東京湾底の地形の改変にある．東京湾周辺の埋立地の多くは，海底土砂を浚渫して埋め立てられている．その結果，東京湾には深い浚渫溝が形成された．もともと東京湾奥は，干潟でなくとも，平場とよばれる海底も 10 m 程度の浅い海だった．しかし，浚渫溝は深さ 30 m にもおよぶ．港湾や航路でも深い浚渫が行われている．そのような溝では海水が停滞しやすく，貧酸素水塊が発生しやすくなっているのである（風呂田，1997a，1997b）．

3.3 渚生態系の再生

(1) 人工渚が教えること

　東京湾ではすでに多くの渚再生事業が行われてきている．その成果を検証してみることにしよう．図 3.8 で示したように，人工海浜と天然の海浜を比べても，生物相にはあまりちがいがないことがわかった．横浜・金沢八景に

造成された金沢海の公園では，むしろアサリの量が増加している．人工海浜だからといって，とくに生物相が貧弱だというわけではなさそうである．

では代表的な人工海浜について，発表された報告書や論文から，底生動物の発生状況をみていこう．

1989年に全面開園した東京港野鳥公園では，1989年10月までポンプで排水され，いったん干上がって底生生物が死滅した池を，ふたたび汐入化している（安藤ほか，1990-2000）．しかし，翌年9月には豊富なゴカイとアサリの発生を記録した．2年後にはすでに29種が記録されるようになり，以降，ずっと30種前後が観察されている．よって2年でほとんどの生物相の加入は終了したことになる．3年後には甲殻類が著しく増加した．7年後には前浜でアサリの個体数が増えた．この後現在まで，その生物相や個体数はとくに増加していない．汐入再生後数年で，生物相はほとんど完成したと考えられる．

1983年に開園した大阪南港野鳥園でも同じような例が報告されている（肥川，1997；Natsuhara et al., 1999）．淡水池だった北池に1995年10月に海水導入したところ，翌年にはイトゴカイが大量発生し，それまで少なかったシギ・チドリが激増して1000羽以上飛来した．

このようにハビタット成立の条件が整っていれば，海の生物相の発達は意外に早いといえる．底生動物は幼生期に多くが浮遊生活を行い，その後，適したハビタットに定着する．海では海水は連続しているから，幼生の拡散スピードは大きいのである．一般的には，ハビタットの性質によって，底生生物相は自然に決まっていくことになる．

一方，大阪南港野鳥園では，14年に1mの速さで地盤沈下が進行しており，設計地盤高より地盤低下した池では，底生動物は豊富でも，シギ・チドリはこなくなった（肥川，1997）．このように，ハビタットの設定が不適切だと，生物相は逆に貧困になる．

行徳野鳥保護区は，宮内庁新浜鴨場に隣接して1971年に造成された潟湖型の人工干潟だ．底土には周囲の埋立時に使用するヘドロが用いられ，かさ上げされて，干潟面が形成された．しかし東京湾との水の連絡が当初，1本の水路に限定されたために，潮汐変動が起こらず，計画干潟面は乾燥した粘土面と化した．また深く浚渫された海溝部は貧酸素化し，底生生物の発達は

抑制された（風呂田，1997c）．

　このほか人為的な操作によって，生物相が急激に変化した例はいくつかある．

　すでに述べた横浜の金沢海の公園は，もともと干潟があった場所に，千葉県から砂を搬入して，潮干狩りのできるレジャー海浜をつくったものである．1979年の造成後，実際にアサリが大量発生して，日本一の生産力を誇るまでになった．その浜辺で藻類のアナアオサが大量に発生するようになった．アサリの生息に好適な内湾の砂質条件は，アナアオサにとっても同様に適していたわけである．ある特定の種が優占する生態系では，ほかの種も大発生しやすくなるということがある．農地で大発生する害虫などがその例だ．アナアオサはアサリ畑で大発生した雑草とたとえることができるだろうか．これについては，市民参加で除去作業が行われて，横浜の金沢海の公園は維持されている．

　人工干潟ではないが，千葉県の谷津干潟は埋立から取り残された潟湖状のプールで，水鳥が自然に飛来し，1993年ラムサール条約に登録された．その後，周囲の下水道網が整備され，有機汚泥を含む下水の流入が減少した．そのため，近年，干潟の砂質化・塩水化が進行して，アナアオサの好む条件ができあがった．アナアオサは大発生し，その遺体が干潟面を覆って腐敗し，底土が酸素不足になり，底生生物が激減している（石井ほか，2002）．底生生物の減少は，飛来する鳥類の減少を招いて大問題になっている．

　たぶんこのまま放置すれば，アナアオサの遺体からしだいに底泥が堆積し，本来の潟湖的な条件になり，しだいにアナアオサも減少していくとも考えられる．しかし，ラムサール条約に指定された野鳥公園で，そのようなのんびりしたことが許されるとは考えられない．

　谷津干潟がもともと人為的な都市環境条件下で成立した二次的自然だったことを，この話は示している．また，そのような自然を維持していくことのむずかしさを物語る．都市的自然とはかように変動性の高いものであり，その維持や復元には注意深くみつづけることが大切だといえる．また，干潟の維持には，内陸の流域を含めた地域生態系マネージメントの視点が欠かせない．

(2) 再生のプロセス

さて，それでは渚の再生はどのように行っていけばよいだろう．渚と限らず，自然再生には，生物多様性保全，ハビタット設計，ランドスケープ計画の3つの観点が重要だと考えている．

第一の生物多様性保全は，いいかえれば種や遺伝子の保全の観点である．やはり自然には，豊かな生物のにぎわいがあることが似つかわしい．しかもそれは，長い地質学的な時間をくぐりぬけて存在する地域固有の系譜をもった自然であることを大切にしたい．

渚の生物については，一般に調査が十分でないことを述べた．陸域であれば緑の国勢調査が定期的に行われ，レッドデータブックも地方版を含めて整備が進んでいる．河川についても，近年，詳細な調査が行われるようになった．そうした陸の情報に比べると，渚の情報はきわめてラフだといわざるをえない．まずはその状況を改めることが大切である．そうでないと再生させようとする渚がどのような可能性をもっているかわからないし，目標も的はずれなものになってしまう．第一，大切な渚を，知らない間に失う可能性が大きい．

われわれの調査では，底生生物の多様性は小櫃川河口，野島海岸，江戸川放水路で高く，稀少種も観察された．江戸川河口を除けば，残存する自然海岸であり，これらの場所は東京湾の生物相の銀行ともいえる．このような場所は今後とも大切に保存して，東京湾生態系修復の起点として生かすべきである．

つぎに大事な観点はハビタットである．人間は自然をつくることはできない．できるのはその発達の場の条件を整備することである．海のエネルギーは大きく，また開放的な系を形成している．陸に比べて，日常的過程の人工的制御は，よりむずかしいと考えるべきだろう．ハビタットを整えて地域在来の生物相が発達するのを待つというのが自然再生の基本的姿勢であるべきである．

たとえば，アサリの漁獲量は全国で激減しており，東京湾では例外的に高い収穫量を維持できている．収量の落ちた干潟での実験から，撒砂が効果的な対策であることがわかってきた（堤，2003）．東京湾は隆起が激しくもろ

い地質の房総低山地や丹沢山地に囲まれている．これらからの定期的な土砂の供給がアサリの好適なハビタットを供給しているようである．だからといって干潟に人工的に砂をまいても，富栄養化した東京湾ではアナアオサの大発生が起きる危険性がある．漁民と市民が共働して管理すべき都市近郊の渚では，とくに在来の生物相を大切にして，河川の上流域や周辺海域を含めた自然の恵みをうまく生かしていくという姿勢をとるのがよいのではないだろうか．

しかしながら，渚がまったく失われた埋立地などでは，ハビタットとしての初期条件を整えるのは不可欠である．その際，いかに場に適した，かつ効果的なハビタットを設計できるかが鍵になる．すなわち，できることをみきわめるのが大切で，専門的には環境ポテンシャルの把握という．そのためには，今回調査したように，周辺の生態系がどのような地形・水文を基礎に形成されているか調べることが大切である．東京湾でも，底生生物相は基本的には海岸地形によって規定されていた．今回得られたハビタット-生物相関係をモデルにして，めざすエコトープ像をイメージすることが可能である．

また，適切に設計されたハビタットでは，生物相の発達も急速であることがわかった．こうした結果からは，再生困難にみえる東京湾であっても自信をもってよいということがいえるだろう．

過去の例から，潮の動きが大切なことがわかった．潮汐運動のない場所では，生物相豊かな渚の再生は望めない．潮のこない干潟はもはや乾いたグラウンドにすぎない．また水が淀む場所は貧酸素状態になりやすく，生物の生息環境として適していない．潮の設計は渚再生の根幹的技術といえる．

浸食に配慮することも大切である．先に述べた幕張海岸のように，埋立地に人工の前浜が造成されることがよくある．しかし，そのような場所は埋立による海底浚渫のため，浸食が起きやすい条件にあることが多い．人工海浜を造成しても，継続的に砂の搬入を強いられている場所が少なくない．防波堤や海面下に隠れた潜堤などの浸食防止工法も，このような場所では必要な技術といえる．

東京湾奥のような青潮地帯で，青潮被害を軽減するハビタット造成は可能だろうか．青潮常襲地帯にある千葉港の一角に，千葉海浜公園がある．ここでは8haほどの小規模の干潟が造成されているが，アサリをはじめ多くの

底生生物を観察することができる．ここでは港湾との間を消波堤が仕切っている．しかし南北2カ所の広い開口部から水が自由に出入りしており，ふだん停滞するようなことはない．消波堤と砂質の浅瀬が有毒な青潮の湧出・流入を防ぎ，空気中の酸素の混合融解を助けているようである．これらの既存モデルの研究を通じて，よりよいハビタットの設計が可能になるだろう．

　最後はランドスケープ計画の観点である．カニや水鳥の生態で述べたように，渚はその連続したエコトーン構造をもつことによって，より豊かな生物相を保全することができる．われわれが東京湾調査の間訪れた場所では，多くのところでその連続が断たれていた．たとえ海浜が設定されていても，その後背地まで配慮された場所はきわめて少ない．

　このことは都市における高潮対策とも関係がある．高潮や津波は数十年から百年に一度の頻度でしかこない稀な現象だが，多大な災害をもたらすので，住宅地の密集した海岸では，対策を怠るわけにはいかない．防潮堤は一定の高さのある施設だから，生態系の連続をどうしても分断しがちだ．防潮堤を内陸側にセットバックするほど，広いエコトーン構造をもった渚が得られることになる．広い渚はまた防潮効果を増強すると思われる．その中でも可能な人間活動や施設はいくらでも考えられるだろう．さらに防潮堤をうまく後背地の地形や施設に組み込むことも考慮されてよいのではないか．

　また面的により連続性のある渚が志向されるべきだろう．筆者らのアサリ個体数調査結果からも，親貝が少ない湾奥の海浜でさえ，浮遊幼生が供給されていることがわかった．湾岸各所で渚が復元されて，渚が連続する海岸線が復活したとき，海洋における種供給のネットワークはこれまで以上に機能して，渚の再生はさらに順調になることだろう．

　渚再生でもっともむずかしい問題，それは水質のコントロールである．東京湾では青潮の解消が究極的なテーマといってよいだろう．それには海における工学的対策もある程度可能かもしれないが，けっきょくは，排出する側の陸域の都市や農村の単位で，水質管理をきちんとやっていくことが大切である．

　筆者のひとり野田は，「ダムをつくるのではなく，上流の山々に植林をするような渚の再生を」といった．東京湾にとって上流の山々とは，まさにわれわれの生活圏のことを指す．海はわれわれの生活の鏡なのだ．われわれは

山々に木を植えるように，都市や農村の健全な生態系を再生していかなくてはならないのだろう．

小林達明・野田泰一

4 川がつくる海

4.1 流域が川を，そして海をつくる

(1) 複雑化する流域の土地利用

千葉の都を流れる川

　市街化の進んだ千葉市のほぼ中央を流れる川が都川である．都川支流の坂月川の上流には加曽利貝塚があり，その昔，縄文人が貝を採取しながら生活していた川である．流域全体がほぼ千葉市域内に含まれる流路延長 15.7 km，流域面積約 72 km² の二級河川である．北総台地の南端に形成された小さな谷が無数に入り組み樹枝上になった谷津（谷戸）の湧水を集めて流れている．近世から明治時代まで，谷津では，なりわいの中で人間と自然が共生していた．台地面や斜面緑地は，牛馬の飼料や水田に入れる肥料を採取する場所，マツ，クヌギ，コナラなどの用材や薪炭を供給する場所であった．谷津には，雑木林，清流，水田があり，多様な生物が生息する環境となっていた．

　都川の水源は，JR 外房線誉田駅近くにあり，台地上部は宅地化の進行により，緑地が減少している．水源付近では台地面の住宅地から排出される汚水が流れ込んでおり，都川の水は上流部であっても水質が悪化している．耕作が放棄され，荒地となっている場所もあり，谷津田では，ヨシの繁茂，乾燥化が進行している．水質や農業事情の変化により谷津田の環境は悪化している．汚水の流入の少ない谷津田であっても，台地面が宅地化されると湧水の減少が起こり，都川の水だけでは水田耕作がむずかしい谷津田もあり，水田に使う水をポンプ小屋からの地下水の汲み上げでまかない，耕作を続けている．

　都川は，中流域で坂月川，支川都川を合わせ，千葉市市街地を流下した後，葭川を合わせて東京湾に注いでいる．すでに，都川の支流である葭川や支川都川でも，源流部が開発されている．葭川の源流部には，大雨のとき浸水被

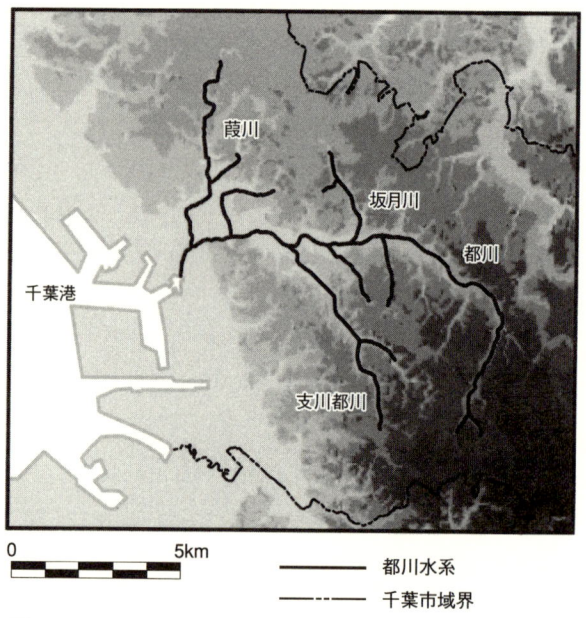

図 4.1 千葉市都川水系と谷津

害を防ぐため,雨水を一時的に貯留する施設として六方調整池が平成5年3月に完成している.この調整池は,多目的施設として洪水調整容量 28.7 万 m^3 を貯留可能であり,自由広場や流れがある.図 4.2 をみてもわかるように,3面ともコンクリートで固められており,中央部をちょろちょろと水が流れている土木構造物である.もうひとつの支流である支川都川の源流部の様子を図 4.3 に示した.昭和 40 年代に開発の始まった公団の「おゆみ野団地」の開発により,支川都川の上流も防災調整池(貯水量約 38 万トン)となっている.これら調整池には,谷津の面影はどこにもみられない.

都川と農業

都川中流域でも,昭和 30 年代から 40 年代にかけて,河川流域の台地面に団地が造成され,人々の排出する汚水が,水田に流れ込むようになった.また,豪雨時には雨水が一時に流れ込み河川が増水するようになり,水害を防ぐため河川改修が進んだ.現在,中流の水田地帯では,フェンスとコンクリ

図 4.2 葭川源流部の六方調整池多目的施設

図 4.3 支川都川源流部のおゆみ野防災調整池

ートに囲まれた排水路のような姿をさらしている（図4.4）．

　都川中流部の地形図をみると，等高線に対して直角に流れている川とは別に，等高線に並行に流れる水がある．本来，水は高いところから低いところへ流れるものであるが，台地の裾を巻くように流れている用水がある．用水は，水に乏しい耕地や水田などを潤すために人工的につくられた水路である．中流域の水田地帯では，都川に堰をつくり，台地の裾を掘削し，都川から水を導いて耕作を行っていた．これら農業用水は，生きものの生育場所として豊かな田園自然を育み，野生動物の移動を可能にする貴重な通路（生態系の回廊）となる機能をもっている．現在の都川の用水では，残念ながら図4.5のように人を拒絶した3面のコンクリート，金網張りになっている場所があり，さらには，都川の水質悪化により，ポンプで揚水した地下水を水路に流している（齋藤，1997）．

　昔ながらの水田を中心とした里山では，人は水を大切にし，環境への負荷の少ない生活を続けてきた．結果として生物の多様性を維持し，それはいまでいうビオトープを構成した．しかし，現在では，品質の均一な食品を大量に供給するために，水田や畑が規格化された形状に改造されてきている．水田や畑は，本来，たくさんの生きものの命が宿っていた場所である．生きものが暮らせる水田や畑を取り戻すことが，安全でおいしい作物をつくることにつながる．ひいては，人間も生態系の一部であることを認識することでもある（自然保護編集部，2003）．

市街地を流れる都川

　都川の下流部の両岸には，市街地が川岸までびっしりと隣接しているが，高いコンクリートの直立護岸があり，まちと川を分断している．コンクリートやアスファルトで覆われた市街地では，雨水が浸透せず，台風などの異常出水時には，河川に大量の水が一度にまとまって流れ込む．都川でも流域の急激な都市化により市街地が拡大したことで流出量が増加してきたため，昭和39年度から河道拡幅，河道削除などの河川改修が実施されてきた．千葉市みどりの協会機関紙「みどり千葉」43号（昭和63年6月30日）に掲載された斎藤正一郎氏の記事によると，都川は明治時代までは下流部でも川幅5m程度の小川であったそうである（斎藤，1988）．現在は河川改修が進み，

図 4.4 都川中流域の河川改修

図 4.5 千葉市若葉区の太田用水を覆う金網

河口部では川幅が約40mにもなっている．

一方，平常時は，雨水の地下浸透量，湧水などが減少していることから，都市河川の平常時の自然流量は減少しており，下水道普及率の向上にともない，水量が増加している下水処理水については，都市における貴重な水資源となっている．都川の下流部分では流域の下水道や排水路浄化施設の整備により，生活排水の流入が減少し，水質が改善している．

都川流域の土地利用変化

土地利用はその土地に対する人間の働きかけによって生じるものである．自然的な要素として気候・地質・地勢・植物相・動物相など，社会的な要素として人口・産業・交通体系・法制度など，さらには人文歴史的な要素として地域の伝統・史跡・文化などが相互に作用し合いながらつくりあげられる．

都市化により著しく姿を変えた都川流域における1974年から1994年までの20年間の土地利用変化を調査した．調査には日本地図センターから発行されている「細密数値情報（10mメッシュ土地利用）」を使用し，1974年から5年ごとに流域における土地利用変化を表4.1に示した．減少している土地利用種は，「山林・荒地等」「田」「畑・その他の農地」であり，増加している土地利用種は，「一般低層住宅地」「商業・業務用地」「道路用地」「公園・緑地等」である．この20年間だけをみても，山林や水田の里山が消失し，商業施設や道路・公園を同時に整備する住宅地開発が進んでいることが読み取れる．また，空地や工業用地についてはほとんど増減が現れていない．

表4.1に示した土地利用の変化は，よりくわしくみると，土地利用の発生と消滅があり，両者の合算された値となって集計されている．そこで，個別の土地利用ごとに消滅面積と発生面積を図4.6に示した．

1974年から1994年の20年間で「山林・荒地等」は消滅面積も大きいが，発生面積も一定量ある．これは，大規模な都市開発による山林の減少と谷津田などの農地の荒廃化にともなう荒地の増大という，2つの相反する事象を反映した結果であると推察される．「空地」は調査時点で使用されていない土地や屋外駐車場，資材置き場などを示す調査項目である．「空地」の変化面積は，2haの減少であるが，273ha発生し，275ha消滅しており，土地利用が大きく変化していることがうかがえる．

表4.1 都川流域における土地利用の変化（1974-1994）（古谷・小林，2002のデータより作成）

	1974	1979	1984	1989	1994	1974-1994の増減
山林・荒地等	1911	1754	1735	1670	1628	−283
田	554	487	472	416	406	−148
畑・その他の農地	1342	1259	1254	1184	1149	−193
造成中地	95	73	77	96	58	−37
空地	472	402	397	437	470	−2
工業用地	125	137	134	133	135	11
一般低層住宅地	954	1058	1072	1130	1159	204
密集低層住宅地	58	69	68	66	65	7
中高層住宅地	124	157	162	158	167	43
商業・業務用地	235	266	277	311	335	100
道路用地	665	824	833	828	826	161
公園・緑地等	206	219	240	292	301	96
その他の公共・公益施設用地	338	374	386	383	392	55
河川	53	51	51	55	68	15
合計	7159	7159	7159	7159	7159	

面積の単位はha．

(2) 都市化による水質の変化

　都川流域では，千葉市中心部における市街化だけでなく，人口増加を前提とした郊外地における都市開発が拡大した．さらに，農業従事者の高齢化や後継者不足，減反政策により，休耕・耕作放棄水田が増加した．その結果，郊外地開発の進んだ台地から汚水が流入し，伝統的農業により維持されてきた谷津田をはじめとする里山の荒廃が起こった．さらに，河川の水質汚濁，平常時の水量減少により，河川改修が進み，豊かな生態系を育む自然環境が失われた．

　都川の1975年から2001年までの水質経年変化をBOD（生物化学的酸素要求量）平均値でみてみることにする（図4.7）．BODとは河川の有機性汚濁による水質を表す代表的な指標として用いられ，高いほど汚れが大きく，日常生活において不快感を生じない限度は10 mg/Lといわれている．都川

100 第4章 川がつくる海

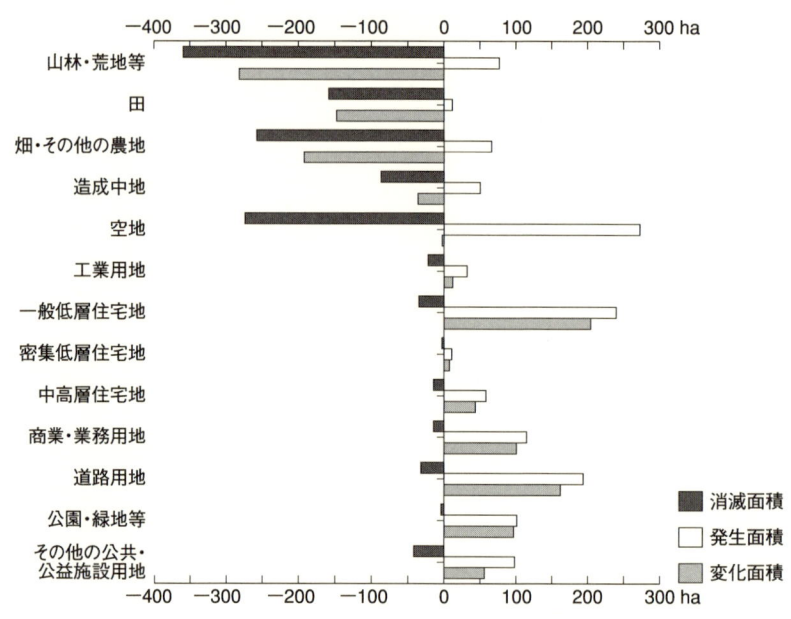

図 4.6 都川流域における土地利用の消滅面積と発生面積（古谷・小林, 2002）

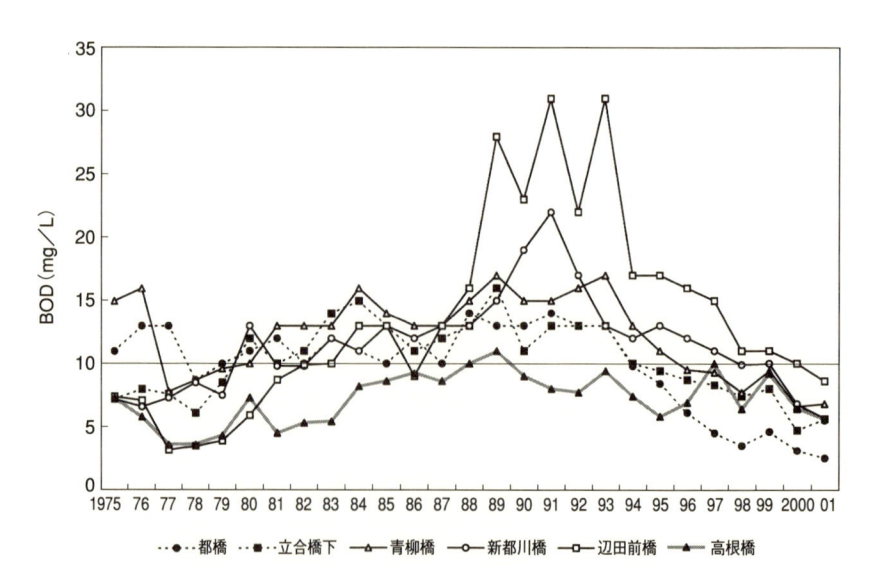

図 4.7 都川の 1975 年から 2001 年までの水質経年変化（BOD 平均値）
千葉市の水質調査結果より作成.

4.1 流域が川を，そして海をつくる

が6カ所の調査ポイントすべてでこの環境基準を満たしたのは1978年と2001年のみであり，とくに1989年から1993年にかけては水質が悪化している．調査地点は都橋と立合橋下が都川下流域であり，新都川橋と青柳橋，辺田前橋が中流域，高根橋が上流域である．もっとも水質の悪化していた調査地点の辺田前橋は，都川の支流のひとつである坂月川にあり，現在でも汚水の流入が続いており，都川水系でもっとも汚れている水系である．下流域の都橋，立合橋下では，伏流水の流入や公共下水道の整備，合併処理浄化槽の普及促進，立合橋下排水路浄化施設ほか6施設の水路浄化施設設置などの生活排水処理対策で水質浄化が進んでいる（千葉市水質保全課, 1997）．

千葉市では，都川の水質を浄化するために，1990年度から10カ年計画で「チャレンジ・ザ・都川・クリーンプラン」を策定し，ポスター・作文コンクールなどを通して，市民意識の啓蒙を行ってきた．さらには，市民参加による散歩道の整備が行われている（図4.8）．坂月川（若葉区桜木町-加曽利町の約2.5km）と支川都川（中央区川戸町-若葉区大宮町の2.8km）では，

図4.8 支川都川の川戸橋付近——両岸に散歩道が続く

町内自治会や小・中学生約1900人の参加により，コスモスの種がまかれ，大切に育てられている（千葉市企画課，2003）．

都市河川は，水道水の取水や湧水の減少により，川の水量が減少しており，市街地からの雑排水でかろうじて水量を維持している川も多く，都川でも湧水と生活排水が水源となっている．下水の処理を広域下水道だけに頼るのではなく，市街化調整区域における下水処理については，地域コミュニティや各戸単位の合併浄化槽による下水処理を進めることも重要である．

タマちゃん現る

2002年度の日本新語・流行語大賞を受賞した「タマちゃん」は，多摩川，鶴見川，帷子川，中川，荒川などの東京湾に注ぐ河川に現れて，みんなの人気者になったアゴヒゲアザラシである．河岸には多くの見物客が訪れ，テレビなどでも大きな騒ぎとなった．北の海にすむタマちゃんが突然現れたことで，川は海に，海は世界につながっていることを再確認できた．日本の川や海を汚すことは，地球を汚すことにつながる．

国土交通省河川局の発表している2002年度の全国一級河川の水質調査によると，「タマちゃん」の現れた鶴見川が全国ワースト1位，中川が全国ワースト5位の河川となっている．こんな汚い河川でも，タマちゃんは大丈夫なのだろうか．鶴見川（下流部）のBOD濃度の2002年度年間平均値は5.5 mg/Lである．BODの値は，水産用水としては，ヤマメ，イワナなどの清水性魚類では2 mg/L以下，アユ，サケなどは3 mg/L以下，比較的汚濁に強いコイ，フナ類でも5 mg/L以下が適当とされており，鶴見川の5.5 mg/Lはかなり汚い．鶴見川の水質を過去にさかのぼってみると，1978年から1981年ごろの16 mg/L前後をピークに，以後，かなり改善している（図4.9）．このようにBODなどの水質調査結果は全国の河川を比較する場合や，経年変化を調査するには便利な数値である．なお，この調査は全国のすべての河川を対象にしてはおらず，あくまでも一級河川を対象にしているので，2002年度の調査では一級河川166河川を調査しているにすぎず，千葉市の都川のような二級河川は含まれていない．

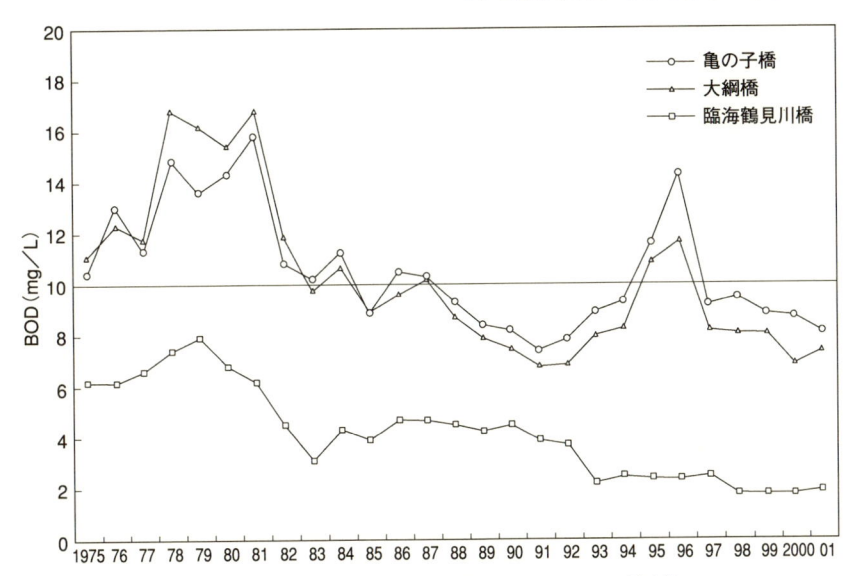

図 **4.9** 鶴見川の 1975 年から 2001 年までの水質経年変化（BOD 平均値）
国土交通省京浜河川事務所の水質調査結果より作成．

江戸前アユの遡上する都市河川

　首都圏を貫き東京湾に注ぐ多摩川は，環境悪化により 60 年代には姿を消していた「江戸前アユ」が復活している．江戸前のアユは冬の間に東京湾内で成長し，春になると多摩川を遡上する．2002 年には 113 万匹のアユが遡上した．東京都水産試験場では，河口から 13.2 km 地点にある調布取水堰で，1983 年から多摩川を遡上してくる稚アユの数を調査している．1985 年の 2 万匹を最低にして，1993 年には 130 万匹に達した．その後減少して 1997 年には 16 万匹まで減少したが，ふたたび増加して 2002 年には 113 万匹に達した（東京都，2003）．年によってばらつきはあるが，調査を開始した 1983 年以降，着実に「江戸前アユ」が戻ってきている．調布取水堰では，水質悪化のため 1970 年に水道水源としての取水を停止したまま，今日にいたっているが，流域の下水道の整備にともない，多摩川の水質は当時から比べればかなり改善している（和波，1998）．アユの遡上の障壁となる堰が調布取水堰から小河内ダムまでの間に 19 カ所あり，東京都は 1992 年から魚道整備を始め，9 カ所が完成している（朝日新聞，2003 年 4 月 13 日）．水質改善や魚道

の整備，漁協などによるアユ放流の成果が現れ，「江戸前アユ」が増えている．

下水道の整備にともない水質の浄化した多摩川では，どのくらいの排水が混ざっているのか．2003年に国土交通省が発表したデータによると，多摩川調布取水堰における河川流量の27％が上流で使用されていないフレッシュな水であり，73％が生活排水，下水処理場などの排水，工場排水，畜産排水である．この27％の値が，フレッシュ度（仮称）である．この数値は，河川流量と既使用水量の割合を示し，値が大きいほど上流で利用された水量が少なく，水質事故などのリスクが一般的に低くなると考えられる（国土交通省，2003）．都市化の進んだ首都圏の河川や京都・大阪を流域に抱える河川では，指数が低くなる傾向にある．都市河川の平常時の自然流量は減少しており，下水処理場排水や工場排水などの既使用水量は，都市における貴重な水資源として位置づけられる．排水の水質を浄化することにより，「江戸前アユ」も増えている．

一方，内分泌攪乱化学物質（いわゆる環境ホルモン）など，従来まであまり考慮されなかった微量な化学物質が各地の河川などで検出され，新たな問題となってきており，その実態や生物への影響の解明，さらに適切な対応が強く求められている（小倉，2002）．

全国水生生物調査

どんなに水質が改善されても，生物がいない河川は健全とはいえない．河川に生息する水生生物の生息状況は，水質汚濁の影響を反映することから，それらの水生生物を指標として水質を判定する全国水生生物調査が，多くの人々の協力で実施されている．この調査は，高価な機材を必要とせず，だれでも簡単に参加できるので，2002年度の参加者は9万1649人にも達し，調査地点5141地点となっている．この調査を通じて身近な自然に接することにより，環境問題への啓蒙にも役立っている．

河川に生息する30種類の指標生物を調査することにより，地点ごとに，「きれいな水」「少しきたない水」「きたない水」「大変きたない水」の4階級に分類し，水質の状況を判定している．「きれいな水」は1999年の69％以降，64％（2000年），61％（2001年），56％（2002年）と減少している．

2000年に建設省と環境庁が調査方法を統一し，指標生物種数や判定方法を変更している影響もあるかもしれないが，水生生物相でみるかぎり，必ずしも改善されているとはいえない．BOD値からみた河川の水質は着実に改善されているのに対して，水生生物を指標として水質を判定する調査では，きれいな水の地点割合が減少している（図4.10）．

水生生物にとっての生息環境を考えると，水質・水量・水温が適切な状態にあることが重要であり，水質については人間が飲料水として利用することを前提とした数値基準がある．水量・水温の変動については，これからの課題かもしれない．ダムなどによる水無し川などはもってのほかであるが，一定の流量を確保するだけでなく，生物が生育していくためには流量変動が重要である．適度な増水や渇水による流量の変動は，河川の形態やハビタットの形成，物質動態と密接にかかわっている（島谷・萱場，2001）．これまでの河川行政の中では，非日常的な洪水への対応や計測できる数値が重要視されてきたが，今後は，河川のもつ攪乱や流量変動による川の自然再生を，市民とともに育む心が必要であろう．

さらに，健全な水辺をつくりだす視点として，昔からすんでいた生きものが好んでくれる環境をつくることが重要である．もともとすんでいなかった

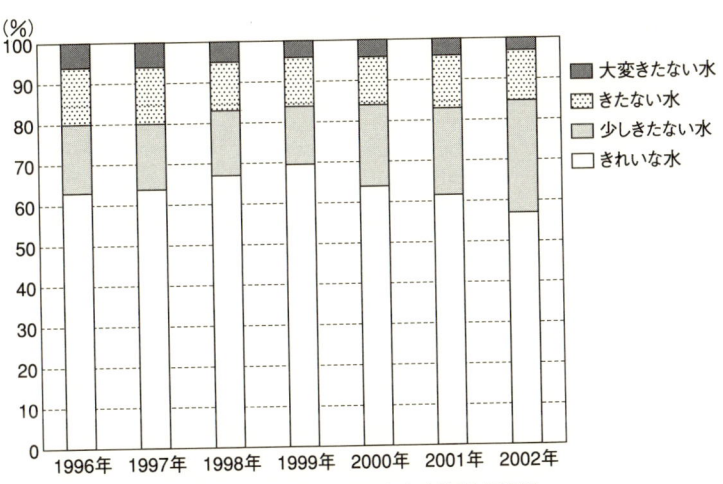

図4.10 1996年から2002年の全国水生生物調査結果
国土交通省河川局河川環境課平成14年度全国水生生物調査結果より作成．

生きものが大量に発生することは，環境の変化を意味し，昔からの生きものが世代を重ねることのできる自然を再生することが，河川管理の目指すべき目標である（自然保護編集部，2003）．

(3) 河川改修と環境の変化

21世紀は水の世紀である

水は渇きを癒すものであり，食料を育む源でもある．水が生命力の母体として，私たちの身近に存在しなければ，人類は生存できなかった．世界史の教科書にもあるように，シュメール（メソポタミア）文明やギリシャ文明などの古代文明は大河のほとりで生まれている．古代都市国家は水を配分する灌漑の管理と，そこからもたらされる収穫物の配分を行うことにより発展した（福井，1996）．日本でも弥生時代から，稲作の水田経営のために灌漑工事が行われてきた．河川は生活に不可欠な水をもたらすものでありながら，自然災害をもたらすものである．私たちの祖先の絶えざる努力により，水を防ぎ，水を利用しながら，河川とともに人々の生活は歩んできた．

河川改修と国境

近世，江戸になってから，新田開発や洪水防御のため治水が組織的に実施されるようになった．関東平野のほぼ中央に，茨城県古河市がある．渡良瀬川と利根川が合流するところで，茨城，栃木，群馬，埼玉の県境が近接し，この付近で県境が曲がりくねっている．これは，地図に残された江戸時代の治水工事の形跡であり，県境が利根川・渡良瀬川の旧流路を示している（山口，1972）．度重なる河川改修で，埼玉県北川辺町や茨城県五霞町が利根川の向岸側になっている（図 4.11）．

江戸時代以前の利根川は，現在の支流である渡良瀬川，鬼怒川とは別の河川で，古利根川から隅田川筋を流れて東京湾へ注いでいた．渡良瀬川は，古河の西側を流れ，権現堂川から江戸川筋を流れて東京湾へ注いでいた．それまで東京湾に注いでいた利根川を東流させ，千葉県銚子市から太平洋に注ぐ河川としたのは，1590年に江戸城に入府した徳川家康である．家康は，関東郡代の伊奈忠次に命じ，利根川の東遷と関東の河川における瀬替え（流路の付け替え）を行わせた．事業は，北川辺町南側の新川通開削（1621年）

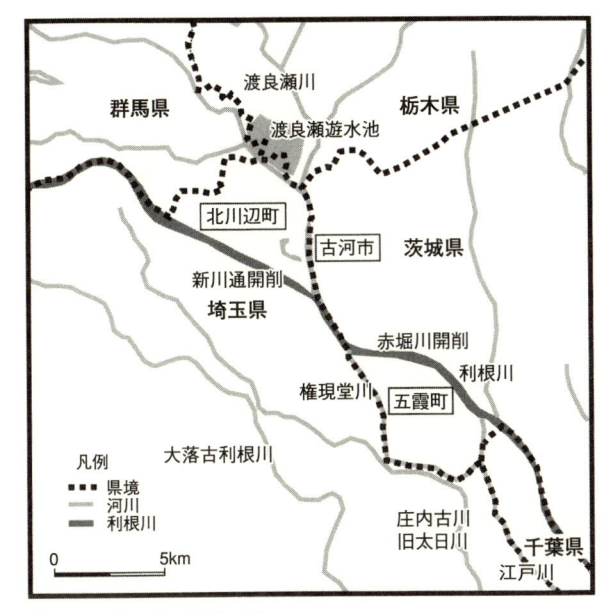

図 4.11 利根川の河川改修

や五霞町北側の赤堀川通水（1654 年）を経て，約 60 年の歳月をかけて，わが国最大の流域面積を誇る河川が誕生した（利根川百年史編集委員会，1987）．それまで，各々がばらばらに独立して流れていた河川が，網の目のように複雑につながった（島，1986）．利根川を渡良瀬川筋，常陸川と多くの湖沼を結びつけて銚子に流すことによって，江戸を利根川の水害から守り，新田開発をするとともに，川船による河川の交通が急速に発達し，利根川流域には物資の集積地としての多くの河岸が成立した（牧野ほか，1990）．江戸以前の治水が灌漑確保のためであったのに対して，江戸になって内陸水運の確保のための治水が組織的に実施された．これが日本治水史における江戸時代の最大の特徴である（鈴木，1989）．

河川封じ込め

明治時代に入ると，欧米に学び近代化を目指した政府は，オランダからお雇い外国人を招いて，ヨーロッパ近代の治水技術を採用した．オランダは，国土の 4 分の 1 近くが海面下の標高で，干拓により国土を広げてきた国であ

る.

　オランダのお雇い外国人技師ヨハネス・デレーケ（1842-1913）は1878年木曽三川調査に訪れ,「木曽川下流の概説書」を起草している. この書の中で, 洪水は一挙に海へ流し, 平常時の水はゆっくりと流し, 上流の山地は植樹などで土砂の流出を防ぐなどの考え方を書いている（上林, 1999）. この報告書にもとづき木曽川下流河川改修が始まり, 約25年にもおよぶ大規模な工事により, 水害が著しく少なくなった.

　オランダの治水思想と技術を導入することにより, 江戸時代までの氾濫を受け止め, 避難や水防によって被害を少なくする伝統的な治水から, 洪水の水を一刻も早く海に押し流す, 河川封じ込めの河川行政が生まれた（保谷野, 2003）.

人々の生活から切り離された川

　河川流域の開発は, 流域内の保水・遊水機能を低下させた. 開発前, 雨水は地中に浸透していたが, 開発によってコンクリートなどに覆われたことにより都市が砂漠化した. さらに, 人口増加にともない生活用水の増大, 工業発展による工業用水の増大により, 河川からの過剰な取水, 地下水の大量の汲み上げが行われた. その結果, 湧水の涸渇, 河川の平常時流量の減少, 水質の悪化が進み, 生態系の劣化, 地盤沈下が起こるようになった.

　農業における化学肥料の出現や機械化や経営環境の悪化によって里山での活動が減少し, 森林や水田, 農耕地が荒廃し, 開発の対象となっていった. 雨水貯留機能をもった森林, 水田, 溜池などが減少し, 短時間に大量の洪水が河川に流入し, 中・下流部の都市部での水害が頻発するようになった. 自然災害から生命財産を守るために, 雨水を早く下流へ流すような方針で河川改修が進められ, 市街地では用地取得の困難から, 河床を深く掘り下げ, 護岸を直立させた河川が出現した. 人々の生活は川と切り離されてしまった.

河川行政の転換

　明治時代に始まった治水工事への反省が公式の文書になったのは, 2000年の建設大臣への河川審議会中間答申「流域での対応を含む効果的な治水の在り方について」である. この答申では,「我が国の治水対策は, 築堤や河

道拡幅等の河川改修を進めることにより，流域に降った雨水を川に集めて，海まで早く安全に流すことを基本として行われてきましたが，都市化による土地利用の激変や異常降雨の頻発により，通常の河川改修のみによる対応では限界が生じている地域があります」と記されている．日本の多くの都市は河川下流にあり，河川の改修のみではなく，流域の中で降った雨をなるべく貯留し，または浸透させる流域単位での治水が必要と認識されるようになった．河川行政，治水行政の大きな変化点であった（保谷野，2003）．

1990年代から河川局は，「多自然型河川工法」の実施や自然生態系の保全のための植物や土，石などの自然材を用いた工法の採用を始めた．元来，コンクリート護岸がまだなかったころは，いまでいう多自然型工法が行われていたわけであり，治水の方法が昔に戻る方向で動いていると考えることもできる．日本でコンクリートが河川で使われ出して百年もたっておらず，使われ出したのは昭和10年の富士川洪水以降である（高橋，2003）．

人間がこの地球上に姿を現したとき，そこにはすでに川があった．人々は川に依存し，川から水を補給し，魚を捕り，生活の営みを続けることができた．人間が川をつくったのではなく，自然と折り合いをつけながら，川とともに生きてきた．川とのつきあい方の技術が河川技術である．

(4) 水質・水量・流出特性の変化

この項では，大気から河川にいたる水の循環について説明した後で，緑地の減少が水の動きや水質におよぼす影響について森林伐採の影響を例にあげて説明する．

流域をめぐる水の動き

まず最初に，水の循環を「流域」を単位として説明しよう．流域とは，尾根境で囲まれた範囲で，流域内に降った降水がすべて流域の内部に向けて流れるような地形をいい，水の動きについて考える際の単位として都合がよい．流域への水の供給は降水によって行われる．降水は地面に到達後，地表を流れて，あるいは土の中にしみこんだ後に河川に流れ出し，流域から失われていく．また，この間，水は生きものに利用され，植物の葉から水蒸気として放出されたり（蒸散），太陽からの熱によって地面から蒸発するなどして

放出されることでも流域から失われていく．

　流域をめぐる水の動きについては，流域の地形，地質，生物――とくに植物――の状態によって大きく変化する．たとえば，植物の量が多い流域では，蒸散される水の量が多くなり，水をしみこませやすい土壌をもつ流域では，土の中にしみこんでから河川に流れ出す水の割合が増える．

　当然，人間が地形を変えたり植物の種類や量を変化させても，水の動きは影響を受ける．人間が変化させる流域の面積が小さい場合には地表に到達した水の動きが影響を受けるだけだが，流域の面積が大きい場合には，蒸発などにより大気に戻る水の量も大きく変化するために，降水量も変化することもある．

森林の伐採が水量・流出特性におよぼす影響
　このように，流域内での植物の種類や量の変化は水の動きを変化させる．その仕組を森林の伐採を例に紹介しよう．

　森林は多くの植物で構成されている．森林に降り注ぐ降水の 10-20％ が森林を覆う枝葉によって遮られ，地面に届くことなく枝葉の上から蒸発する．また，森林はたいていの場合，保水性（水分を保つ性質），透水性（水をしみこませる，あるいは排水する性質）に優れた土壌をもっている．このような土壌は地面に落ちた落葉落枝や，さまざまな生きものの遺体が分解されて土壌にしみこみ，保水性，透水性を高める軟らかな土壌の構造が形成され，また，森林を覆う枝葉や地表に堆積した落葉落枝が落ちてくる雨粒の衝撃を和らげ，土壌の攪乱を緩和することで保たれている．このような特徴をもつ森林では，森林に降った雨水が地中深くに浸透し，土壌に保たれ，あるいは河川にゆっくりと流出する．岩手県と宮城県での測定例として，地面への水の平均浸透能は森林で 258 mm/hr，草地で 128 mm/hr，裸地で 79 mm/hr との報告がある（村井・岩崎，1975）．このように，森林は透水性・保水性が非常に大きいことから，「緑のダム」とよばれることもある．

　このような森林を伐採する影響は，たんに植物が失われるだけにはとどまらない．森林が消失することによって，土壌を雨滴の衝撃から保護してきた植物と落葉落枝が失われる．このため，土壌，とくに保水性や透水性にすぐれた地表近くの土壌が壊され失われてしまう．このようにして引き起こされ

る保水性や透水性の低下は，土にしみこむ水量を減らし，地表を流れる水量を増やし，さらに土壌を流出させる．13°以上の傾斜をもつ地域において流域の植生で土砂流出量の平均値を比較すると，森林では2トン/ha・年，裸地では87トン/ha・年であったとする報告もある（丸山，1970）．

　森林の伐採は流域に降った雨水のうち，地表を流れて（地中にしみこまずに）河川に流れ出るものの割合を増加させ，また，土壌に保たれる水量を減少させる．地表を流れる水は地中を流れる水よりもはるかに早く河川に流出することが知られている．このため，森林を伐採した流域では雨が降ると急激に河川が増水する．一方，森林の伐採によって土壌に保たれてから河川に流れ出る水が減少するので，雨が降らないときの河川の水量は減少する．このように森林の伐採は河川の水量を不安定にさせる．さらに森林伐採地から河川に流れ込む土砂は水質の悪化や土石流などの原因になる．このような河川の変化は水の供給を不安定にしたり，災害を引き起こすことで人間の生活にも影響を与える．

森林の伐採が水質におよぼす影響

　森林の伐採が河川の水質に与える影響をみてみよう．森林内では水とともに養分も絶えず動いている．森林生態系内の養分循環については「生きものをつなぐ水」の項でくわしく紹介する．森林を伐採すると，植物による土壌からの養分の吸収と植物から土壌への落葉落枝などでの養分還元が行われなくなり，養分循環は止まる．Likensほか（1970）はアメリカ・ニューハンプシャー州の落葉広葉樹林を伐採し，その森林から流れ出る渓流水の水質を

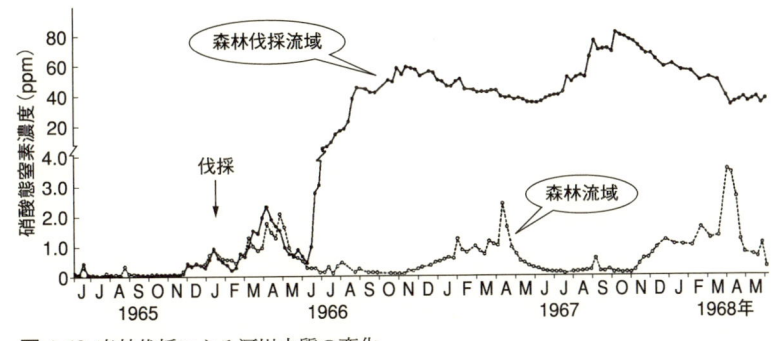

図 **4.12** 森林伐採による河川水質の変化

調査した．すると，渓流水中の窒素，カルシウム，マグネシウム，カリウムといった養分が伐採後に急激に増加した（図4.12）．このことは生態系から養分が流亡していることを示している．これは植物による養分吸収がなくなることと，太陽エネルギーが直接地表に届くことにより，土壌中の生物の活動が活発化することによる．温度が10℃上昇すると，微生物による有機物の分解はおよそ2倍速くなる．したがって，森林の伐採によって有機物が急激に分解されて土壌中の水に溶け込み，降雨の際に河川に流出し，河川水の養分濃度を増加させ，ひいては富栄養化の原因ともなる．

4.2 物質循環をになう川

(1) 生きものをつなぐ水

　水の役割，水の大切さについては多くの人たちが自らの生活を通じて感じ取っているだろう．この項では，海と川の関係について考える際の基礎的な知識として，生態系の仕組とそこでの水や川の役割について述べる．

"生態系"という考え方

　生きものは生きものどうしだけではなく，生きもの以外の環境ともかかわりあいをもちながら生活している．ある地域の生きもの（の集団）とその生きものとかかわりをもつ無機的環境とをまとめて「生態系」とよぶ．生態系の中ではさまざまな生きものどうしの，あるいは生きものと岩石や空気や水など生きもの以外のものとの間での物質やエネルギーのやりとりがつねに行われている．

さまざまなスケールでの物質循環

　生態系ではどのような物質の循環が行われているのだろう．生態系固有の物質循環の特徴を表現するモデルとして「コンパートメントモデル」が考案され，広く用いられている．コンパートメントモデルとは，生態系を構成するさまざまな生きものや無機的環境要因をいくつかの区画（コンパートメント）に分け，各コンパートメントでの物質の蓄積量とコンパートメント間の

物質の移動速度とで物質循環を表現したものである（図4.13）.

物質循環にはさまざまなスケールでのとらえ方がある．対象とする生態系をどのような広さの地域でとらえるかによって，あるいは生態系をどのようなコンパートメントで区分するかによって物質循環のとらえ方は変わってくる．生態学の分野では，対象とする物質循環のスケールによって「生化学的循環」「生物地球化学的循環」「地球化学的循環」に大別される（図4.14）.「生化学的循環」とは，生態系を構成するある生物の個体内での物質の移動・循環を指し，植物個体であれば，根で吸収した養分を茎や葉に移動させる，葉でつくられた光合成産物を枝や根に移動させる，といったものである．生物個体を構成する葉，枝，根などの器官がそれぞれコンパートメントになる．「生物地球化学的循環」とは，ある地域の生態系内での物質の移動・循環を指し，森林生態系であれば落葉による植物から土壌への物質の移動，土

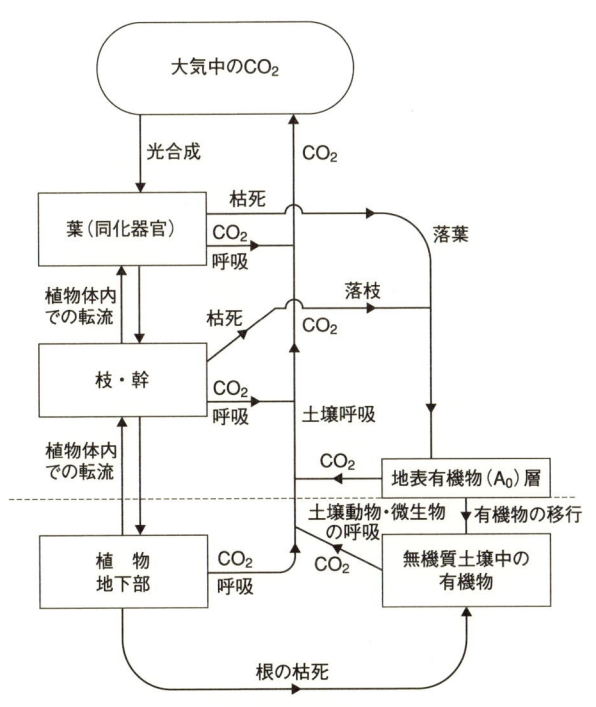

図4.13 コンパートメントモデルの例
森林生態系をめぐる炭素の循環を示している．

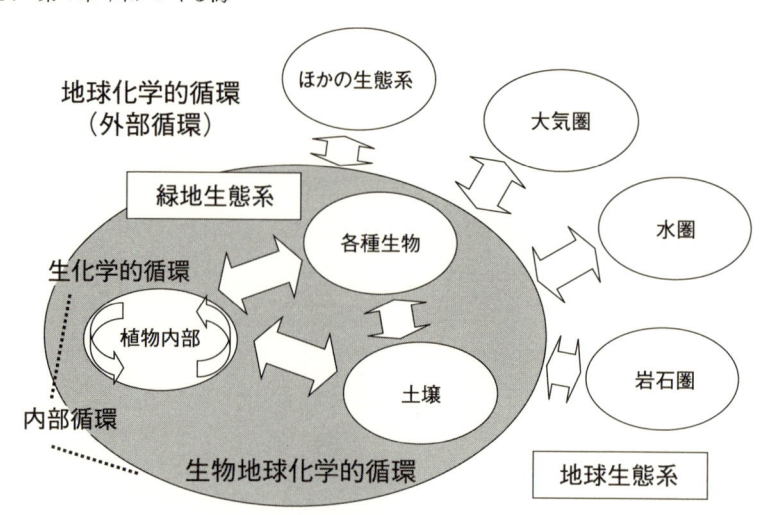

図4.14 さまざまなスケールでの物質循環
一例として緑地生態系での循環を示している．

壌生物による落葉の分解・植物が利用できる形態の養分生成，植物による土壌からの養分吸収，降雨による植物体からの養分の溶脱などである．植物，土壌，土壌動物などがコンパートメントになる．「地球化学的循環」とは，ある生態系とほかの生態系，あるいは生態系と生態系を取り巻く無機的環境との間での物質の移動・循環を指し，大気中からある生態系への粉塵の移動，河川の上流の生態系から下流の生態系への物質の移動，岩石の風化にともなう生態系への養分の供給などである．ひとつの生態系，大気圏，水圏，岩石圏などがコンパートメントになる．

地球化学的循環を生態系と生態系外との物質の移動・循環という意味で「外部循環」とよぶことがある．これに対して，生化学的循環と生物地球化学的循環を「内部循環」とよぶことがある．コンパートメントの設け方はモデルの目的や考え方によってさまざまである．

物質循環の特性

生態系をめぐる物質循環特性には一定の規則性がある．一般に生態系を構成するコンパートメントでの蓄積量が多い生態系では，コンパートメント間の物質の移動速度も大きい傾向にある．一例として，京都の落葉広葉樹林で

4.2 物質循環をになう川　115

測定された森林での窒素の循環特性を斜面の上部と下部で比較したものを図4.15に示す．斜面下部では斜面上部に比べて樹木では3.4倍，土壌では2.9倍の窒素が蓄積されている．一方，斜面下部のコンパートメント（ここでは樹木と土壌）間の物質移動速度をみると，樹木から土壌に供給される落葉落枝中の窒素量では2.4倍，樹冠（森林上部の枝葉の層）を通過して土壌に供給される降雨に含まれる窒素量では1.4倍，土壌から樹木に吸収される窒素量では2.6倍，それぞれ斜面上部を上回っている．乾燥しやすい環境にある斜面上部では，土壌生物の活動が斜面下部よりも不活発であることから，植物（樹木）への養分供給が行われにくい．この傾向に加え，土壌から植物への養分供給が行われにくいと植物体の養分濃度が低くなり，植物による光合成も行われにくくなり，少量の養分含有量の少ない落葉落枝しか土壌に供給されなくなる．また，植物体から降雨水への養分の溶脱量も少なくなる．すると，土壌中の養分蓄積量は少なくなり，植物による土壌からの養分吸収量

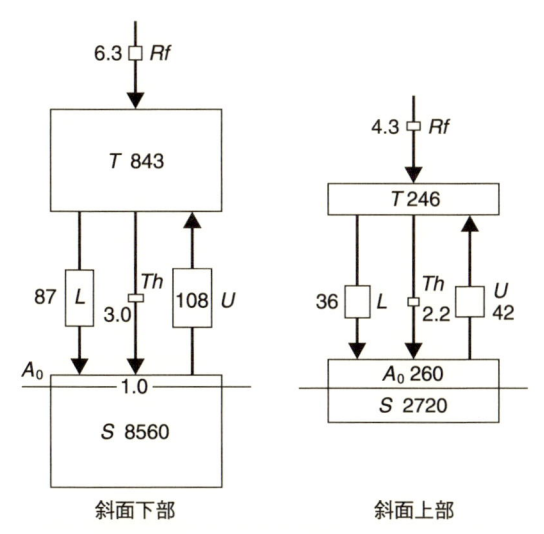

図4.15 森林生態系での窒素の循環
同じ斜面の上方にある森林と下方にある森林での循環を示している．Rf：林外雨，T：樹木，L：落葉落枝，Th：林内雨，U：樹木による吸収，A_0：有機物堆積層，S：鉱質土壌層［単位：kg/ha（T, A_0, S），kg/ha/yr（Rf, L, Th, U）］．

は少なくなる．このようにしてその場，地域に対応した物質循環特性が形成される．安定した生態系では一定規模の物質の蓄積と移動が維持され，また，生態系外から生態系に入ってきた物質の量と生態系から生態系外に出ていく物質の量がほぼつりあっている．

物質循環における川の役割

川のもつ陸の生態系——ここでは森林生態系とする——と海の生態系をつなぐものとしての役割について考えてみよう．森林生態系にとって，川は生態系外に物質を流出させる経路である．しかし，海洋生態系にとって，川は陸上の生態系からのさまざまな物質の流入源（供給源）である．したがって，森林の伐採や造成による川の水質や流量の変化は海洋，とくに海岸に近い範囲の生態系を変化させることがある．川の影響を受ける範囲は，全海洋面積からみると無視できるほど小さいが，陸地に近いほど生物の種類が豊富で複雑な生態系が形成されており，また，人間の生活にかかわりの大きい多くの生物を生息させている．ある生態系の変化はその生態系とかかわりをもつまわりの生態系の変化を連鎖的に引き起こす．したがって，川の変化——土砂量の増加，水質の悪化など——が海洋での生物の生息環境を変化させ，特定の生物の死滅や異常発生，海産物の収穫量の減少といった深刻な影響を引き起こしかねない．一方，悪化した海洋の環境や生態系が河川の浄化によって改善・修復されることもある．このことについては次項で紹介する．

(2) 森が変わると海が変わる

森と海——一見，関連が薄そうであるが，前項で述べたように，水を通じて両者はつながっている．本項では，森と海のかかわりについてみてみよう．

森が海を変える仕組

森林生態系から流亡された物質が河川に流れ出てほかの生態系に運ばれることは，すでに述べたとおりである．森林の伐採によって，窒素やリンといった養分が多量に河川に流れ出る．これらの養分は海洋の植物プランクトンなどによって利用される．安定した生態系では，ほぼ一定量の養分が系外から供給され，生物の種類や数がほぼ一定に保たれている．したがって，系外

からの養分供給量の増加はそれを利用する生物量を増加させ，食物連鎖とよばれる生きものの相互作用を変化させ，やがては物質循環特性も変化させる．異常発生した植物プランクトンが海水中の酸素を急激に使い果たし，ほかの生きものが生息できなくなる青潮は，すでに各地の漁業関係者に大きな打撃を与えている．海洋に運ばれる土砂は海底に堆積し，生きものを埋没させたり，土の性質を変えることで，海底の生きものの生息環境を変える．森林の伐採にともなう河川水質や土砂流出量の変化，およびそれにともなう海洋生態系の変化は急激に引き起こされるので，その変化に適応できない生きものは死滅する．

魚つき林

森林の公益的機能には木材生産や環境保全などさまざまなものがある．漁業関係者の間では，古くから水面に映る森林の影に集まる魚の習性が知られていた．漁獲量を維持，増大させるために，漁業関係者による水辺の森林の保全・造成・管理が行われてきた．

日本の森林法では，古くから特定の目的を達成させるための森林が保安林として指定され，保護されてきた．特定の目的とは，「水源の涵養」「土砂の流出の防備」「航行の目標の保存」「名所又は旧跡の風致の保存」など17種類である．そのひとつに「魚つき」が含まれている．魚つき保安林とは，水面に投影する森林の陰影，森林の水質汚濁の防止作用などにより，魚類の生息と繁殖を助ける目的で，現在ではおよそ2万9000haが指定されている．

漁業関係者が植える森

河川の上流に豊かな森林生態系が造成されると，河川に適度な養分が安定的に供給され，降雨時の土砂の流亡が減少するとともに水量も安定する．このことから，森林を造成し健全な状態に維持することで，河川を通じて森林とかかわりをもつ海の生態系を健全化させることが期待される．

襟裳岬周辺の漁獲量は，沿岸部の過度の伐採による森林の荒廃によって減少したが，その後の森林の再生にともなって増加するようになった．漁場周辺や河川上流部の森林が土砂の流出を防止し，魚の餌となるプランクトンの生育に有効な養分を供給するなどして魚介類の生育環境を保全していること

が認識されるようになった．

近年，魚介類の良好な生育環境の保全，形成のために漁場に流れ込む河川の上流部で漁業関係者による積極的な森林の造成・管理作業が行われるようになり，社会の注目を集めるようになってきた．（社）海と渚環境美化推進機構によると，北海道の74カ所をはじめとして，全国137カ所で継続的な森林整備が行われており，流域の上流部と下流部の連携による森林整備の動きや，環境教育の場として利用する動きとも相まって，全国的な広がりをみせている．森林整備の作業内容も苗木つくりから植林，下刈り，間伐と多岐にわたっている．

(3) 水を浄化する干潟

これまで，産業施設の建設にともなう埋立によって多くの干潟が失われてきた．現在，環境問題への関心の高まりによって，各地で干潟の環境機能が見直されつつある．最近では因果関係は定かでないものの，諫早湾で指摘されたような干潟の消失にともなう海水の水質や生物相の変化が，一般にも知られるようになった．

干潟のもつさまざまな機能のうち，本項では，水質浄化機能について，とくに海洋生態系で問題となる富栄養化の軽減機能を対象に述べる．

干潟の生きものによる水の浄化

前述のように，富栄養化をもたらす窒素やリンは海洋に流出した後，植物プランクトンに利用され，青潮の原因となる．窒素やリンは生物にとっての必須元素であるが，植物が利用できる形態での現存量が比較的少ないので，植物の生育や青潮の発生といった生物活動の制限要因になっている．また，とくに窒素は大気中にガス態で存在しているものが陸上の微生物の活動により生態系に取り込まれ，循環している．したがって，陸域生態系から海洋生態系への入り口である河口部で窒素を除去することにより，海洋での青潮の発生などを軽減することができる．

干潟の生きものによる水の浄化作用にはどのようなものがあるのだろうか．干潟に植物群落があることにより，植物による養分元素の吸収が行われる．河川水が干潟の植物を通過する際に河川水中の懸濁物質が捕捉される．植物

が利用できるのはほとんどが無機物の形態の養分のみであるが，懸濁物質が除去されることで有機物の形態での養分も除去される．有機物は海洋に流出後に分解・無機化されて無機物になるので，有機物の除去も海洋を水質浄化するうえで有効である．

　干潟に多くみられる植物群落であるヨシとアイアシの群落で植物がどの程度窒素を吸収しているのかを東京湾の盤洲干潟で測定したところ，場所によるばらつきはあるものの，$1m^2$あたり3-8g（1haあたり30-80kg）であり（図4.16；清水ほか，2002），森林の年間の窒素吸収量（1haあたり30-50kg；岩坪，1996）に匹敵する．

　干潟のうち，植物が生育しているのは干潟全体からみれば水際のごくわずかな面積である．では，干潟の水質浄化機能は小さいものなのだろうか．じつは，干潟の植物がないところでも水質浄化が行われている．干潟の土壌は水分が多く，酸素不足の状態になりやすい．このような条件下では，土壌中の無機態窒素が微生物の活動によってガス態（亜酸化窒素ガスあるいは窒素ガス）になって大気中に放出される．この作用を脱窒という．微生物による有機態窒素の無機化（無機態窒素の生成）も行われるので，有機物に含まれる窒素も干潟の土壌で脱窒される．

　このように干潟では植物，微生物による水質浄化が行われており，海洋汚染を軽減するうえで河口部の干潟の働きは大きい．

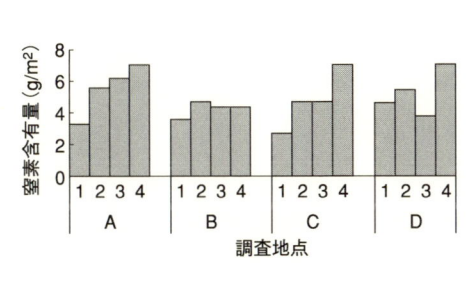

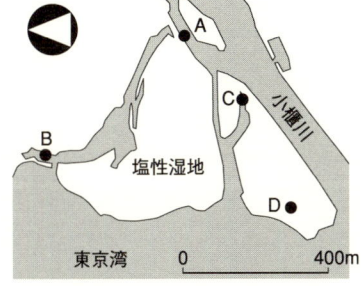

図4.16 干潟のヨシ，アイアシによる窒素吸収量 東京湾の盤洲干潟で測定された．

4.3 流域の環境総合管理計画に向けて

山と海を結ぶ川

　川は山や都市と海を結ぶ．豊かな森から流れ出たきれいな水やミネラルなどの栄養分は，都市に潤いを与え，海に豊かな恵みを育ててくれる．川が運ぶ豊かな水は，汽水域で海水と混ざり合うことで水辺に多様な環境で構成されたエコトーン（生態系の推移帯）を形成する．エコトーンは多様な生物の生息空間として貴重である．これら水環境の保全は，水質，水量，水生生物，生息環境，地域景観を含めた，水の流れ（循環）と空間（流域）の保全でもある．流域は，生態系のつながり，広がりの点からも意味ある空間である．人間にとっては快適で美しい空間となるべきである．源流から河口までの流域一帯をひとつのまとまりとして，人間と自然の調和による，いきいきとした空間の創造，流域づくりを進めるときがきている．

　海岸で発生する環境問題は，臨海部の問題だけではなく，上流の森の状況や，中下流の都市の水環境も反映している．海辺の自然環境を再生することは，川の自然を再生し，都市の水環境を改善し，森を育てることから始まる．そのうえで，現在の環境に調和した海辺の自然環境について考え，創出していく必要がある．

流域一帯

　雨や雪として降った水が流れ込んでくる範囲すべてが流域であり，川によって潤されている地域全体が流域である．現在の人間活動の枠組みから考えると，自動車や飛行機，電話やインターネットなどが発達して，経済や人の流通では流域の枠組みは意味をなしていない．しかし，渇水や洪水問題，生きものの生息，人間の生活環境の快適性などは，流域の問題であり，そこに住む人々が直接の関係者である．河川の維持，管理，整備には，流域の住民参加による地域資源の共同管理への十分な議論が重要である（依光，2001）．さらには，地域の住民や水の利用者だけでなく，流域の範囲に関連する行政団体や関連団体が，行政区画を超えて主体的に対応していくべきである．

　日本最後の清流として全国的に高い評価を受けている四万十川を保全する条例が2001年4月に施行されている．この「四万十川の保全及び流域の振

図 4.17 四万十川の清流

興に関する基本条例（通称四万十川条例）」の前文には「住民，県民，国民，流域市町村，愛媛県，国等のすべての関係者と手を携え，全力をあげて，四万十川の保全と流域の振興をはかり，人と自然が共生する循環型の地域社会を創ることを決意し，この条例を制定する」と書かれている．清流保護の理念をうたうだけでなく，流域一帯の保全を目指した都道府県条例として先駆的な事例となっている（図 4.17）．

流域のエコロジカル・ネットワーク

流域単位の水環境の総合計画を考えていくうえで重要なこととして，流域のスケールに配慮した計画があげられる．身近な水辺環境から，谷津や支流単位の水環境，さらには大河川の水環境まで，保全する対象の規模や現状により目標が異なってくる．遠くの優れた自然を目標にするのではなく，その地域の自然のもつポテンシャルを十分に調査して，身の丈に合った目標を設定する．

川は上流から下流までのエコロジカル・ネットワーク（生態系の回廊）としての役割をにない，水循環とともに，流域の生態系の形成に役立っている．川や森は生きもののすみかとしての機能をもち，ネットワーク化されることで生きものの往来を可能にさせ，生きものを育む力を増大させる．身近な場所にすばらしい河川環境が多数整備されても，それらをつなぐネットワークが計画されなければ，生きものの持続的な再生はむずかしい．

　臨海部の都市では，河川を縦軸，海岸を横軸とした自然再生により，生物の移動の可能性が生まれ，都市にも豊かな自然の軸が生まれてくる．現代では，産業構造の転換にともない，工場の移転や廃業が起こり，まとまった土地が都市内で発生することも多くなった．これらの産業施設移転跡地を自然再生に組み込み，都市内に残る自然を河川と海岸の軸で結ぶことにより，都市にエコロジカル・ネットワークができあがり，生きものたちのにぎわいのある自然環境が確保されることになる（田代，1998）．

　生きものを扱う技術でもうひとつ重要なことがある．これまでの土木や都市計画では，既知の情報から目標像を設定し，そこに向けて計画を構築する方法論である．生きものを扱う技術では，生物がバリエーションをもつために，時間とともに変化する特徴がある．この変化する未知の部分をつねに調査しながら，時間の進行をつねに制御するプロセスデザインが重要である（倉本ほか，1998）．

自然のもつ再生力

　川がゆったりと流れていた江戸時代，水辺には桜の花が咲き，川辺には自然があり，人々の生活の中で魅力ある水辺環境が形成されていた．それが自然共生であろう．人工化が進んでしまった現代の都市において，自然と共生した環境をつくりあげるためには，積極的に自然を再生する取り組みが必要である．しかし，高密度な土地利用が進んでしまった都市において，自然の力を利用して，多様な自然を生み出すことはむずかしいのだろうか．

　自然には，その土地本来の野生自然へと回復する能力がある．都市内であろうとも，空き地を完全に放置すると，ササやススキ，セイタカアワダチソウなどの草本が出現し，さらに木本が出現する．この自然のもつ再生能力を生かした都市環境の整備を，地域住民の活動により育むことが目指すべき自

然再生である．一方では，生きものと共存を考えるうえで重要なポイントは，自然に対する人間の働きかけの位置づけである．雑木林は下草刈をしなければ常緑広葉樹林に遷移してしまい，水田は毎年耕作しなければヨシやススキなどに覆われてしまう．都市という限られた空間では，生物相に影響をおよぼす環境の変化が少ない．このため，放置されれば，比較的単調な自然が形成されてしまいがちである．里山は人間の生活と深くかかわりをもち，自然と人為の相互作用により遷移せずに維持されてきた．多様な環境を維持するためには，人間による働きかけが必要で，それぞれの環境にすむ生物が存続するためには管理が不可欠なのである．管理の継続という観点からいえば，人間による働きかけはできるだけ生活に根ざしたものであることが望ましい．人間が積極的に自然を利用することも必要になる．

　2002年3月に決定した新・生物多様性国家戦略では，自然と共生する社会を実現するために，それまでの「保全の強化」「持続可能な利用」に加え，「自然再生」を対応の基本方針のひとつとしている．自然の消失や劣化がかなり進んだ河川・湖沼・湿地・海岸・浅海域などの水系域，開発の進んだ都市域などでは，現状維持のための保全だけでは，人間と自然がバランスよく暮らしていくことが困難である．自然環境の再生や修復が必要とされている．自然環境の保全や再生には，持続的な管理が重要であり，土地所有者，住民，NPO法人による保全・管理活動に対する経済面や人材面での活動支援などが必要である．

　自然の再生力を生かしながら，美しくなつかしい風景を形成する水質，水辺植栽，護岸をつくりあげ，地域の水辺レクリエーション，水辺へのアクセス，川らしさを確保し，川を誇りにする都市づくりが目指すべき方向である．さらには，小川の流れるせせらぎの音を聞くと，多くの人々が心地よい気持ちになるように，水の癒しの効果を生かす．水のもつ根源的な生命力に感銘を受け，心が癒されるような水辺空間を楽しめる環境整備にも力を入れるべきであろう．

古谷勝則・高橋輝昌

5 海から吹く風

5.1 江戸の夕涼み

(1) 都市生活における人と自然とのかかわり

　東京湾周辺は、東京を中心とした日本でも強いヒートアイランドを形成している地域である．夏は夕方になっても暑さは消えず，最近は夕涼みに家から外に出てくるといった光景をみかけなくなってしまった．しかし，この地域は東京湾，太平洋に近接しているため，海の影響を強く受けている．2つの海が複雑に影響し合って特徴ある気候を形成していることは，過去も現在も変わらない．現在の東京湾周辺の気候をみる前に，まず，江戸時代のこのあたりの気候をみてみたい．

　江戸の町も梅雨が明けて暑さがつのるころになると，人々は大川端（隅田川吾妻橋より下流の右岸，とくに両国橋から新大橋の間をいった）や不忍池で夕涼みをしたり，谷中や王子に出かけ，蛍狩りを楽しんだそうである．旧暦の5月28日から8月28日まで（太陽暦では，ほぼ6月27日から9月24日）の間は幕府から夕涼遊山が許されたので，なかでも両国橋界隈は，茶屋，見世物，夜店も出て，多くの人々でにぎわった．歌川広重によって「東都名所両国夕すゞみ」が描かれた当時，江戸のまちの人口は100万人を超えていたと考えられており，両国橋に限らず，新大橋や永代橋も，夕涼みのそぞろ歩きでたいへんな混雑であったようである（図5.1）．また，大川（隅田川）も屋形船，猪牙舟で混雑し，船づたいに向こう岸まで歩いていけるといわれるほどだったという．

　「東都名所両国夕すゞみ」には，左手に人でにぎわう両国橋，右手に新大橋が描かれている．中央部の柳の陰に満月が出たところである．粋な浴衣姿で団扇を手にした女性が3人，川下から川上に向かって吹く川風に浴衣の裾をなびかせている．大柄の着物の模様も涼しげで，いかにもこれぞ江戸の夕

図 5.1 歌川広重筆「東都名所両国夕すゞみ」(所蔵：山口県立萩美術館・浦上記念館)

涼みといった絵である．裾の乱れを気にしていることや柳の枝のたなびき具合をみると，夕涼みというには少し強すぎるといった疑問が残るけれども，後で述べるように，川辺は周囲より気温が低く，川面をわたる名残の川風によって，さらに体感温度も低下して，いわば天然のクーラーにあたっているようなものだったろう．また，隅田川に架かっている橋は現在より少なかったので，ほんとうに涼しい思いをしたければ，江戸のまちからこの辺りまで出かけてくるのも一興であったかもしれない．現代ではうらやましいかぎりの夕涼みができた江戸のまちは，どのような気候であったのかをみていきたい．

(2) 江戸の都市気候

東京の気温は，観測が始まった 1876 年から現在までの間に，平均気温がおよそ 2℃ 上昇している（図 5.2）．観測開始後，1900 年ごろまでは上昇傾向がみられないので，平均気温が，江戸時代は現在よりおよそ 2℃ 低かったと推定される．現在，東京より平均気温がおよそ 2℃ 低い場所というと関東平野北部あるいは北陸地方であり，逆に 2℃ 高い場所というと九州南部であるから，2℃ というと大きくないと思うかもしれないが，意外に大きな変化なのである．

三次元数値シミュレーションを利用して，1830 年代の江戸の気候が再現

126 第5章 海から吹く風

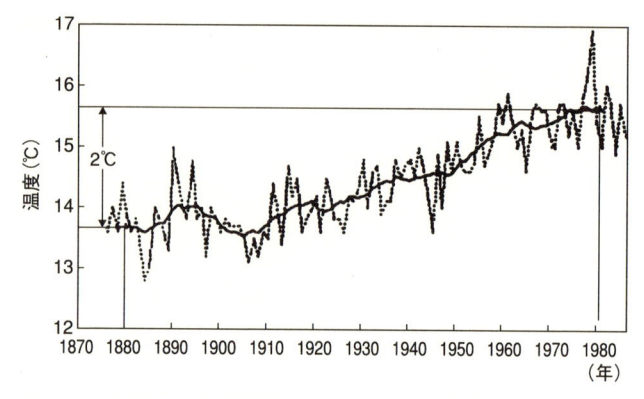

図5.2 東京における平均気温（高さ1.5m）の経年変化
（環境庁企画調整局，1990）

されているので（Mochida et al., 1999），それにしたがって江戸時代と現在の都市気候を比較してみよう．図5.3に示したのは江戸時代と現在の8月上旬午後3時の地表面温度と気温（高さ10m）の分布である．この図は，江戸時代から現在にかけて，都市化によって緑地の面積が減少し，産業の発達や車両の増加によって人工排熱量が増大すると，気候がどのように異なるかをシミュレートしたものである．緑地の減少は，地面や植物からの蒸発散量の減少と日射の反射割合の変化として気候に影響をおよぼす．その結果，江戸時代に比べて現在は都心部の地表面温度は約4℃，気温が1℃上昇している．江戸時代も現在も，隅田川（荒川）沿いに温度の低い部分がみられ，その気温には大きな差がみられない．また，図は省略するが，都心部で風速は30-40％増加し，相対湿度は5-10％減少している．その結果，地表面温度や気温が上昇することにより快適性は低下し，風速が増加したり湿度が減少すると快適性は上昇することが予想される．

　温度や風速といった物理量と人間の感覚を結びつけるものにSET*（Standard Effective Temperature；新標準有効温度）がある．これは，Gaggeらによる理論にもとづいた体感温度で，温度や風速といった物理量のほかに，着衣量や代謝量による修正も加えている．これを用いることによって，さまざまな代謝量に対する温冷感，快適感が評価できるとされる．このSET*を用いて比較すると，現在は江戸時代に比べて体感温度が1℃程度

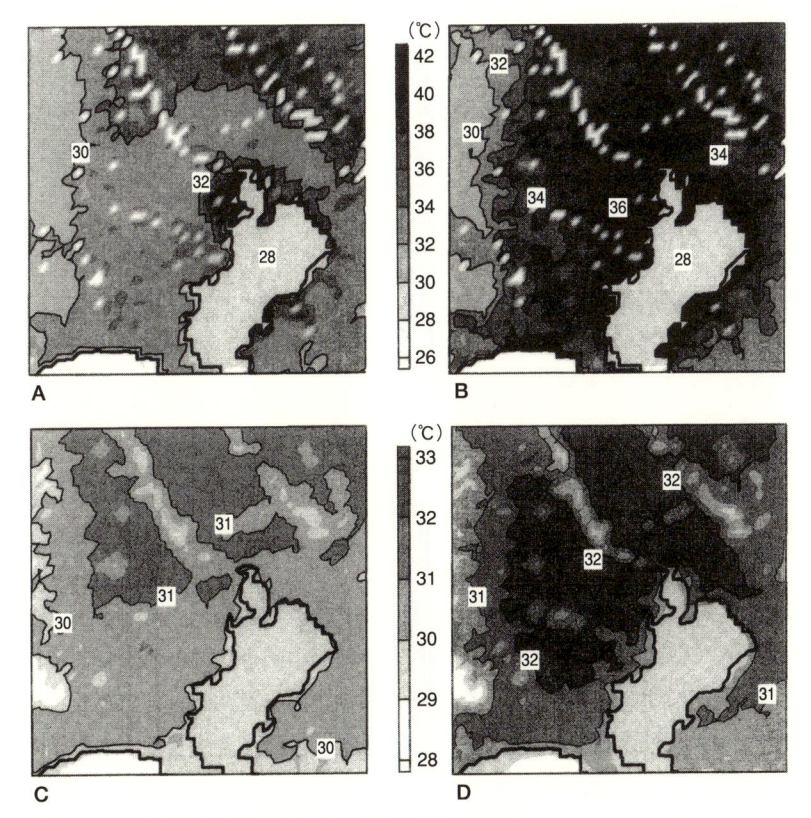

図 5.3 江戸時代と現在の温度分布の比較(村上,2000)
A:江戸時代(天保年間)の地表温度分布(℃), B:現状の地表温度分布(℃),
C:江戸時代(天保年間)の気温分布(℃), D:現状の気温分布(℃).

上昇していることになる.すなわち,江戸の人々は現代の東京人に比べて,1℃だけ涼しい生活をしていたことになる.1℃気温が上がると着ている衣料が100g程度減少するといわれているので,現代の東京人は肌着1枚程度暑い思いをしていることになる.現在,衣服内体温の上昇を1-2℃抑える素材を使用したポロシャツが1万円程度で売られていることを考えてみると,都市化のつけはかなり高いもののようである.

このように,大川端は,水面が低温であることと,夕方早い時刻であれば昼間の名残の川風が川下から川上に向かって吹くことで,現在より涼しい場所であったことは確かであろう.にぎわいの好きな江戸の人々が,ほんとう

に涼しさを求めて大川端に集まったかどうかは定かではないが，涼しさがひとつの理由になったことはまちがいあるまい．それを考えると，江戸時代から現在にいたる都市化と排熱量の増大が屋外の温熱環境を悪化させてしまったために，われわれは江戸時代の人々が享受した大川端の夕涼みを想像することしかできないのが残念である．

5.2 東京湾周辺の風

(1) 気候学的にみた海陸風

　さて，つぎに大川端に人を集めた川風について考えていきたい．風とは，2地点間に発生した気圧の差によって生ずる空気の運動のことをいい，ふつうは水平方向の空気の移動をいう．高気圧と低気圧といった大規模な気圧配置による気圧の差によって生ずる風を一般風というのに対して，局地的な地形や熱的要因によって生ずる風を局地風とよぶ．海岸近くでは一般風に加えて，海面と陸地表面の温度のちがいによって特徴ある局地風が観測される．
　天気がよくて一般風が弱い日には，海岸部では，日の出後3-4時間後に海風とよばれる5-6m/sの海から陸に向かう風が吹き始め，夕方まで続く．その後，日没後1-2時間後に，陸風とよばれる2-3m/sの陸から海に向かう風が吹き始め，明け方まで続く．海風と陸風は交互に発生するので，両者を合わせて海陸風とよぶ．また，海風と陸風が交替するときには，風が弱まる時間帯があり，それを凪とよぶ．
　海陸風の発生原因を簡単に説明する（図5.4）．昼間，日射があたると，陸地表面は海面より急速に温度が上昇する．その結果，陸地表面で暖められた空気が上昇するので，その場所の気圧が低くなる．海面は海水が鉛直方向に混合されるため陸地表面に比べて温度が上昇しにくく，相対的に気圧が高くなる．その結果生じた気圧差によって，地表付近では海から陸に向かう海風が発生する．このとき，上空200-1000mには海風とは逆向きの補償流が発生する．補償流の吹く高さは海上で高く，陸上で低い．海風のおよぶ範囲は，海上で水平方向に20-30km，陸上で約10kmといわれている．また，夜間は逆に陸地表面が相対的に低温となるため，地表付近には陸から海に向

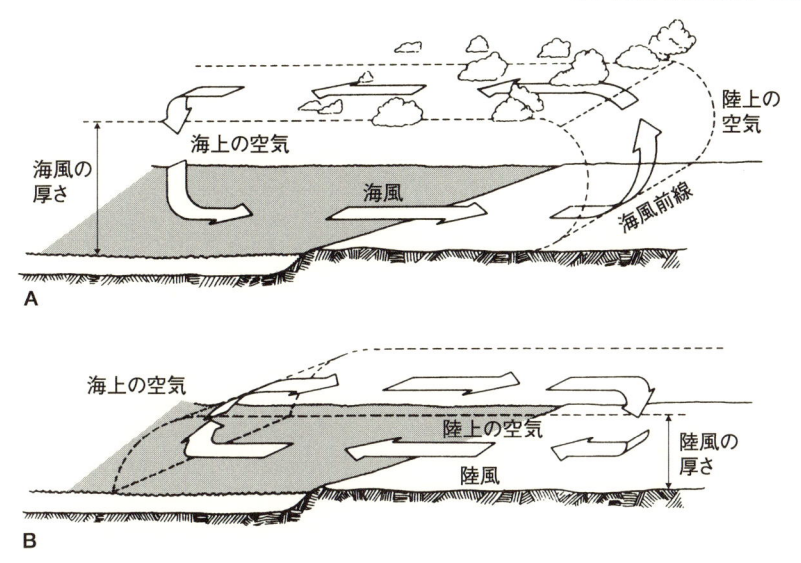

図 5.4 海陸風の模式図(竹内,1997)
A:日中,B:夜間.

かう陸風が発生する.海風と同様に,上空100m付近に陸風と逆向きの補償流が発生する.陸風のおよぶ範囲は海風よりせまい.海陸風のおよぶ範囲は一般風の影響を受け,海陸風の風向と一般風の風向が一致するとき,その範囲は広がるが,逆向きのときはせまくなる.

歌川広重の描いた大川端で夕涼みをする人々の中を吹き抜けた川風は,夏の季節風である南風だったかもしれないし,昼間の海風の名残であったかもしれない.季節風であれば,隅田川に沿って川下から川上に向かって朝まで吹き続けるが,海風であれば夜半前の凪までの間のわずかな時間吹くだけである.江戸のまちの人々がこの2つの風を区別していたとは思わないが,いずれにせよ夏の夕方には大川端は川風が吹きやすい条件であったことはまちがいない.

都市の熱環境も一般風や局地風の影響を受けるが,同時に都市のスケールが大きくなると,都市自身も風系に影響をおよぼす.このような都市と周囲の気象環境の相互作用を観測により解明することはむずかしい.そのため,数値シミュレーションを用いて相互関係を解明しようとする試みが行われて

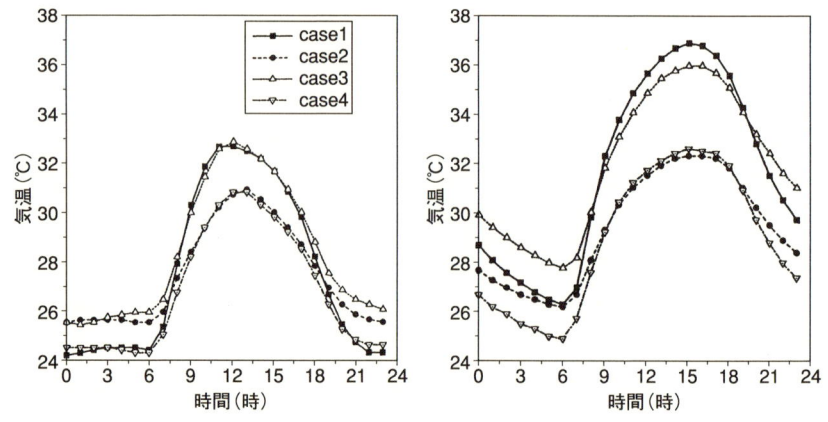

図 5.5 海陸風の有無が地上気温の日変化におよぼす影響（近藤，2001）
case 1：乾燥裸地，case 2：湿潤裸地，case 3：都市，case 4：郊外．

いる．

近藤（2001）は，陸地表面が乾燥裸地，湿潤裸地，都市，郊外である場合を仮定して，海陸風がある場合とない場合それぞれに対して，数値シミュレーションを用いて海岸から 10 km 地点の気温を推定した（図 5.5）．25℃の海上を 110 km 吹走した海風が陸上に進入すると，昼間の気温上昇が抑えられ，同時に最高気温の出現も早まる．陸地表面が加熱されると大気がより強く混合されるので，より強い海風が吹く．そのため，海風が吹かない場合には乾燥した裸地の最高気温が都市のものより高くなっていたが，海風が吹く場合にはその差は小さくなることを示した．気温の日較差も全体的に小さくなり，平均気温も 2.0-4.0℃ 低下する．

このように，海風の存在は海岸付近に存在する都市の高温を緩和する効果もあるが，このような海風が吹くためには海面のスケールが数十 km 以上必要とされ，海上で冷却された空気を利用して都市の高温を長時間にわたって低下させるには，都市の面積よりかなり大きな海面が必要であると結論づけている．

(2) 東京湾周辺の熱環境

前の項では，海陸風と都市の温熱環境の一般的な関係をみてきたが，つぎに東京湾を例として実際に観測される海岸部の熱環境について考える．図

図5.6 LANDSAT／TM BAND6 でみた東京湾および関東平野
左：1997年2月25日，右：1997年8月4日．

5.6に資源探査衛星 LANDSAT の熱赤外センサ（BAND6）でみた天気のよい日の昼間の東京湾および関東平野の表面温度分布を示す．このセンサは，波長 10.40-12.50μm の熱赤外放射を感知するため，陸地表面や海面の温度分布を測定することができる．左の画像は1997年2月25日，右の画像は1997年8月4日に撮影されたものである．これらの画像は，地表にある物体の表面温度を表したもので，必ずしも気温とは一致しない．天気のよい日の昼間は，気温より表面温度のほうが高い．しかし，気温の高低と表面温度の高低の傾向はおおむね一致するので，この画像は気温の分布と考えて差し支えない．同じ画像の中では，白い部分はより表面温度が高く，黒い部分はより表面温度が低いことを示す．なお，図をみやすくするためにそれぞれの図で温度の階調を変更しており，左の図の色と右の図の色を直接比較できないことに注意してほしい．

　よく知られているように，どちらの画像も，人工物が多い場所は全般的に温度が高いことが示されている．一般論からいえば，ほとんど例外なく都市域は周辺の郊外よりも高温である．都市内外の気温差は風が弱い晴夜に大きく，日中は小さくなる．この気温差は，季節的にみると冬に大きく，夏に小さい．そして，同一都市においてもそのときの気象条件，とくに雲量や風との関係が大きい．

　東京湾を中心にみた冬の熱環境の特徴は，①東京湾の東側臨海部，すなわち千葉側と九十九里浜周辺が比較的高温で，西側臨海部，すなわち川崎側が

低温であるということ，②東京湾の海面温度が太平洋に比べて低いこと，③東京湾内では西側で海面温度が高いこと，である（図5.6左）．

夏の熱環境の特徴は，冬とは逆に，①東京湾の西側臨海部が比較的高温で，東側臨海部が低温であるということ，②東京湾の海面温度が太平洋に比べて高温であること，③東京湾内では東側で海面温度が高いこと，である（図5.6右）．

すなわち，同じ東京湾臨海部であっても，冬には，東側（千葉側）は西側（川崎側）に比べて，海面と陸地表面の温度差が大きくなり，海陸風が発達しやすいことが予想される．夏には逆に海面と陸地表面の温度差が小さくなり，海陸風が発達しにくいことが予想される．

以上のことから，東京湾臨海部東側は対岸の西側に比べて，気温の季節変化が小さく，その原因として東京湾臨海部東側は東京湾の水温の影響よりも太平洋の水温の影響を受けやすいことがあげられる．

前に述べたように，ヒートアイランドを形成する都市において，海風はその強さを緩和する自然要因であるとされる．この章の後半で述べるが，現在の都市計画においても，ヒートアイランドを緩和するために風の道なども考えられている．今後，東京湾臨海部利用を考えていくときに，大まかではあるが東京湾北側，西側，東側に分けて，気候資源の利用を考えていく必要があろう．

(3) 東京湾臨海部の風

一般に海陸風は海岸に直角に吹くと考えられている．しかし，東京湾臨海部でも，天気がよく一般風が弱い日以外は，海岸に直角に風が吹かない場所が多い．とくに東京湾臨海部東側と西側では，時間帯によって海岸と平行に吹くことさえある．以下，この地域の気候的特徴をみるため，東京都，千葉県，神奈川県にあるAMeDAS (Automated Meteorological Data Acquistion System；地域気象観測システム)，東京都大気汚染常時測定局，神奈川県環境科学センター観測局，横浜市環境保全局公害対策部環境監視センター観測局，川崎市公害監視センター観測局，千葉県環境生活部大気保全課観測局の風向（16方位），風速（m/s）の時別データを用いて，東京湾臨海部の風系を概観する．

5.2 東京湾周辺の風

東京湾周辺での風の動きを調べるため，晴天日（1997年8月29日）の8時，10時，12時，16時の風向と風速の変化を図5.7に示した．朝は，図5.7Aをみるとわかるように，ほぼ全体が北風である．東京湾周辺部では直前の海面と背後の陸地表面の温度差で発生するミクロなスケールの陸風，すなわち海岸線に直角に陸から海に吹く風よりも，関東平野と太平洋の温度差によって生ずるマクロなスケールの陸風が発達している．しかし，日の出とともに日射によって陸地表面が加熱されると，陸地表面と海面の温度差が生じて，図5.7Bから図5.7Dに示すような，ミクロなスケールとマクロなスケールの海風が入り交じり，複雑な風系を示すようになる．最後には，マクロなスケールの海風が優勢となり，東京湾臨海部西側（川崎など）の海陸風は，一般に考えられているような海岸に直角に吹く海風というよりも，海岸に平行な南よりの風となる．東側は海岸に直角なミクロな意味での海風が発達する．

浅井（1996）は1日の現象を，図5.8に示す局地風系モデル（河村，1973）を用いて以下のように総括している．①早朝は陸風が全域を覆い，②日の出後数時間するとともに海風が出現し，陸風との収束帯に海風前線が現れる．③海風前線はしだいに内陸部へ侵入し，多くの場合は午後になると全体が海風に覆われる．④夜半には風が弱まり，陸風に交替して朝を迎える．

天気のよい穏やかな日には，いま述べてきたような海風と陸風が交互に発生する局地風系がみられるが，季節風に代表されるようなより大きなスケールの一般風の影響が支配的になる日もある．すなわち，東京湾沿岸部では，一般風（季節風），マクロなスケールの海陸風，ミクロなスケールの海陸風という3つの風の組み合わせで風系が決定されていることに気づく．しかし，これらの風のうちどれが卓越するかは，その日の天気によって決まる．

千葉県全体のAMeDAS観測点について調べたところ，海陸風が発生するような天気のよい穏やかな日は10日に1度程度発生することがわかっている．いいかえるならば，関東地方南部では10日のうち9日は一般風が支配的で，1日のみ局地風すなわち海陸風が支配的になるということである．

関東地方の夏の季節風は南風，冬の季節風は北西風である．東京湾臨海部北側の東京都付近では，季節風による一般風の向きも海陸風の風向も，海岸線に直角となる．したがって，一般風が卓越するときも局地風が卓越すると

134　第5章 海から吹く風

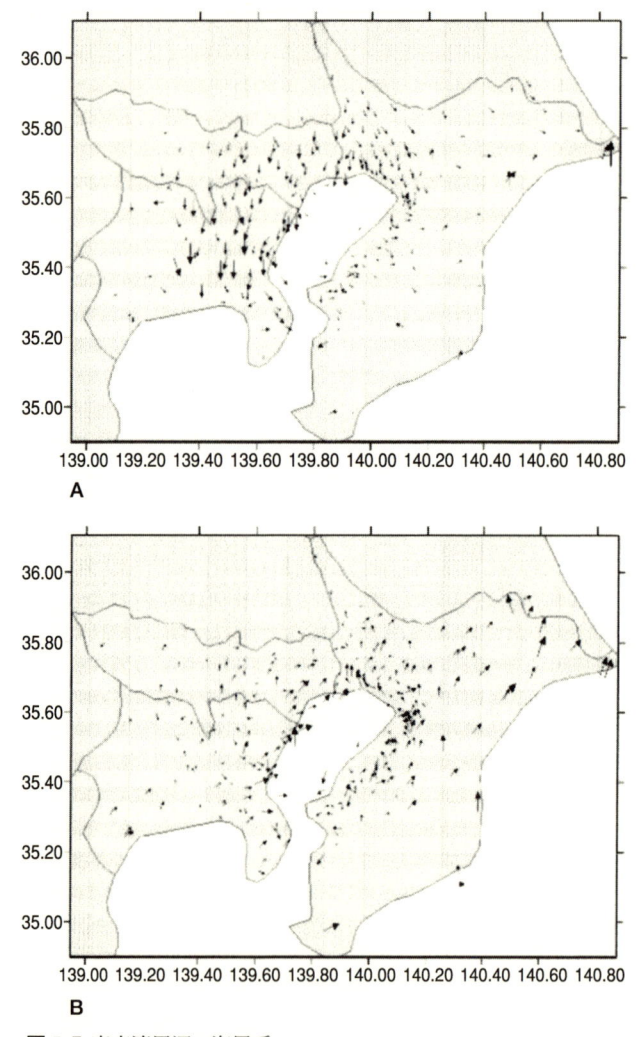

A

B

図 5.7 東京湾周辺の海風系
A：1997年8月29日8時，B：1997年8月29日10時，C：1997

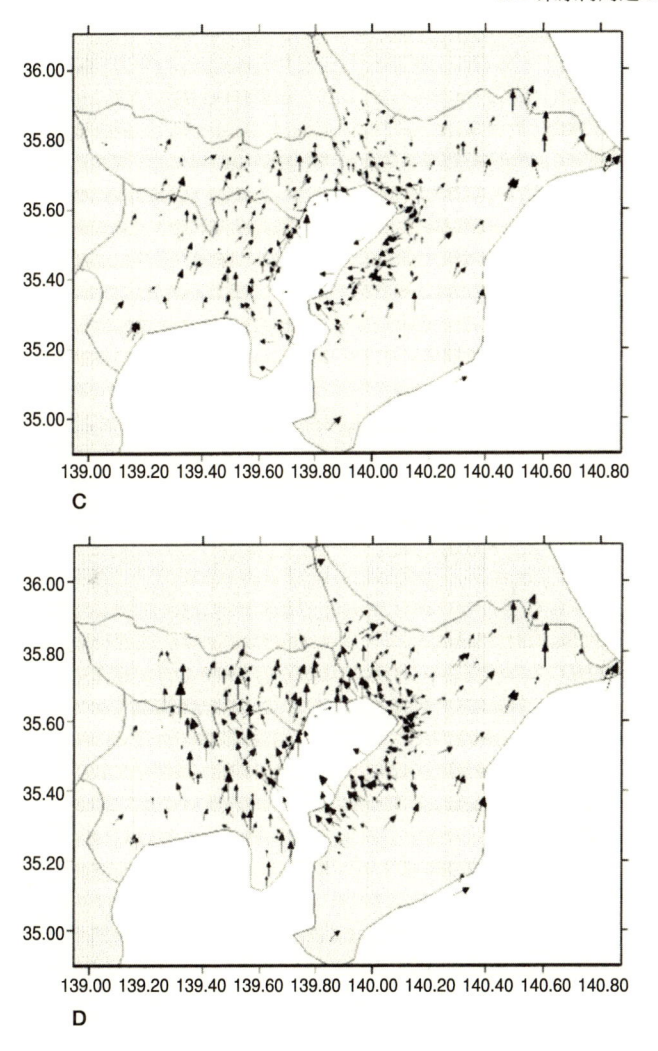

5.2 東京湾周辺の風　135

C

D

年8月29日12時, D：1997年8月29日16時.

136　第5章　海から吹く風

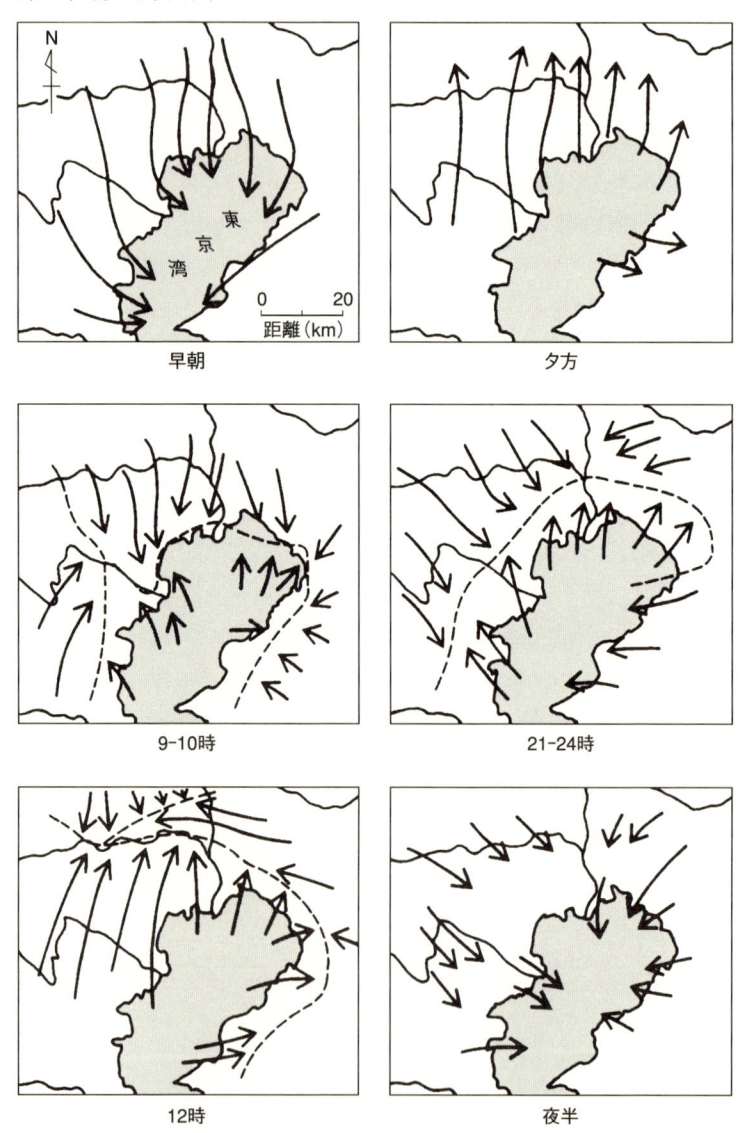

図 5.8　東京湾周辺地域の風の日変化（浅井，1996）

きも，風向はほぼつねに南北方向である．一方，東京湾臨海部の東側と西側は，一般風が卓越するときの風向はおよそ南北方向であるから，海岸線とほぼ平行に風が吹き，局地風が卓越するときの風向は海岸に直角である．この地域の風系を認識しにくいといわれる理由は，そのあたりにあると思われる．

前に述べた江戸の夕涼みが行われた大川端は，東京湾臨海部北側にあり，さらに幸いなことに隅田川が北から南に流れている．夏は基本的に一般風は南風で，天気がよい穏やかな日は，海風によって南から吹く川風が加速されることになる．いずれにせよ夕方に南風が吹きやすい状況にあるところに加えて，その南風が周辺より低温である隅田川に沿って北上するため，冷却の効果も加わる．大川端は，以上のようなすべての条件が整い，江戸の人々が夕涼みを楽しむ場所となったと考えられる．そう考えると東京湾臨海部東側や西側では，このような夕涼みにふさわしい風がいつも吹くような場所があまりない．

東京湾臨海部北側であれば，環境を考えるときに海陸風の影響を考える必要はないかもしれないが，東京湾臨海部全体の環境を考えるときには，海陸風の姿をとらえておく必要がある．風の変化から一般風の影響を取り除き，海陸風をみつけだす方法としてさまざまな方法が提案されているが，森(1986)が提案した風向と風速の日変化からその日周期成分を取り出して，海陸風をみつけだした結果を図5.9に示す．

東京湾臨海部東側の千葉と北側の新木場を比較した場合，新木場のほうが千葉より海陸風が発達することが示された．また，千葉の季節変化をみると，夏に海陸風がよく発達し，冬には季節風などの影響によって海陸風が発達しにくいことが示された．このことから，千葉市付近の臨海部の利用を考える場合，夏の天気のよい穏やかな日には海陸風の利用を考慮する必要はあるが，冬には海陸風の利用よりも北西季節風への配慮をする必要があることがわかる．

また，取り出された海陸風は，東京湾臨海部北側では海岸線に直角である場所が多いが，東京湾臨海部南側では海岸線に平行なものが多い．先にも述べたように，東京湾と陸域のミクロなスケール温度差によって海岸線に直角に発達するわけではないことを意味する．初めはミクロなスケールの海水温と陸域の温度のちがいによって海風が発達するが，時間の変化とともに関東

138　第5章 海から吹く風

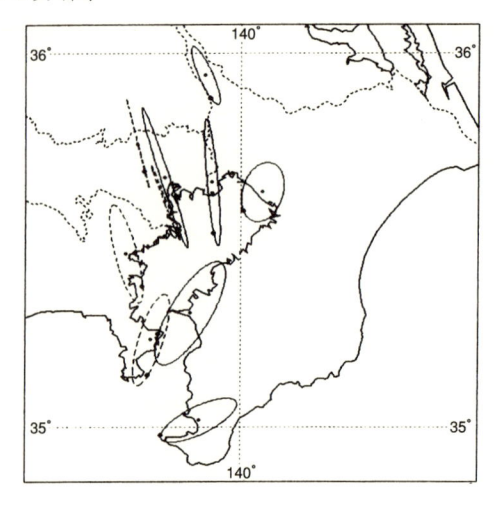

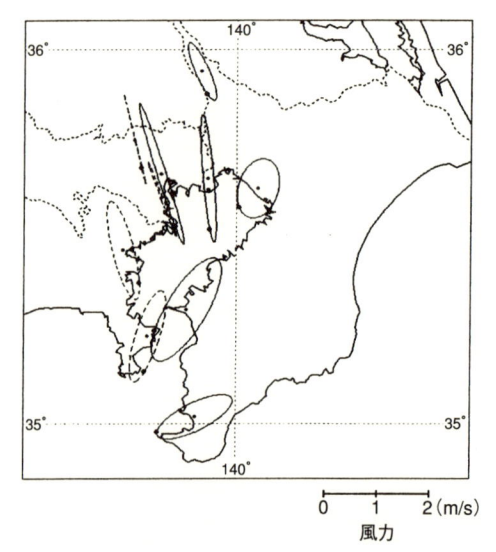

図 5.9 一般風の影響を取り除いた東京湾岸の海陸風系（森，1986）
図中の楕円長径は，中心地点（館山，富津，千葉，浦安，野田，横須賀，横浜，千代田，品川，練馬）における海陸風の主風向を示し，その大きさは風速を示す．上が冬季，下が夏季．

平野と東京湾を含む太平洋の温度差が発生し，その温度差に起因するマクロなスケールの海陸風が発達する．この2つの風系に一般風の影響が重ね合わされることによって，東京湾周辺で非常に複雑な風系がつくられている．

5.3 熱の島と風の道

(1) ヒートアイランド現象と生活環境

一般に，都市がつくりだす周辺の地域の気候と異なった気候を都市気候と称する．都市気候の具体例としては，大気汚染物質の増加，日射量の減少，激しい雨の増加，相対湿度の低下などがあげられる．ヒートアイランドは，郊外部と比較し市街地中心部の気温が高くなる現象であり，都市気候のもっとも特徴的なもののひとつとして位置づけられる．ヒートアイランドという言葉は，都市とその周辺の気温の等温線をみたときに，ちょうど都市中心部の気温が高い部分が，海に浮かぶ島のように類推されることに由来しており，熱の島ともよばれる．

近年では，テレビや新聞などの報道でも，ヒートアイランド現象が話題として取り上げられることが多くなってきた．もはやこの言葉は，気候学，地理学，建築学，緑地環境学などの専門家の間だけのものではない．広く市民の間にも普及し始め，この現象そのものに対する関心や理解も高まりつつある．それは，ヒートアイランド現象が顕在化し，私たちの生活や環境のさまざまな場面で，多様かつ重大な影響をおよぼしているからである．

たとえば，夏季のヒートアイランド現象は，冷房利用の増大をもたらすとともに人工排熱も増大させ，高温化に拍車をかける．それは，新たな冷房利用と人工排熱を生み出す．このような悪循環の中で顕著になるエネルギー消費の増大は，二酸化炭素の排出量の増大をも意味し，地球環境問題のひとつである地球温暖化とも密接に関係づけられる．

また，ヒートアイランド現象は，高温により日常生活の快適性を低下させるだけではなく，人体の健康へも影響をおよぼす．都市の高温化が著しくなり熱帯夜数や真夏日日数が多くなると熱中症死亡者が増加すること（中井，1993），夏季における気温30℃以上の時間数が増加すると，高温および日射

病による搬送人員数が多くなること（ヒートアイランド対策手法調査総括委員会，2003）などが報告されており，看過できない事態となっている．その他，動植物の生息などにかかわる生態系への影響，集中豪雨の発生とそれによる被害などの防災面への影響なども懸念されよう．

　ヒートアイランドは，都市の人口規模，立地，土地利用形態などの諸条件の相違により，出現の時期や時間，大きさや程度などが異なるが，ほとんどの都市で出現すると考えてよい．たとえば，人口規模の面では，人口が4万人に満たない埼玉県庄和町のような小都市でも，夏季の日中において，郊外部と市街地中心部との気温の差異が2℃程度におよぶヒートアイランドが観測されている（山田・丸田，1992）．都市の立地の面では，本書のおもな対象となっている東京湾岸に立地する臨海都市も例外ではなく，船橋市の観測事例（小谷ほか，1996）や千葉市海浜幕張地区の観測事例（山下，1999）などがある．

(2) 臨海都市における夏季のヒートアイランドの実態

　東京湾の北側では，海岸線に面した地域の多くが埋立地であり，そこには工業地域をはじめ，海浜公園，住宅地，工業地域などが混在している．また，海岸線から内陸側に入ると，京葉地域の幹線道路である京葉道路，東関東自動車道，国道14号線や，幹線鉄道であるJR総武線などが海岸線と平行して走っており，高密化した市街地が，幹線道路や鉄道沿いに連担するかたちで形成されている．さらに，市街地の郊外には，山林，畑，水田などの緑地が多く分布している．

　このような東京湾岸の北側における都市構造の特徴をよく表している都市のひとつに，人口約90万人の千葉市がある．以下では，筆者らが行った千葉市の研究事例（Yanai *et al*., 2002; Yanai and Kotani, 2003）をもとに，ヒートアイランドの実態をみていこう．

真夏日と熱帯夜

　今日のヒートアイランドにかかわる社会的な関心は，夏季のそれが中心となっている．これは，本来，わが国のほとんどの地域が，夏季に高温多湿となり，ヒートアイランド現象による影響も，日常生活において実感できる顕

著なものになるためであろう．

ところで，私たちが夏季の天気予報など日常生活の中で頻繁に耳にする言葉に，真夏日，熱帯夜，不快指数がある．真夏日は日最高気温が30℃以上の日，熱帯夜はその日の夜から明け方にかけて最低気温が25℃以上になる暑くて寝苦しい夜のことを示す．真夏日や熱帯夜の日数と健康上の問題とが密接に関連することはすでに述べた．また，気温と相対湿度との関係から算出される不快指数は，わが国でもっとも親しまれている体感温度であり，不快指数が80以上になると，ほとんどすべての人が不快に感ずるといわれている．

このような真夏日，熱帯夜，不快指数にかかわる日数や時間数の多少は，ヒートアイランド現象の，日常生活の健康性や快適性への影響を把握できるもっとも身近な指標である．

そこで，千葉市の一般環境大気測定局および自動車排ガス測定局（以下，環境測定局とする）のデータにもとづいて，8月の真夏日，熱帯夜の出現日数や不快指数80以上の時間数を検討した．図5.10に示すように，真夏日および熱帯夜の出現日数や不快指数80以上の時間数が多くなったのは，千葉駅周辺の業務商業地域，国道14号線などの幹線道路沿いの市街地や，臨海部の工業地域が連担している地域の測定局が主であり，少なくなったのは郊

図 5.10 8月の真夏日日数，熱帯夜日数，不快指数80以上の時間
 (Yanai and Kotani, 2003 のデータより作成)
千葉市の環境測定局のデータから，1996年から2000年の5年間の平均値を算出した．

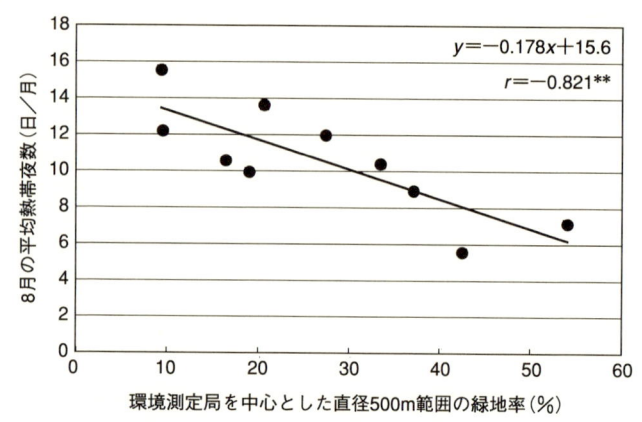

図 5.11 環境測定局周辺の緑地率と 8 月の熱帯夜日数との関係
（Yanai and Kotani, 2003 を改変）
国土地理院作成の 1994 年の細密数値情報に示された土地利用区分のうち山林，田，畑，公園・緑地，水面などを統合して緑地とし，環境測定局を中心とする直径 500 m 範囲内の緑地率を算出した．8 月の熱帯夜日数に関しては図 5.10 と同じ．

外部の測定局である．

　つぎに，環境測定局を中心とした直径 500 m 範囲内の緑地率と熱帯夜数との関係をみたものが図 5.11 である．緑地率の高低は，環境測定局の市街化の状況や立地の相違を反映しており，おおむね緑地率の高いほうが市街化の進んでいない郊外部に位置する測定局であると解釈できる．これをみると，周辺の緑地率が高い地域の測定局のほうが，熱帯夜の出現日数が少ない．また，回帰式から推定すると，周辺の緑地率が 50% 程度の地域は，10% 程度の地域と比較して熱帯夜数は半分程度になることがわかる．

　同じ千葉市内というせまい範囲ではあるが，局地的にみると，地域によって真夏日および熱帯夜の出現日数や不快指数 80 以上の時間数が大きく異なる．総じて，市街地中心部は，高温かつ不快な環境にあるといえ，そこに勤務する人や居住する人は，熱によるストレスにさらされながら日常生活を送ることになる．一方，郊外部では，緑地などの恩恵により，市街地中心部よりは快適な夏を過ごすことができる．

市街地中心部と郊外部との気温の差異

　ヒートアイランドの程度を示す指標のうち，もっとも代表的なもののひとつとしてヒートアイランド強度がある．これは，本来，高温域を形成する都市部のもっとも高い気温と，低温域を形成する郊外部のもっとも低い気温との差異で示される．ここでは，便宜的に市街地中心部の環境測定局と郊外部のそれとをひとつずつ取り上げ，8月の晴天日の気温の日変化をとらえた．その結果が図5.12であるが，今回の算出方法では，本来定義されるヒートアイランド強度よりも小さめの値をとる可能性がある．

　この図をみると，一日を通じ，市街地中心部のほうが郊外部と比較して気温が高くなっている．両者の気温差は，日の出直後にやや小さいが，日中に大きくなり日最高気温が出現する14時前後の時間帯に2℃程度に達する．日没後から早朝にかけても，市街地中心部は高温の傾向が継続しており，就寝の時間帯にあたる22時前後には1.5℃前後，日最低気温が出現する時刻である4時前後にも約1.5℃に達している．

　かつて，ヒートアイランドは冬季の静穏な日の最低気温出現時に顕著になるといわれていた．しかし，千葉市の場合，夏季の場合においても，また，最高気温出現時を含む日中においても，ヒートアイランドが出現している

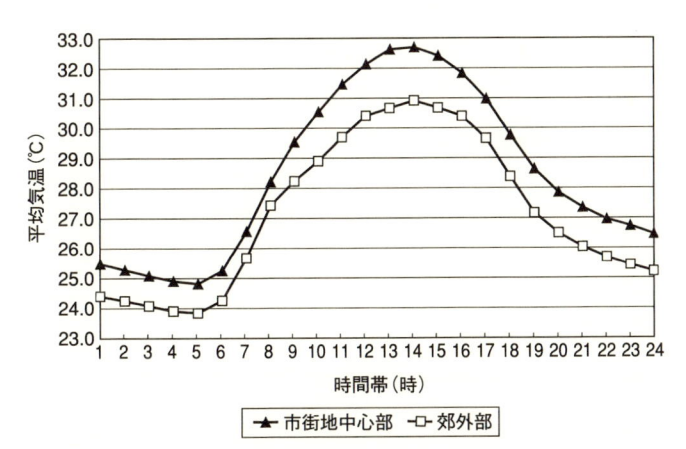

図5.12　8月の晴天日における市街地中心部と郊外部の気温の日変化
（Yanai and Kotani, 2003 を改変）
千葉市の環境測定局のデータ（1996-2000年）から晴天日のものを抽出し，時刻ごとに平均値を求めた．

とがわかる．山下ほか（1998）は，都市化の進展によりヒートアイランド現象との関係を段階的に提示しており，夏季を含む四季を通じて夜も昼もヒートアイランドが出現するようになると，もはや熱汚染型の都市化が進展しているという．千葉市の場合もこの状態にあると考えてよい．

等温図からみるヒートアイランド

等温図は，多数の測定点において気温を同時測定し，気温の等値線を引くことによって作成される．都市スケールの空間を対象とし，緑地計画の面からヒートアイランドの緩和を検討する場合には，熱環境の面からみて同質的な地域区分を行い，それにもとづいて具体的な方策を検討することが要求される．その際の基礎的資料として，気温分布を面的に把握できる等温図は有用である．

図5.13-図5.15は，国土交通省国土地理院作成の1994年の細密数値情報にもとづいて作成した土地利用図に夏季の日中14時，夜間22時および早朝4時の典型的な等温図を重ね合わせたものである．一般に，14時前後に日最高気温，4時前後に日最低気温が記録されることが多く，22時前後は日没後3-4時間が経過した時刻にあたる．なお，この等温図の作成に用いたデータは，地上高1.5 mの気温を自動車による移動観測によって把握した．このような方法によると，まちの中でわれわれが実際に体感するような局所的な気温の変動を，データとして取り込むことができると考えられる（山田, 2001）．

14時の場合，国道14号線の沿線地域，千葉駅の北東側および南側の高密度市街地が形成された地域，蘇我駅周辺の市街地，製鉄工場，国道16号線が一体となった地域に32.0℃以上の高温域が形成されている．一方，東京湾に接する稲毛海浜公園周辺地域では，海岸線から内陸側に低温域が張り出すとともに，観測範囲の南東部の緑地が多く分布する地域に30.0℃未満の低温域が形成されている．高温域と低温域との差異は3.0℃程度である．

22時の場合，千葉駅の北東側の高密度市街地が形成されている地域，蘇我駅周辺の市街地，製鉄工場，国道16号線が一体となった地域に28.0℃以上の高温域が形成されている．一方，観測範囲の南東部の緑地が多く分布する地域には26.0℃未満の低温域が形成されている．高温域と低温域との差

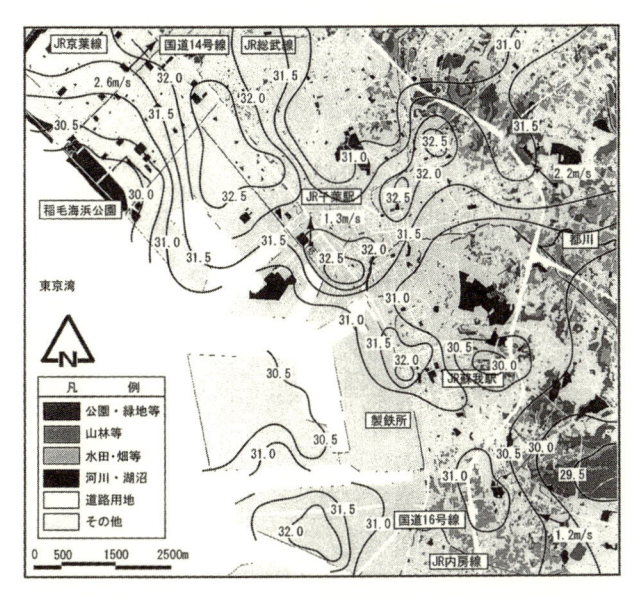

図 5.13 夏季の日中 14 時における等温図（Yanai *et al*., 2002 を改変）2001 年 8 月 4 日 14 時の観測データより作成．土地利用は国土地理院作成の 1994 年の細密数値情報にもとづいて把握．

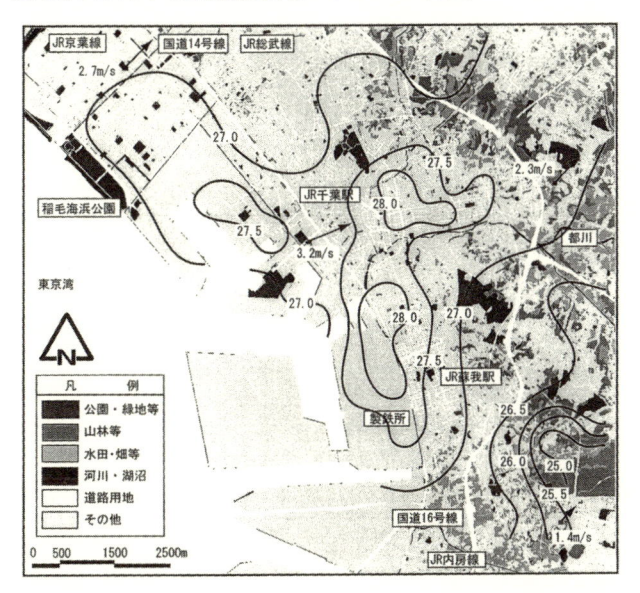

図 5.14 夏季の夜間 22 時における等温図（Yanai *et al*., 2002 を改変）2001 年 8 月 4 日 22 時の観測データより作成．土地利用図は国土地理院作成の 1994 年の細密数値情報にもとづいて把握．

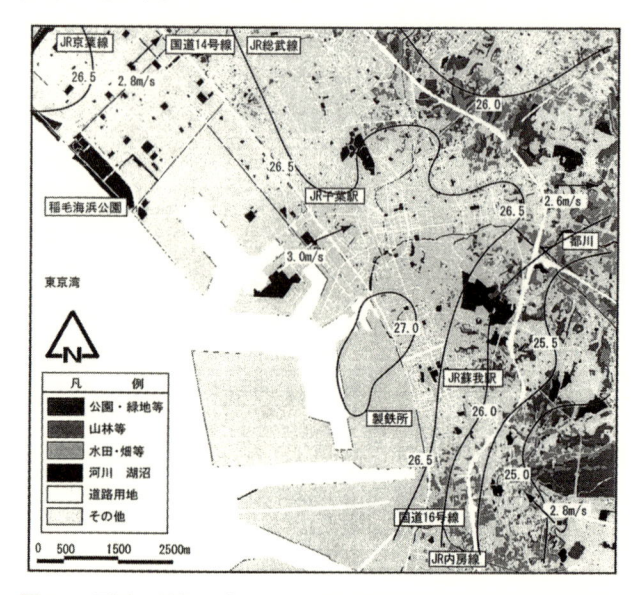

図 5.15 夏季の早朝 4 時における等温図（Yanai *et al.*, 2002 を改変）
2001 年 8 月 5 日 4 時の観測データより作成．土地利用は国土地理院作成の 1994 年の細密数値情報にもとづいて把握．

異は 2.5℃ 程度である．

　4 時の場合には，臨海部で気温が高くなっている．蘇我駅周辺の市街地，製鉄工場，国道 16 号線が一体となった地域に，27.0℃ 以上の高温域が形成されているが，14 時の場合ほど明瞭ではない．一方，観測範囲の南東部の緑地が多く分布する地域には 25.0℃ 未満の低温域が形成され，高温域と低温域との差異は 2.0℃ 程度である．

　以上のように，土地利用との関係では，幹線道路，工場や市街地の存在が，14 時および 22 時の場合における高温域の形成と密接に関連している．一般に，市街地中心部では，日中を中心に冷房の使用，自動車の走行，工場の生産活動などにともない発生する人工排熱量がきわめて大きい．また，夜間においても郊外部と比較すると相対的に人工排熱量が大きいと考えられる．加えて，市街地中心部では建ぺい地が多く，地表面がアスファルトやコンクリートなどの人工構造物により被覆されている．これらは熱容量が大きく，日中に日射を受けて蓄えた熱を日没後から夜間にかけて放出し，それに接する

気層を暖める．こうした複合的な要因により，市街地中心部において高温域が形成される．

一方，低温域の形成には，それぞれの時間帯において，海水面や風の存在，郊外部の緑地の存在などが影響をおよぼしていると考えられる．このことについては，以下でふれたい．

(3) 水と緑と風の働き

海水面の働き

すでに示した等温図からもわかるように，臨海都市の気温分布は，内陸都市のそれと異なり，海水面の存在に大きく影響を受けていることが特徴的である．この関係をもう少し明確にとらえるために，海岸線から観測点までの距離と気温との関係を図5.16に示した．

14時の場合，海岸線からの距離が3-4kmまでの地域では，海岸線に近いほど気温が低くなる傾向が認められる．22時の場合，海岸線からの距離がおよそ3kmまでの地域では，海岸線に近いほど気温が低くなる傾向が認められる．また，海岸線からの距離が3-5kmの市街化が進んでいる地域では全般的に気温が高くなっている．なお，海岸線から5-6km以上離れた郊外部の緑地が多く分布する地域では，気温がとくに低くなっている．4時の場合，海岸線からの距離が3-4kmまでの地域で全般的に気温が高い一方，海岸線からの距離が3km以遠の地域では，海岸線からの距離が遠くなるほど気温が低くなる傾向が認められる．

このように，海水面との関係では，夏季の14時（日中）の場合にみられる，臨海部における低温域の形成が特徴的であり，低温化の影響が明確に現れる範囲は，海岸線からおよそ3kmまでおよぶことがわかる．これは，海水面からの蒸発などの作用により海水面上の空気が低温に保たれ，それが陸上へと運ばれるためである．

緑の働き

緑地が周囲の気温を低下させることはよく知られている．このことは，先に示した等温図からも，明確に読み取ることができる．しかし，前述したような海水面の影響も考慮する必要があるので，ここでは，図5.17に示すよ

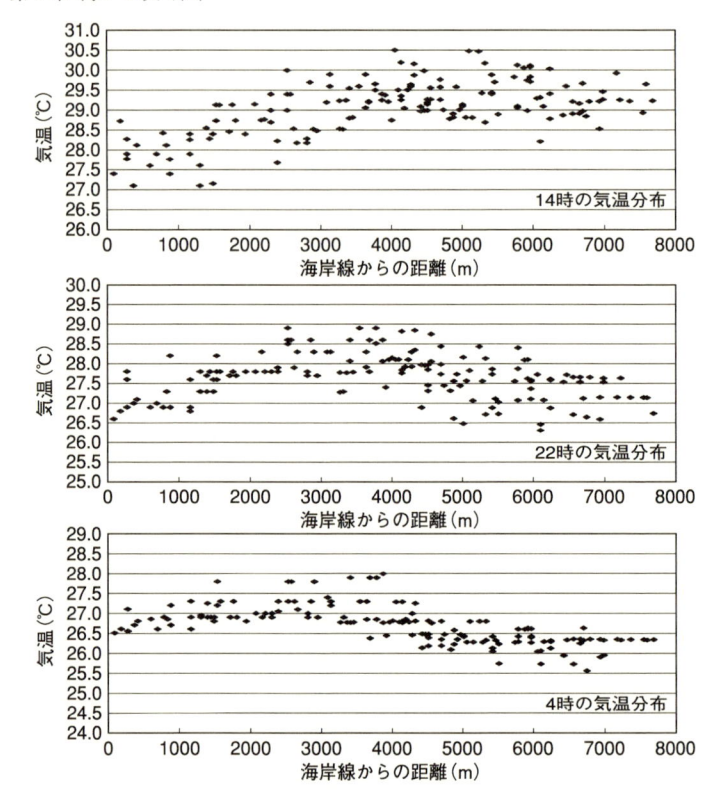

図 5.16 海岸線からの距離と気温との関係（Yanai *et al.*, 2002 のデータより作成）
上段より 2001 年 8 月 4 日 14 時，同 22 時，8 月 5 日 4 時のデータを示している．

うに，海岸線から距離別に観測点周辺の緑地率と測定された気温との関係をみる．

14 時の場合，緑地率と気温との明確な関係は認められないが，海岸線から 3km 範囲内の観測点では，緑地率が低くても気温が低い傾向があり，海水面などの影響が強いことがわかる．22 時の場合，海岸線からの距離にかかわらず，緑地率が高くなると気温が低くなる傾向が認められる．4 時の場合，海岸線から 3km 以遠の範囲で緑地率が高くなると気温が低くなる傾向が認められる．

これらのことから，千葉市の場合，22 時および 4 時の場合に，海水面の影響を受けない郊外部において，緑地の気温低減効果を明確に把握できる．

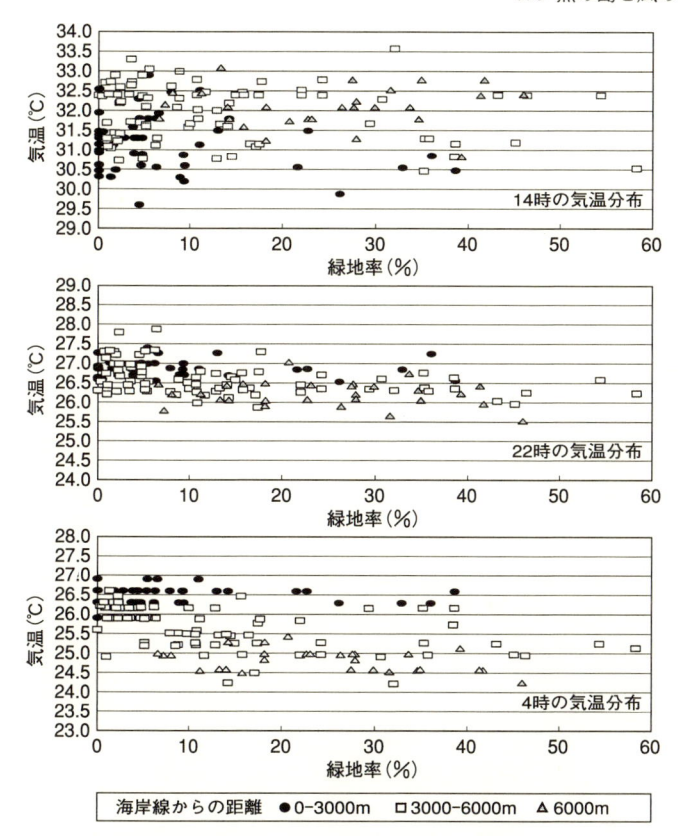

図 5.17 海岸線からの距離別にみた緑地率と気温との関係
（Yanai *et al*., 2002 のデータより作成）
上段より，2001 年 7 月 30 日 14 時，同 22 時，7 月 31 日 4 時のデータを示している．緑地は図 5.11 と同様に抽出し，観測点を中心にした 500 m メッシュの緑地率を算出した．

これは，緑地の地表面からの蒸発，植物からの蒸発，蒸散作用により，周辺の気温が低下するためである．

　ところで，このような緑地の気温低減効果を定量化するために，従来から統計的な処理を含めた解析がなされてきた．臨海都市では，海水面や風が気温分布におよぼす影響が相対的に大きい場合もあるので定量化は困難であるが，内陸都市に関しては多くの研究事例があり，山田（1998）がそれらの成果をとりまとめている．それによると，夏季の 14 時前後（最高気温時）に

おいては，都市によりちがいはあるが，緑被率10％あたりの気温低減効果は 0.1-0.3℃ 程度であり，それは都市全体のスケール感からみると無視のできない値であること，夏季の場合には，夜間や明け方の気温の低減率は 14 時のそれよりも小さくなることが多いこと，緑地の種類別では，樹林地と水田，とくに湛水時の水田の気温低減効果が大きいことが把握されている．千葉市では，郊外部に樹林地や水田などが分布しており，これらの気温低減に果たす役割が大きいものと推察される．

風の働き

東京湾岸の風系は，一般風と，海陸風などの局地風の影響が複雑に絡み合って形成される．これにかかわる詳細やメカニズムについては，5.2節にくわしく書かれているので，そこにゆずるとして，ここでは，海水面や緑地の存在に起因する冷涼な空気の市街地中心部への導入という観点から，風配図

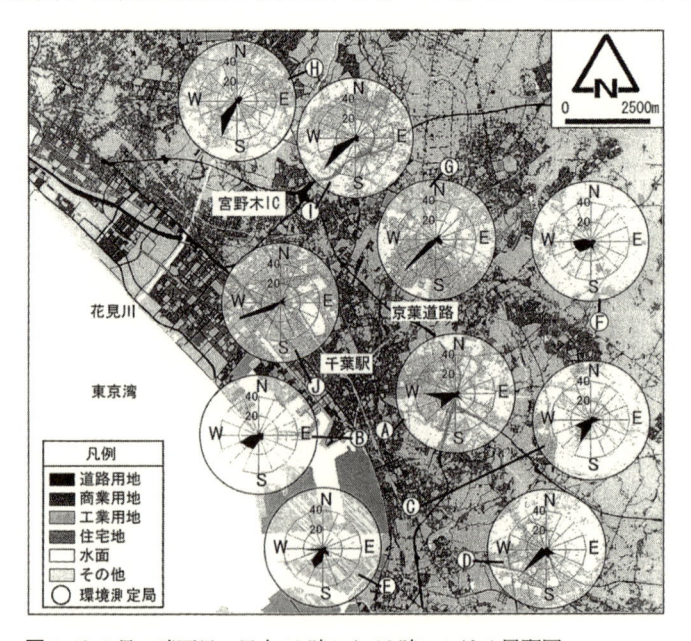

図 5.18 8月の晴天日の日中 10 時から 16 時における風配図
（Yanai and Kotani, 2003 を改変）
千葉市の環境測定局のデータから，1996-2000 年の 8 月の晴天日における毎時のデータを抽出し風配図を作成した．

5.3 熱の島と風の道　151

をもとに，風のもつ可能性について検討する．

　図 5.18 は，ヒートアイランドが顕著にみられる，8 月の晴天日の 10 時から 16 時の時間帯の風配図である．

　いずれの環境測定局においても，海岸線にほぼ直角に吹く南西からの風がとくに高い割合を占めることがわかる．これは，夏季に現れる季節風や海風によるものと考えられる．また，この時間には，臨海部において低温域が形成される．これは，低温に保たれた海水面上の空気が，上記の風により陸上に運ばれるためと考えられる．このような風の働きを活用することも日中のヒートアイランド軽減の検討のポイントになるであろう．

　一方，22 時から 4 時の場合にも，同様に風配図を作成して検討したところ，やはり，いずれの環境測定局でも南西よりの風が高い割合を占めていたが，10 時から 16 時の場合にはほとんどみられなかった北東よりの風も把握できる．これには，この時間帯に形成される陸風が含まれると考えられる．夜間の場合，陸風の活用により，郊外部の緑地の存在に起因する冷涼な空気の導入をはかることが考えられる．

(4) 水と緑のネットワークによるヒートアイランド現象の緩和

　これまでみてきたように，都市化が進んだ千葉市のような臨海都市では，夏季のヒートアイランド現象が顕著に認められる．一般に，ヒートアイランド現象の緩和方策には，人工排熱の抑制のほか，緑化地や水面の確保などによる土地被覆の改善・制御，風の道の確保があげられる．

　千葉市の場合，明瞭な高温域は，14 時および 22 時の場合に，幹線道路の沿線地域，市街地中心部，それらや工場に地域が一体となった地域に形成されるが，これらの地域では，人工的な土地被覆が優占する一方，工場や自動車などからの人工排熱も著しいため，熱環境に対する負荷が大きくなっているものと考えられる．このような地域においては，工場の移転などにともなう工場用地の公園緑地などへの土地利用の転換，省エネルギー効果があり人工排熱の抑制もみこめる屋上緑化や壁面緑化の推進などが必要となる．

　臨海都市特有の特性を活用する場合，海水面や風の存在に注目する必要がある．すなわち，千葉市の場合，海水面の存在による気温低減の効果は，ヒートアイランド現象が顕著に認められる 14 時の場合に顕著であり，その範

囲は，海岸線から内陸側におよそ3km程度にもおよぶ．この効果は，海水面上の冷気が，南西よりの季節風や海風によって内陸側に運ばれることによって生ずるものと考えられる．その際，海岸線に接して公園緑地が配置されている地域では，よりいっそうの低温化の効果が認められるのであり，レクリエーション需要への対応，生物多様性の確保とともに，ヒートアイランド現象緩和の観点からも，公園緑地の臨海部への配置が重要となる．

一方，郊外部における緑地の存在にも着目する必要がある．千葉市の場合，いずれの時刻においても，緑地の存在が郊外部の低温域の形成に有効に働いている．これは，植物などからの蒸発散や放射冷却などにもとづく緑地の気温低減効果により，低温の状態が保たれているのであり，これらの地域では既存緑地の保全により低温性を確保する必要がある．前述のとおり，緑地によるヒートアイランド現象の緩和効果に関しては数多くの検討事例があり，緑地の種類別では，樹林地や水田（夏季の湛水時）の気温低減効果が大きいことが明らかになっているので，これらの保全にはとくに留意する必要がある．

そして，以上のような方策は一体的に実施する必要がある．すなわち，臨海部や緑地が多く分布する郊外部と，ヒートアイランド現象が顕著な市街地中心部とを，緑地や河川などによって系統的に連結する，いわゆる「水と緑のネットワーク」の形成が重要である．

こうした「水と緑のネットワーク」にともない，海水面や緑地の存在に起因する冷涼な空気を市街地中心部に導入すれば，ヒートアイランド現象を緩和することができる．そのために，いわゆる「風の道」の確保が必要となろう．「風の道」とは，市街地への空気の進入経路を示すが，ドイツの諸都市では，郊外部の清浄で冷涼な空気を「風の道」を通じて市街地内部へ導入することによって，大気汚染物質が滞留し高温化した市街地の浄化，冷却に役立てている（一ノ瀬，2001）．「風の道」に関連する都市の風としては，本章でも取り上げた一般風，海陸風のような局地風などがあげられる．千葉市の場合，この時期の風向である南西から北東方向に向けて風の通り道を確保することが重要となる．具体的には，海岸線と直行する河川沿いの緑化，広幅員街路の緑化，通風の妨げにならないような建築物の配置などを行うことが必要である．

最近では，わが国においても，さまざまな学問・技術領域においてヒートアイランド研究が推進される一方，政策としての取り組みもさかんになっている．また，都市の気候解析図や熱環境評価図の作成（日本建築学会，2000）や，ヒートアイランド現象の把握とそれにかかわる対策効果を評価・予測するシステムも示されている（たとえば，足永，2003）．

　今後は，これらに加えて，実際の都市計画や都市緑地計画への展開が重要である．たとえば，シュツットガルトほかドイツの諸都市では，詳細な気候解析図を作成し，それを都市計画，建築計画，公園緑地計画に活用している．清浄で冷涼な空気の発生源である丘陵部での公園緑地，農地，樹林地のネットワーク化，そこから市街地中心部へ向けた「風の道」の確保と周辺の樹林地化，風の流入を妨げないための各種の建築制限などを実現している（丸田，1994）．今後，わが国でもこのような対応が必要である．

松岡延浩・柳井重人

III
海にひらかれた都市

6 陸と海をつなぐ都市のかたち

6.1 産業基盤から環境基盤へ

(1) 産業施設移転跡地の環境

　1980年代から顕著となった日本の産業構造の変容にともない，三大都市圏をはじめとする地域では，とくに湾岸に立地した第二次産業の生産施設とそれを支える基盤施設用地の利用率が低下しつつある．これらの土地では，技術の高度化あるいは国際競争力の強化に対応するべく他所に移転した製造施設と関連施設の跡地が，利用されないまま放置されているケースも稀ではなくなっている．この章において検討の対象とした土地もまた例外ではなく，今後段階的に製造施設の操業を停止し，施設の除却と整地，新たな都市基盤の整備を経て，より都市的な土地利用へと誘導することが目論まれている．

　しかし，これからの日本の都市では，高度経済成長期からバブル経済期にみられたような急速な開発・再開発が大々的に進行することは予想しにくいというのが大方の見方であることは論をまたない．したがって，大都市中心部に近接した立地条件にあるこれらの産業施設移転跡地が，比較的短期間のうちに都市的土地利用に転換されることは考えにくいはずである．場合によっては，長期にわたって未利用のまま放置される土地が出てくることは十分に予想される．

　一方，極度に人工化が進み，環境への負荷が高まりつつある現代の大都市では，さまざまな空間の位相において，負荷の軽減と自然環境の回復が求められている．このような社会的要請に対して，都市中心部に近接する広大な，しかも海岸線に沿って立地する土地が有する意味はたいへん大きなものであろう．そのことは，この研究の全体を通じて，より科学的・客観的に立証されつつある．とくにウォーターフロントに立地した日本の大都市には，当初から海との関係において都市構造が規定されるという側面があるため，埋立

によって大きく前進したウォーターフロントの土地がどのような状態に維持されるか，そのことがより広域的な都市全体の環境のあり方に関して大きな影響を与える．

近代以降の埋立事業によって造成され，第二次産業用地として利用されてきた広大な土地の用途転換が生じつつある現在，将来にわたる長期的な展望をともなう土地利用計画が必要とされる．それは，その土地自体が都市的な土地利用に転換されるまでの時間を視野に入れ，その間を自然環境の基盤生成に充当するとともに，さらに一歩踏み込んで，自然環境基盤の生成自体が，新しい都市空間のあり方を誘導していくインセンティブとして機能するというものであることが必要である．この章における試みは，そのためのひとつの原初的モデルとして意味づけられる．

(2) 侵入する三次自然

ここにおいてターゲットとした自然環境とその空間像は，むろんのこと，いわゆる原生自然あるいは野生の自然（一次自然）を基盤として発生することを前提とはしていない．また，いわゆる里山の自然のように，一次自然を基盤としつつも，そこに人為的な関与が繰り返され，両者の間に持続可能なバランスが維持された自然（二次自然）でもない．ケーススタディの対象となった臨海部の埋立地では，従前からそこに存在していた自然環境の基盤は根こそぎにされている．もちろん，自然の基盤がまったく存在しないということではないが，あったとしても，それはまったくに人為的にもちこまれたものである．さらには，汚染物質や有害物質などの存在も予想できないわけではない．このような基盤の上に発生する自然は，そこに定着したくとも，根をはるための自然環境の基盤がない，もしくは自らが基盤とならざるをえないものであろう．ここでは，こうした自然をターゲットとし，一次，二次に対して「三次自然」とよぶことにする．

三次自然には，基盤のない環境条件に適応することが求められる．あるいは，一次自然や二次自然には存在しないような条件にも適応しなければならない．つまり，そういう条件がふるいわけのためのフィルターとなり，そこをすりぬけていることになる．このフィルターの目はじつはとても細かく，そこをすりぬけることができる自然の要素は，必ずしも多くはないはずであ

る．ところが，いったん，そこをすり抜けてしまった後は，かなりの好条件が約束されるだろう．これらの三次自然の要素にとって，エコロジカルなニッチ（隙間）の幅が大きいともいえるであろう．

　このような三次自然が存立する環境の条件は，これまでと比較をしようとしても，その手がかりが少ないし，これまでの生態学的な理論や経験知がまったくあてはまらないケースに相当する可能性が低くない．そして，私たちが目にする三次自然は，近代の科学技術によってつくりあげられた産業施設やそれらが立地する土地の中に「侵入」あるいは「浸入」し，ジワジワとその勢力範囲を広げようとするかのような様相をみせている．これは，人間の生活や生産行為と調和的に存続してきた二次自然とは異質なものとなる．

　ここでは，産業施設用地の人工的な基盤の中に生成されるであろう三次自然に対して，どのような環境計画的視点と方法を適用できるのか，あるいは，そのプロセスをどのようなランドスケープの様態でもって表象することができるのか，そのモデルを提示することも目的のひとつである．むろん，その妥当性をみきわめるには，いましばらくの時間が必要であることはいうまでもない．しかし，それが二次自然に期待されていたような予定調和的な美を規範とするモデルでないことは確かなことである．むしろ，人間の生活との間である種の緊張関係をもって出発し，生成と成熟のプロセスにおいてダイナミックなランドスケープの変貌をもたらす可能性もあるはずである．さらに，そのプロセス自体が，都市における新しい環境像をさぐる手がかりとなることが期待される．

(3) 環境基盤への変換——プロセスデザイニングの現代的意味

　ここでは，段階的に用途転換が行われようとしている産業施設の移転跡地において，自然環境の基盤が生成されるプロセスをデザインの主たる内容としている．このプロセスデザイニングは，目標とする空間や景観の最終像に収斂することを意図する従来のデザインと比較した場合，以下の3点において特徴づけることのできるものである．

　①プロセスデザイニングでは，プロセスの全過程がデザインの対象となる．したがって，ここでは産業施設の操業が停止した段階からの環境の変動を視野に入れている．産業施設とそれに関連する基盤施設の存在を前提として，

それらが自然環境基盤の生成に寄与しうるような資源として転換されるようなプログラムの導入を目指す．かりに，そのことによって，すべてを廃棄した場合に比較して自然環境基盤の生成が遅滞したとしても，施設の廃棄に要する社会的経済的コストや，本書の中でも主張されている「スロースペース」の概念（木下勇）に照らして，十分に支持されるものであると考えてよいだろう．

②プロセスデザイニングでは，自然環境の基盤が生成されるための土台となるプラットフォームの物理的なあり方が問題にされる．われわれの目にデザインとして映るものは，そのプラットフォームの上に立ち現れる現象だといえるが，その現象に方向性を与え，広がりをコントロールするための物理的形態や規模，素材，さらには維持管理の方法などを提案することがデザインと同義のものとなる．ここでは，埋立地における産業施設の移転跡地において，旧海岸線から現在の海岸線にいたる間に生成される現象としてのエコトーンに，空間的・景観的な実体を与え，その経時的な変動を下支えする基盤部分のデザインが具体的な検討の内容となる．

③プロセスデザイニングでは，プロセスの途中段階でプログラム変更や軌道修正を前提とし，それらを許容する．ここで提案する自然環境基盤の生成プロセスは，理論的に予測可能であっても実例がほとんどないことや，立地環境の固有性，さらには社会的経済的環境の変化などの要因が複雑に作用することから，途中段階での軌道修正を折り込んだ，適応性の高いものでなければならない．そのためにも，上述のように既存の施設を資源としてプログラムに組み込み，要素の多様性を維持しておくことや，土台となるプラットフォームのあり方を重視し，その上に生起するプロセスの現象的な側面には，十分な時間と空間の幅を想定しておくものとする．

6.2 三次自然のランドスケープ——海辺の産業施設移転跡地を事例に

使われなくなった産業基盤に侵入する三次自然をランドスケープのプランニングやデザインの対象としてとらえ，これらが新しい都市像に想定される環境基盤へと進化するプロセスを考察することがこの節のテーマである．具体的な対象として，東京湾の東部湾岸地域において産業施設の移転が計画さ

れている土地を取り上げ，その土地における三次自然の誘導プロセスとそのプロセスのデザイニングについて仮説的に提示してみたい．

(1) 街と海の新しい関係の枠組み

ケーススタディの対象は東京湾東部湾岸地域にあり，近代以降の海岸線の埋立事業によって創出された広大な土地に第二次産業の生産施設と基盤施設が建設され，操業が続けられてきた．しかし，生産施設の更新や生産方式の高度化にともない，施設の立地する場所がほかの地域や沖合の埋立地に移転するにともなって現在の施設用地が移転跡地となり，異なる土地利用が立地する可能性が生まれている．その結果，この地域において海岸線の埋立が行われる以前に成立していたような，農林漁業の生産行為を前提とした陸から海へ続く環境の移行帯（エコトーン）の原初的な形式が，埋立事業と産業施設の立地，後背地の市街地化によって決定的に変質した後，施設の移転後には前近代とは異なる形式で再生されることを予想できるようになっていると仮定できる（図 6.1）．

このような仮定にもとづけば，陸地から海へのエコトーンは，近代に市街化された地域を介して街と海の新しい関係の枠組みを構築するための下地であるとみなすことができよう．すなわち，都市生活者にとっては，農林業の生産から切り離され，純粋に田園的な自然環境を享受するための場から，前

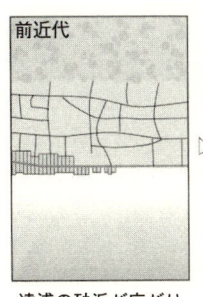

前近代	1940's	1950's	2050's
遠浅の砂浜が広がり，半漁半農の集落が海岸線に張りついている．	埋立が始まり，堤防が建設される．海と陸の線引きがなされる．	陸の延伸として埋立地が出現．工場という性質上，市民の立ち入りは不可能．市民にとっての海は遠い存在．	産業施設の操業停止にともない，一部の産業施設を利用しながら埋立地全体が陸から海へ続くエコトーンへ．

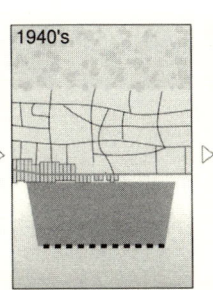

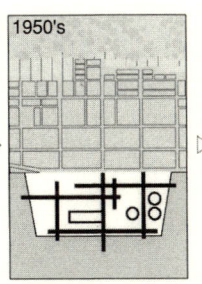

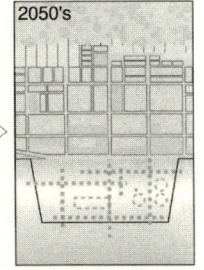

図 6.1 エコトーンの経時的な変容

近代の漁業生産や近代の工業生産から切り離され，これまた純粋な海洋自然を享受するための場へと移行する間に，市街地が存在するのである．前者は都市との新しい関係をもつ陸の自然（街山・マチヤマ），後者は都市との新しい関係をもつ海の自然（街海・マチウミ）とよぶことができるだろう．埋立地の産業施設移転跡地において，新たな自然環境の基盤（三次自然の基盤）を形成することができれば，この土地は市街地を介してマチヤマとマチウミが接する，きわめて特徴的な立地特性を有し，街と海をつなぐ新しい関係の枠組みが仮定される場となる（図6.2）.

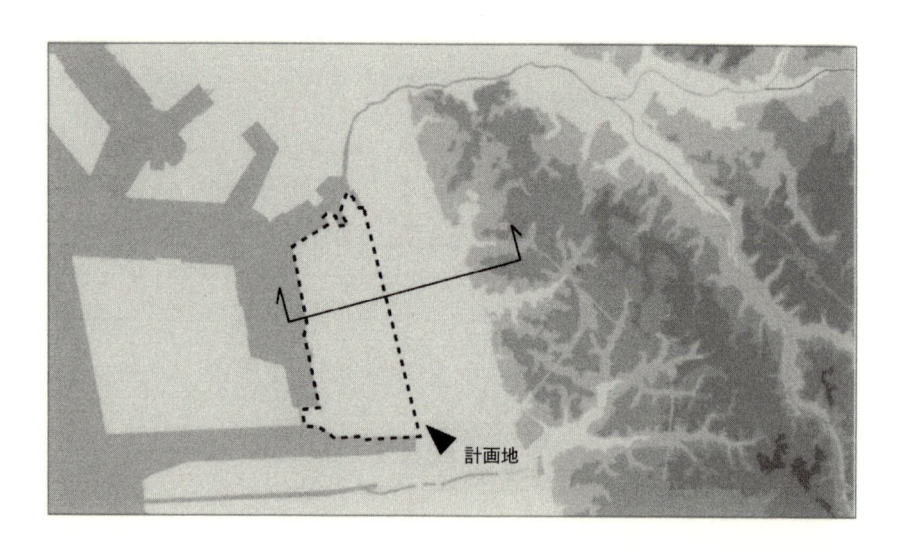

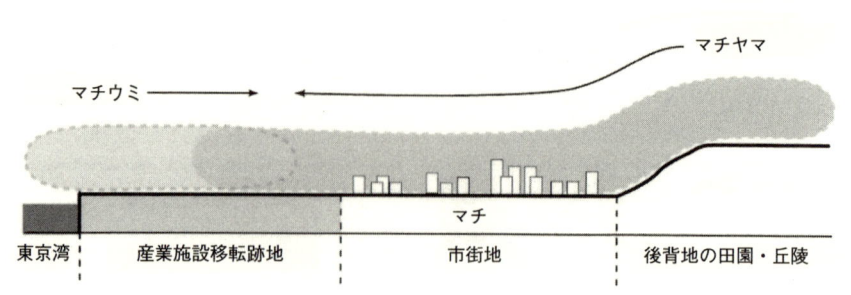

図 6.2 マチヤマとマチウミの接点

(2) 環境基盤の構造

　産業施設の移転跡地において三次自然を誘導するための環境基盤は，工業生産を支えてきた生産施設とその基盤施設の機能の一部を転換することによって創出することを考えたい．その理由として第一にあげられることは，これら施設を完全に撤去廃棄するために要する経済的社会的コストを低減することが必要であること，続いて近代の工業化社会，工業都市の記憶をランドスケープの実体として継承することが重要であることである．さらには三次自然の誘導そのものが，産業基盤の機能変換によって促進される性格を有することもみのがせない．

　このような環境基盤は，図 6.3 に示すように 4 つのレイヤーによって構成され，その上に新たな自然環境要素の投入と人間の居住がなされて，新しい

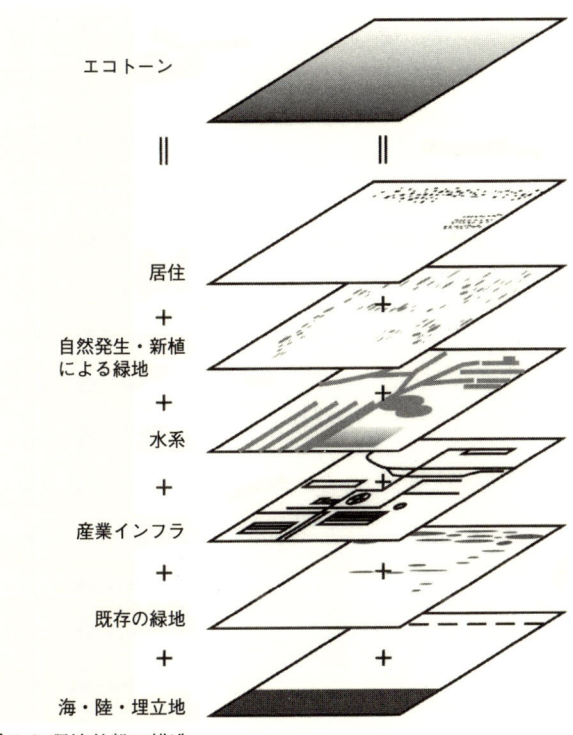

図 6.3 環境基盤の構造

街と海の関係を媒介するエコトーンが形成されるものと考えたい．環境基盤のもっとも基本的なレイヤーは，陸と海の間に創出された埋立地の土地そのものである．その上に建設された生産施設・基盤施設が2番目のレイヤー，さらにその上に工場緑化などによってもちこまれた緑，工業用水の給排水や雨水などを含む水系のネットワークが3番目，4番目のレイヤーとなる．とくに水系のネットワークは，市街地から都市河川を引き込むことによって陸側の環境とのつながりを形成し，多様な水際の形態や水質に植物的自然を関係づけることが可能になる．こうして形成された初期の環境基盤を享受する居住圏が発生し，水・緑・人が相互に関係しあう状況を三次自然の環境基盤の上に想定することができるであろう．この状況が時間の経過とともに成熟し，三次自然の環境基盤をベースとして成立する街から海への新たなエコトーンのランドスケープとして立ち現れることになるであろう．

(3) 環境基盤の要素

さて，前述のような環境基盤の構造の上に展開する要素としては，おおむねつぎのような5つの類型を提案することができそうである．これらは，景観生態学（ランドスケープエコロジー）の分野において研究されてきた形態論的なアプローチを援用したものである．ここでは主として水系と水系に関係する植物的自然を含む環境のあり方を，幾何学的な形状によって表現したものとなっている（図6.4）．

　a．直角線状

パイプラインや上下水道など，主として生産施設と敷地の給排水システムとして利用されてきたインフラを再生利用するうえで想定される水系の形態が相当する．土地の全域に拡張される雨水と汚水の排水と生物学的な浄化シ

a. 直角線状　　b. 樹枝状　　c. 櫛状　　d. 小型パッチ状　　e. 大型パッチ状

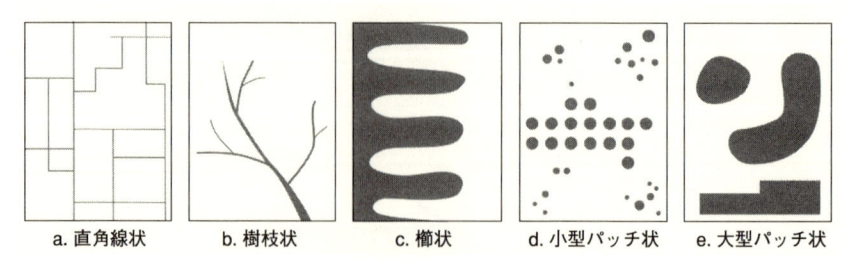

図 6.4 水系と水系に関係する三次自然の形態モデル

ステム，植物的自然の維持管理のためのインフラとして機能する．

　b．樹枝状

　背後の丘陵地や田園地帯から市街地を経て海に注ぐ河川が延伸される場合や，幅員のある水路などによって，土地をいくつかの大きなエリアにゾーニングする水系の形態に相当する．河川の流域から流入する多様な物質と直角線状の水系要素から供給される水によって，環境基盤の生成を促す主要な役割をになう．

　c．櫛状

　水面と陸地が櫛状に相互に貫入しあい，ネガとポジの関係をつくりあげている形態に相当する．同じ幾何学形態が反復する生産施設の特徴を活かし，一部に水面を導入することによって複雑な形状の水際線が形成される．水系と陸系のインターフェイスの環境を多様化することで，三次自然の環境基盤としての機能を高めることが期待できる．

　d．小型パッチ状

　生産施設を支えてきた水槽や貯水タンクなど，主として点状に残存する可能性のある水の形態に相当する．直角線状の水系要素と連続したネットワークを形成し，水源としての機能を維持しつつ，植物的自然の維持管理のためのインフラとして機能する．

　e．大型パッチ状

　規模の大きな生産施設の上部構造を撤去した跡などに残る基礎構造物や資源貯留施設などに水面や土壌面を導入したものに相当する．多様な断面構造や水の動きをもたらす設備の導入，植物の生育基盤の整備によって，生物学的な水質浄化や生物多様性の向上，水辺レクリエーション利用の機会を提供する．

(4) エコトーンが表出するランドスケープ

　三次自然が生成する環境基盤の構造とその上に展開する要素を手がかりとして，人間の居住，レクリエーション，植物資源の生産，環境浄化，生物多様性の創造などがプロセスデザイニングの目標とされ，時間の経過とともに街から海へと続く新しいエコトーンのランドスケープを浮かび上がらせていくことになるであろう．図6.5は，その過程のある時間断面において仮定さ

166　第 6 章　陸と海をつなぐ都市のかたち

| 常緑樹林 | 疎林状混交林 | 湿性植生 | クリーク・淡水面 | 汽水域 | 海水域 |

図 6.5　エコトーンの図像

れるエコトーンの図像を，今回のケーススタディの対象とした土地を下敷きとして示したものである．モノトーンの図中において，白地の部分は人工的な要素が優先する土地であることを示している．人工的な土地利用は，比較的短いタイムスパンをもって変化する．一方，前述した環境基盤の構造を下地に，環境基盤の要素をアンカーポイントとして，三次自然が徐々に拡大し，白色の領域との関係を強めながらより鮮やかなトーンを形成することになるであろう．ちょうど，色の濃淡によって描かれた地形の等高線のように，陸域から海域へと連続的あるいは断続的に移行するエコトーンの図像が現れることが期待できる．プロセスデザイニングでは，そのための基盤構造を整備し，構成要素のアンカーポイントを打ち込み，それらが変化していく軌道をコントロールすることに重きをおくことになる．

　このようなエコトーンが表出するランドスケープのもとで想定されるライフスタイルは，きわめて多様な選択肢が用意されたものになることが期待できる．産業施設の移転跡地に限定してみても，たとえば生産施設と市街地を隔てる単調な緩衝緑地帯の植生を，三次自然へと転換することによって，自然を享受するライフスタイルにいくつかの選択肢が生まれるはずである．まず，緩衝緑地帯に形成された緑のストックを居住圏に適した樹林へと転換し，

樹林の中に住む
常緑樹林をベースに落葉樹との混合樹林．管理が適度にされることで林床にも多様な植生がみられる．

一般に公開された水際空間
樹林を背後にした汽水域．水際には部分的にヨシ原がみられ，アカテガニ，アシハラガニ，クロベンケイガニ，ハゼ，トビハゼなどが生息する．

水際に住む
都市的居住域．水際ではコメツキガニ，チゴガニ，ヤマトオサガニなどがみられる．

図 6.6 三次自然と接するライフスタイル

樹林の中に住むライフスタイルを獲得する場とすることができるであろう．また，産業基盤の一部を活用して海水を引き込み，緑と水際の間に住むライフスタイルが実践できる場が提供される．さらには，樹林を背景とした汽水域では，そこに生息する多様な生きものと積極的に接するライフスタイルも可能となるであろう（図 6.6）．

　さらに海岸線の埋立地から内陸の市街地やさらにその後背の田園地帯や丘陵地帯にまで視程を拡大してみると，広域的なスケールにおいて立ち現れるエコトーンに即した自然とのかかわりによって，より多様なライフスタイルを想定することができる．海岸線における海浜レクリエーション域から，産業施設移転跡地の三次自然とその居住域，市街地の居住域，郊外の田園居住域，農耕地と里地環境域を経て丘陵地の里山環境域にいたるロングスパンのエコトーンの中で，自然とどのようなかかわり方をもつのか，その指向のあり方によって，ライフスタイルと定住域の選択がなされるという状況が生まれるであろう．そのためには，海浜に立地した産業施設の移転跡地において，産業基盤から環境基盤への転換がなされ，陸と海とつなぐ新しい都市像が確立されることが必要である．

6.3 緑の海浜都市に向けて

(1) 埋立と近代都市

都市の変容
　日本の海辺は，20 世紀に産業化都市化するプロセスを突き進んできた．

21世紀となり，産業の重心が工業から情報サービスに移動したことで，海辺の都市には構造的な変化が現れている．たとえば，自然の時を尊重するスローライフへの注目や生活のオンとオフのモードの使い分けの進行など，都市をめぐる自然のあり方や都市のライフスタイルは大きく変わりつつある．既成市街地も含めた都市居住についてみわたせば，かつてはみることのなかったいくつかの傾向が顕在化している．都心居住の再進行，既存都市中心部の衰退，郊外住宅地の拡散，いくつかの郊外都市への多極的集中，ニュータウンや工業都市の衰退などであり，いずれもグローバリゼーションを背景とした産業構造，都市構造の変化に起因する現象である．アジアの巨大都市である東京の都市圏域についてみると，臨海部に配置された工業都市や産業施設が著しく衰退していることがわかる．海浜部につくられた大規模工場がつぎつぎと海外に移転し，大量建設されてきたニュータウンは劣化，周辺地域に暮らす人々の年齢構成もライフスタイルも大きく変容しつつある．つまり，臨海部の都市は，産業重視の生産型から居住重視の生活型へと変容する過程にある．

　島国である日本では，都市生活に必要な物資——食料，エネルギー，材料，製品など——は，いずれもが海上輸送されてくるので，ほとんどの都市はロジスティクスの上から必然的に海辺や大きな河川の水辺につくられてきた．海辺は運輸と同時に都市居住者に自然の環境も提供する役割をになっていて，したがって，都市（人工環境）と海（自然）との接し方のありようを決定することは都市計画と都市デザインの主要なテーマであり，建築家や都市計画家や土木技術者は両者の関係を調停成立させることに知的エネルギーを注いできたのである．工場が立ち去った海浜の埋立地を今後どのように利用しどのようにデザインしていくのが適当なのか？　この問いは，これからの日本の都市計画を考えるうえでもっとも基本的な問いである．この節では，以上のような問題意識に沿って，自然回復を織り込んだ都市開発のあり方について都市モデルを考えてみたい．都市モデルについての説明を始める前に，まず，日本の近代都市がつくられてきた経過を，アジアにおける代表的近代都市の東京を例にとり，足早に振り返ることにする．

埋立による近代の都市開発

　東京（江戸）はおよそ400年前（16世紀末-17世紀初頭）から建設が始まった近代都市で，発生当初から大規模な埋立によってつくられてきた．東京の最中心部である現在の日比谷，丸の内，八重洲地域は，もともと，海面下あるいは浅瀬や低湿地であり，銀座，京橋，日本橋は海抜の低い江戸前の島であった．江戸初期には，江戸城の築城や大名屋敷の建設とともに，大規模な埋立と運河（堀）の建設が猛スピードで行われた．江戸中期には新田開発や町の拡張のための埋立がさらに進められている．20世紀になると西洋の機械技術が導入されて工業化が進展，東京では西洋近代を範とする都市開発が進み，下町地域には無数の町工場が所狭しと立ち並ぶことになる．20世紀後期の戦後復興期および経済成長の時代，日本では，広大な埋立地がつくられ，沿岸部に工業都市と港湾が線状に配置された．それらは鉄道や高速道路で結ばれて巨大な産業ベルト地帯が形成されたのである．大都市近郊における浅い海は大規模に埋め立てられて，工場や倉庫，団地などが大量に建設されていく．埋立地は，既成市街地とちがって，自由で大規模な計画が可能な土地だったからである．そして，近年，世界の産業構造が劇的に変わり，重厚長大産業の工場の多くは海外へと移転していった．

　この半世紀の間，大規模な産業用埋立地の建設によって自然は大きく損なわれ，また多くの人々が暮らす都市空間と海辺とは広大な埋立地によって分離されてきた．産業のため必要であったにせよ，産業の恩恵を受けているにせよ，都市居住や生活環境の質を重視する立場からすれば，これはたいへんに残念なことであった．かつての日本では，水に親しみ自然とともに暮らす豊かなライフスタイルが都市居住者の間に浸透していて，それを支える伝統的技術や生活文化が確立されていたからである．したがって，これまではともかく，今後は，自然環境の再生を組み込んだ都市の新しいライフスタイルや新しい形態をつくりあげていくことが強く望まれる．つまり，環境負荷の低減や自然回復をはかりながら都市開発を進めていく新しい方法が求められている．たとえば，海辺という自然とともに暮らして初めて得ることができる豊かさ，多様な生きものとともに暮らす潤いや安らぎのある都市，あるいは環境合理的な都市，自然に対しての畏怖や敬意の念が生活の中で実感できる都市．そうした都市像を描き実現することが，21世紀の都市デザインの

最大のテーマとなると考えられるのである．

プロセスシティとクロノロジカルランドスケープ

筆者らの研究チームはこのような問題意識から，自然回復を折り込んだ，埋立地における都市開発の新しいモデルを検討してきた．それは，いわば，21世紀型の都市モデルであり，やや抽象的ないい方をすれば，開放系の，動的な，非階層的な，自然親和的な都市モデルである．いいかえれば，生態系とのアナロジーから連想される，時間の変化を組み込んだ，柔軟な都市のモデルである．

新しい都市モデルを構想する過程で，筆者らはいくつかのオリジナルなコンセプト（考え方）をつくりだし複雑な対象を整理した．以下では，それらを太文字で示すことにする．これらのコンセプトは現時点では必ずしも確立された概念ではないが，今後の海辺の都市開発を考えていく場合，課題と論点を明確にするうえで十分に有効だと考えている．

まず，都市と自然の関係を具体的に都市計画および都市デザインの立場から明解に論じるために，自然のあり方についてあらかじめ整理し，3階層の自然を想定して考えることにした．すなわち，原始森林，海洋など人為の介在しない自然を**第一次自然**，里山，田畑など，人間の文化的・生産的活動や技術との相互関係で成立する自然を**第二次自然**とした．現代都市の場合，人工物環境が，高度に，多様に，大規模に，自然と混成複合していることから，自然と人工物の素朴な平衡を考えることがむずかしい．第二次自然と区別する意味で，人工物による人為環境が優越する現代の都市における自然のあり方を**第三次自然**とよんだ．筆者らが検討した都市モデルは，より良好な第三次自然を都市に組み込むことを目指すものである．ここでいう**第 n 次自然（$n=1, 2, 3$）**は，造園学などでいう一般的な概念ではなく本節でのみ適用する概念とする．相互の関係を図示する（図6.7）．

さて，近代の都市の特徴は，産業機能と空間配置の効率性を優先して計画されてきた点にある．そして，そこでは，あらかじめ設定された全体像を完成させることが重要視されてきた．効率的に計画が推進されることに最大の価値がおかれ，自然のような制御しづらいものは，視野の外におかれ，あるいは単純な扱いを受け，あるいは排除されてきた．しかしながら，近代化を

6.3 緑の海浜都市に向けて

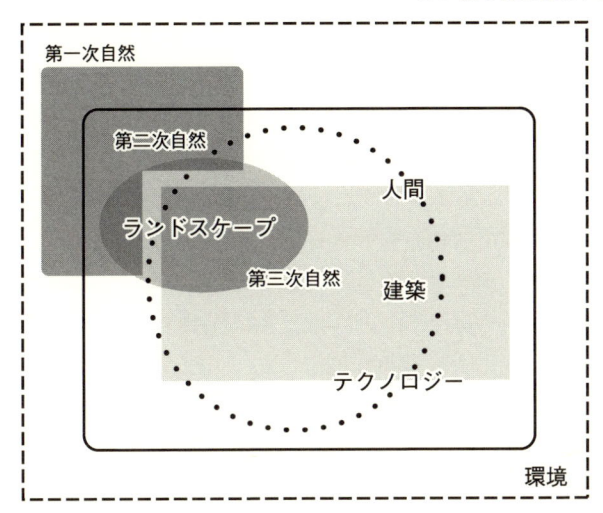

図6.7 第三次自然＝人工環境における自然

果たした後の都市については，個性や魅力そして居住性が求められるのは明らかであろう．国際的な競争力のある都市を実現し維持していこうとするならば，目まぐるしく変化する時代に機敏に対応しつつ，一方で着実に時間をかけて環境の質を高めていくことが必要である．自然回復や保全という点からのみならず，良好な自然環境を都市と共存させて居住性や文化性を向上させることが，都市間競争力という観点からも有利だと考えられるからである．そこで，自然環境を居住環境に取り戻し組み込んでいく方法が都市計画の課題として浮上することになる．とりわけ，過度に人工化されてきた日本の海辺の都市の自然回復を織り込んだ再生が望まれるのである．

現代のような社会構造の変化が大きな時代においては，固定した計画条件に対して策定される機能主義的都市計画では，長期計画の過程の中で，それが実情と適合しなくなったり内容が陳腐化することがしばしば起きる．そこで，筆者らは，「環境形成の経過を計画のプログラムに織り込んだ都市」と「時間をあらかじめ組み込んだ風景」を考えることとし，それらを各々**プロセスシティ**および**クロノロジカルランドスケープ**とよぶことにした．

プロセスシティは，段階的につくられ，改造され続けて，固定的凍結的には完成することのない都市である．部分から部分へと都市開発は進められ，

変化する状況に柔軟な対応ができるようにゾーンや建築の用途変更や混合利用について柔らかい計画とデザインが実行される．自然回復も都市計画のプロセスの中に組み込まれる．完成して静止するのではなく，基盤構造を維持しながら，安定的につねに変化し続ける都市のコンセプトである．

クロノロジカルランドスケープとは時を刻み込んだ風景で，自然や生きもの，そして人間の都市活動の歴史情報や記憶を組み込んだ都市と環境の風景を示す造語である．地勢や植生などの自然は変転する雄大な時を表象する．そして，動植物，虫や鳥など，自然の生きものは時とともに世代交代しながらダイナミックに変化する環境を形成する．一方，人工物である建築や都市構造物や産業構造物もある時代のメモリーを次世代に伝達する役割をもっている．都市環境の風景はこうした事物が時空に重層し総体として形成されていくのである．

いずれも，時を刻むことのない均質で静止した近代的土地利用ではなく，時の経過を計画に組み込んでいこうとするものであり，この2つは筆者らが提案する21世紀型の都市計画と都市デザインの基本的なコンセプトである．現行制度からすればこうした動的可変の計画策定は制約が大きく，実行が困難であるが，長期的に強靭な環境形成を推進していこうという立場に立つならば，これらの柔軟な考え方は実際的でもあり現実に促していると考えている．

ローカルからグローバルへ

さて，21世紀初頭の今日，日本の都市は，ハード，ソフトともに経年変化による劣化が進み更新の時期を迎えている．近年のアジア諸都市の興隆という国際的文脈からみても，日本の都市は相対的に弱点が顕在化していて，たとえば，スプロールによる極度の郊外化や職住分離による長時間通勤，あるいは集中性や秩序感を欠いた拡散的な街並，企画化され管理され飼いならされた弱々しい自然などを指摘できる．近代化によって日常生活と自然が分離され，都市が均質化している点には，とりわけ問題がある．都市の郊外部では，単調で雑駁で，どこであるのかすらみわけることのできない無性格な都市空間が広がり，そのことが大きく都市の個性と魅力を損ね，結果的に国際的都市間競争力を減じている．日本の都市が今後持続的に発展するために

は，21世紀的な機能性合理性を高めるとともに，都市の歴史や地勢や自然環境の特徴を活かし，各都市の個性を強調していくことが必要だろう．都市間競争が激化する今後の世界では街をアイデンティファイして個性的な魅力を増強していくことが，能動的自律的な都市の成立条件だからである．劣化した近代都市をひらかれたアクティブな現代都市とするためには，地域固有性を基礎とした都市の魅力が重要な役割を果たす．競争力やアイデンティティを強化するうえで，地域固有性を基盤とする居住性の向上は欠かすことができず，そうした面でも自然回復は都市開発の用件であることは明らかである．空間性においてローカルな特性を活かし自然と共生するひらかれた都市は個性的な魅力を獲得し，それゆえグローバルとなりうる．つまり，逆説的なようだが，ローカルであることがグローバルの条件であり，ローカルなケースからグローバルな課題が鮮明にみえてくるのである．

(2) 自然回復と都市再生

自然と都市の再生──7つのストラテジー

つぎに，巨大都市圏に位置する近代都市の典型的な事例として千葉市を取り上げ，自然回復をプログラミングした今後の都市計画や都市デザインについて考察を進めてみたい．

千葉市は，20世紀前期には軍事都市として，20世紀後期の高度経済成長時代には工業都市として発展してきた典型的近代都市である．徹底的な工業化を目指して臨海部を過剰なまでに人工化してきた都市であり，経済成長を目指した産業化の過程で，この地域の豊かな海辺の自然は大きく損なわれてきた．都市の発展史という大きなパースペクティブで眺めるならば，今後は自然回復を目指しながらの展開が望まれる都市である（図6.8）．

典型的近代都市であるがゆえに，千葉市のケースから抽出されるコンセプトやストラテジーには巨大都市圏の臨海部に発展した都市について自然回復や都市再生を進めていく際に，応用可能なものが少なくない．それらは自然回復をプログラミングした都市開発に求められる用件でもあり，これからの都市計画の方向性を示すものともいえる．筆者らが千葉市を事例として，時間的空間的に都市構造の変化を都市工学および都市デザインの立場から検討した結果，つぎのような7つのストラテジーを得た．これらのストラテジー

図 6.8 千葉市海辺の景観

は，今後の日本の臨海部に位置する都市の真の再生を実行していく際に，きわめて有効であると考えている．以下に，それらを列挙する．

●都市内河川を軸とする都市構造の再生
　海辺の都市は海と川と街道の交差するところに発生するが，こうした都市空間の基本的構造は近代化の過程でみえにくくなっている．地域のアイデンティティを再認識しようとするならば，ここに着目し，都市空間の構造を顕在化し再生する必要がある．発生的歴史的に重要な意味をもつ元来の都市構造に敬意をはらって初めて，都市はアイデンティファイできるからである．歴史をさかのぼれば，千葉は小さな川沿いに縄文集落が集積した場所であり，自然環境に恵まれた先進地域であった．江戸期には江戸前の海の交通の要所中継地として発展していた．このように，都市内河川を軸とした時間的空間的な都市構造の再生を今後の都市計画の基礎におくべきであろう．

●臨海部の高密度居住と森の低密度住宅地
　臨海部周辺の住宅地では，企業の関連施設（病院，集合住宅，学校，体育

館など）の移転が進行し，空地あるいは駐車場としての土地利用が多くみうけられる．この虫食い状態となった土地利用のあり方と位置づけを再考し，都市計画のコンセプトを更新することが必要である．郊外では住宅地を駅周辺に集約するとともに疎な住宅地の空いた土地を森や田畑に戻して低密度の森の住宅地に変え，一方，臨海部での高密度居住と全面緑化を進める．都市域トータルの環境負荷の低減をはかり居住環境の向上をはかることを都市計画の目標とすべきであろう．

●臨海部自然生態の環

臨海部全域の自然回復は海浜の動植物の生態の場が連続的に回復されて初めて可能となる．臨海部の各部において連続する渚の回復がはかられるべきであろう．現在は市民の意識から遠ざかっている海辺が身近な場所となり，それらが連なり結ばれていけば，自然と都市が真に共存する居住環境がつくられていくものと考えられる．

●象徴的な新しい都市風景の創出

臨海部における新しい都市風景の創出には，象徴的な意味がある．自然とともに暮らす新しい都市風景，たとえば庭園のような都市風景あるいは野原のような都市風景といったイメージが定着することで，次世代都市の生活がかたちづくられていく．人間の活動と自然の相互関係によってつくられる新しい象徴的な都市風景の創出が期待される．

●原都市のスケール，ディメンション，パターンの尊重

千葉市の場合，その起源は浜沿いに発生発達した漁村集落に求めることができる．そこでは，現代においても，街割りや建築の小さなスケールが継承されており，オーバースケールな近代都市との鮮やかな対比をみせている．近代以前の船と住居と土地利用における小さなスケールやパターンやディメンションに敬意をはらい，それらを現代の都市デザインの中に導入することで，地域のオリジンや固有性を維持し歴史や記憶の継承をはかることができる．原都市の街並に発見する小さなスケールやディメンション，パターンを最大限尊重する都市デザインが必要である．

●工業時代の記憶の継承

20世紀の工業都市の記憶を実体の風景として後世に伝えることも重要である．かつて近代的発展の象徴として多くの人々に愛されていた工業時代の

遺構を使って次世代の都市風景を創出し，その土地固有の歴史や記憶を継承していくことがその街のアイデンティティの強化につながっていく．広い都市域から臨むことのできる製鉄所施設やパイプライン，レールなど，時代の記憶をとどめるものを大切にして，その都市固有の景観を継承していく必要があろう．これまでのランドマークに代わる新しいランドマークが形成されれば，それは都市空間に方向性を与えるシンボルとなると思われる．

●ローカルな新しいライフスタイル

国際競争のフロントにたつ大都市ではダイナミックでスピード感のある都市活動が展開されている．しかし，情報化した都市では，定時にオフィスに通うといった就業形態だけではなく，ゆっくりしたテンポで静かに着実に仕事を進めることも十分可能で，たとえば，生活の中に自然を組み込んだ都市居住の諸形態を考えることができる．海辺の都市ならではの，魅力的な，さまざまな，新しいライフスタイルが生まれ，それらに適した都市型建築や都市が開発されデザインされれば，地域の特色や個性も生まれていく．東京とはちがうスピードの生活，たとえばスローライフを基礎とする都市デザインも可能である．

これら7つのストラテジーは，ローカルな都市の分析から抽出した今後の海辺の都市の計画とデザインの方向を示す条件であるが，いずれも近代化の過程で均質化し個性を失ってきたほとんどの都市に適用できると考えられる．

(3) 海辺のライトシティ

臨海部の都市の分析とストラテジーを包括的にとらえて海辺に展開すべき今後の都市開発の方向性を都市計画に組み込んでいくために，筆者らは臨海部埋立地における3つの新しい都市設計上のコンセプトを導出した．これらは，いずれも，研究会における総合的な議論と検討の結果導いたものである．これら3つのコンセプトは，今後海辺の自然回復をはかる都市計画を策定するときに，具体的なフレームのビジョンを提示し，より具体的で詳細な計画ツールやデザイン手法を決めていく際に，ガイドとして大きな役割を果たすことになるだろうと筆者らは考えている．以下にその3つのコンセプトを示すことにする．

バイオロジカル・ブロードバンド

生きもののいる広い帯．埋立地の上に展開する計画内容いかんにかかわらず，護岸内外の境界地帯をバイオロジカル・ブロードバンドとして，自然回復を織り込んだ土地利用や都市計画とする．たとえば，なりゆきにまかせた干潟（再生干潟）をつくるなどが考えられるし，生態にふさわしい植生の緑地を形成していくことも考えられる．ウォーターフロントに面する都市居住の新しい形態としてバイオロジカル・ブロードバンドを組み込んだ自然回復ゾーンを東京湾臨海部全域に連続的に繰り広げていく（図 6.9）．

ハイブリッド・ゾーン

混合用途の土地利用を前提とした埋立地のゾーニング．巨大規模に人間的なスケールを超えた計画とはちがって，短期に迅速に時代に対応しながら多機能空間利用ができるように空間を区分する．用途が定まらない場合も，自然回復にとってプラスとなる土地利用が促進するようにプログラムする．無理やり計画することを避け，一定の土地面積については，草原や簡易な林にするなど手のかからない状態で自然にまかせるような土地利用を想定している．

インタラクティブ・ウォーターネットワーク

相互作用のある水路網を土地の用途にかかわらず，埋立地全域にかぶせて，水と緑のネットワークに育てていく．基本的な水路の方向は，海岸に対して直交方向として，広大な埋立地を自然な水の流れの方向に細長く領域を分割していく．水路は広大な地面に水を供給するためのもので，水路には小さく細いものもある．水路を流れる水は河川に浄化放流された水を利用する．この水路網は，土地利用の用途にかかわらず埋立地の隅々に張りめぐらすものとし，緑地や生物の生息空間を形成するための基盤として位置づける．動植物と利用した環境浄化と環境回復をはかり土地の価値を上げていく（図 6.10）．

バイオロジカル・ブロードバンドは海辺の水面域と陸域の双方にまたがる幅をもった帯状の領域で，海辺の都市の中間的な境界領域となる縁（エッジ）を再生するという意味で，もっとも本質的かつ重要な考え方である．ハ

178　第6章　陸と海をつなぐ都市のかたち

図6.9　バイオロジカル・ブロードバンド

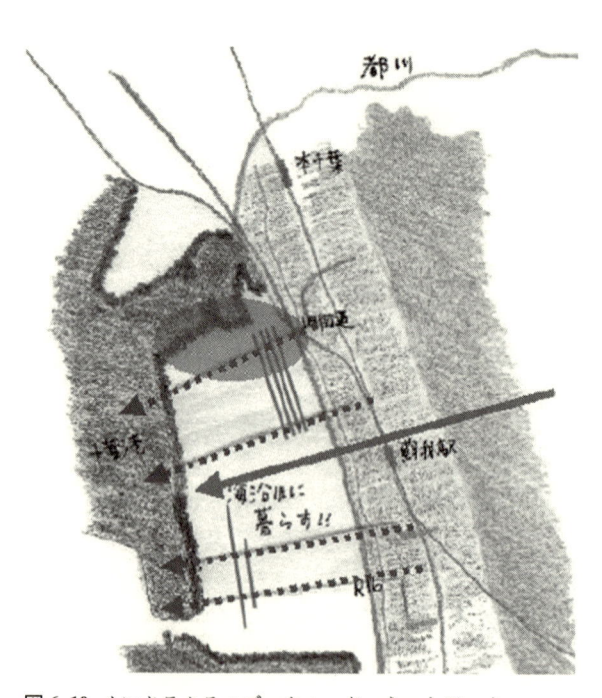

図6.10　インタラクティブ・ウォーターネットワーク

イブリッド・ゾーンとインタラクティブ・ウォーターネットワークは，生態として生きている自然を都市部に織り込んでいくために考えられたコンセプトである．これらは人工的機能論に根ざした現行の都市計画制度にはなじまない面があり，逆にいえば，このような新しい考え方を導入していくことによってこれまでの都市計画を改革することが可能であり，21世紀にふさわしい都市計画をつくることができると思われる．そうして初めて，自然回復を適切に構築的に組み込んだ都市計画が可能となるだろう．

海辺の高密度居住へ

　内陸部に低層で広がる住宅地は，一見，自然に親しく，また高密度の超高層住宅は自然を壊しているように思われがちである．しかし，エネルギー負荷や水の処理を考えると，必ずしも低層住宅地が自然にやさしく，高密度居住が自然に反しているとはいえない．低く広がる住宅専用地は，造成によって緑地を減らし，生活廃水や廃棄物によって土壌や川や海に負荷をかけるからである．むしろ，海際に高密度に集中して暮らすほうが，人や物質のむだな動きがなくなるので総体としてのエネルギー消費は抑えられ，廃棄物や排水の処理も容易かつ合理的にできて自然への負荷も少ない．したがって，臨海部に高密度で居住すれば，環境に対するインパクトは少なく，総体として自然回復が促されていくと考えられる．

　高密度の新しい緑の海浜都市は合理的でもあり，加えて新しいライフスタイルを生み出す可能性もある．また，この都市は，新しい都市居住を可能にする新しいタイプの建築とランドスケープによって構成されるだろう．たとえば，すべての住宅に専用庭のついた高密度高層集合住宅をつくり，各戸が自分の家の庭で木々や花を育てれば，建築の立面の表情は多様に彩られ，これまでにない緑の超高層建築が立ち並ぶ海浜の風景が現れる．高潮をよけるために低層部は堅固につくられた人工地盤を設けて，人工地盤や屋上は，草原とするようなのびやかなランドスケープをつくりあげることも可能であろう．筆者は，別の機会にこれからのサステナブルな都市居住のための都市デザインに関して，**ライトシティ**というコンセプトを提案発表しているが，海辺の高密度居住の都市はこのライトシティのひとつの形態と考えてよいと思われる．ライトシティとは，高度なインフラストラクチャーと軽量で可変な

ストラクチャーの構成およびITをはじめとする先端技術の適用によってつくられた強くしなやかな都市で，ライフスタイルの革新によってエネルギー消費を抑え，自然と共生しながら時代の状況に合わせて柔軟に変容する都市であるが，この定義にしたがえば，まさに大工場が移転した跡の広大な埋立地に展開する都市こそライトシティとなるべきであろう．

　高密度居住のための海浜集合住宅のイメージは，いわば庭付きの立体集合住宅地で，エントランス，エレベータや通路などの共用部分はすべて植樹されており，自然とともに暮らす新しいライフスタイルを実現する新しい建築となっている．四季折々にこの建築は姿を変え葉や花の変化で彩られる．まちの風景も季節によって変化していく．伝統的にいえば，日本の海辺の建築は湿潤な気候と強い風に対しての対策が施されており，海辺の新しい高密度居住の形態においても，風通しや防風といった点から，建築的な工夫がなされるであろう．日射しの制御についても，簾や日よけのテンポラリーな利用が街並みに表情を与えていく．海辺の高密度居住のあり方を環境の視点から親自然的に追求していくことで，海辺の都市風景は一変し，自然と親しみながら暮らす新しいライフスタイルもこうした景色の中にあって確立されていくだろう（図6.11, 図6.12）．

　自然環境に配慮する新しい都市づくりには，ローカルな，具体的なデザインヴォキャブラリーによって，都市空間が構成されていることが望ましい．これからの都市には特長ある個性やオリジナリティ，アイデンティティが求められるからである．千葉市を例にとると，オリジナリティとアイデンティティを創出するためには，伝統的，近代的，現代的，それぞれの風景ヴォキャブラリーを上手く用いて，地域の特徴を目にみえるかたちで実体化することが望まれる．市民にはっきりと認識され，多くの共感を得るような，明確で具体的な都市像の創出が望まれるからである．風景の構成要素を考えると，伝統的なものとして海浜や干潟に近い生活の中で培われた風物，近代的な要素として団地や工場，現代的なものとしては高速道路，新都心の高層建築群，そして遊休地の原っぱや自然環境のランドスケープなどをあげることができる．モデル・プロジェクトは，こうしたローカルな風景から拾い集めたヴォキャブラリーを用いた建築やまちのデザインを想定して作成した（図6.13）．

6.3 緑の海浜都市に向けて　181

図 6.11　モデル・プロジェクト――庭付きの高密度集合住宅

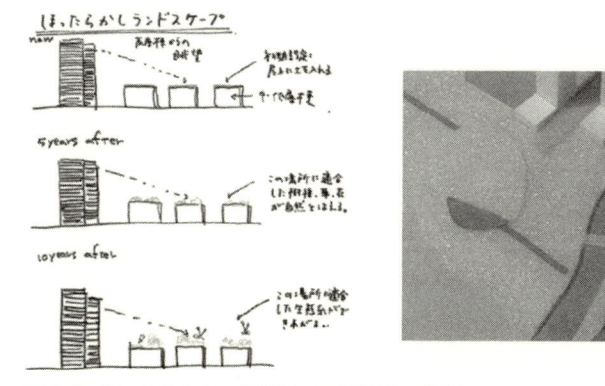

図 6.12　ほったらかしの野原と人工地盤上の庭園

182　第6章 陸と海をつなぐ都市のかたち

図 6.13 ローカルな風景

高密度居住モデルをめぐる論点

　自然環境の回復や維持保全をプログラミングした新しい都市ビジョンを構想してサステナブルな都市モデルをつくりあげる過程で，論点が3つほど浮かび上がっている．それは，

（a）　内陸の低密度分散戸建て住宅か，臨海部の高密度集合住宅か？
（b）　自然回復をプログラムした都市計画・都市設計の具体的デザインと評価の基準は？
（c）　江戸前・昭和の千葉のイメージか？　次世代の新しい海浜都市像か？

の3点である．都市モデルの検討作成の過程でこうした具体的なクリティカルな論点が浮き彫りとなった．逆にいえば，論点を明らかにするために都市モデルを作成したといえよう．これら3点についての議論をまとめることで本節の結論としたい．
　（a）について，東京の郊外住宅地として発展してきた千葉にとっては，高密度居住や超高層建築などが自然を壊すようなイメージがあり，低層住宅地が自然に親しいというイメージがあるために，一般的にはなじみにくいイメージであることが討論の中で指摘されている．しかしながら，21世紀の資源やエネルギーを取り巻く世界情勢への対応，地球環境への負荷の低減といった課題について，海辺の高密度居住には合理性があり，そのことが検討

6.3 緑の海浜都市に向けて

の過程と討論において確認されている．超高層建築以外の高密度居住形態がどの程度の，またどのようなタイプの中高層建築で可能なのか，引き続き検討を加えていくことが望まれる．そこでは，風の扱い方など海辺ならではの検討が望まれる．また，内陸部に開発された住宅地の入居率が低い値で推移している実情を鑑みれば，20-30年ほどかけて未利用宅地への植樹を計画的に推進し，森の中の低密度住宅地をつくりあげていくことも視野に入れることができる．この場合は森と居住地の維持にコストがかかり，そのことに対しての方策を立てる必要がある．

いずれにしても，都市ないしその周辺地域の自然を回復していくためには自然への負荷を低減する必要があり，高密度都市居住は避けられない選択であるというのが，都市計画，都市デザインの立場からの検討の結論であるが，高層化や高密度居住について一般の認識との開きがあることが今回確認されたので，今後さらに，自然に対しての負荷の少ない都市居住形態のあり方について市民，行政，民間のディスカッションが必要だということがわかった．高密度居住か低密度居住かという二者択一というわけでもなく，多様な居住形態が追求されるべきであろう．本節では，新しい千葉の都市像の一端といくつかのコンセプトやアイディアを示したが，こうしたものを実効性のある技法にまで引き上げるためには，埋立地での高密度居住のための都市計画制度の緩和や方法，建築やランドスケープデザインのような具体的なレベルでの技術や手法研究が必要である．これらは，いずれも今後の課題である．

（b）については，庭園学，生態学，緑地学，気候学など各専門からみた場合の大方の目安は示すことができるようであるが，それらを総合化して実際の都市計画に適用できるようにツール化していくためには，まだ多くの制度的な検討がいることがわかった．自然回復をどのような目安，基準で判断していくのかという精度のある議論をさらに積み重ねていく必要がある．今回の研究会で明らかになったように，縄文時代のような古い時代からすでに植生をはじめ多くの自然生態は人間の活動との相互関係によって成立している．この事実のもつ意味には都市の自然を設計していくうえで，たいへんに大きな意味がある．そもそも自然といっても，古代から人間とのインタラクションによって生態が変化してきたということであるから，自然を固定して考えたり，また正しい自然というような考え方が固定的客観的には成り立た

ないことがわかったからである．現代の都市の実情に合った自然回復の目標を具体的に柔軟に定めて計画やデザインを行う必要性が研究を通じてよく理解された．大都市臨海部埋立地における自然回復デザインの根拠は，科学的成果をふまえつつも，海辺の特徴を活かした計画的な観点からの点検と妥当性を検証することが，より効いてくるであろうということがはっきりと理解できた．

（c）については，ていねいな議論を積み重ねていくことが望まれる．江戸前の海浜に発生し，以来400年近い経過を江戸−東京とともに経てきた千葉の街のアイデンティティを確立しようとする場合，江戸前の漁村集落，中継地としての小さな城と港，工業化によって発展した昭和の千葉の都市イメージを，今後どのように継承していくのか，という大きな課題がある．自然回復の具体的方法，自然を享受する都市文化，都市のライフスタイルについてのさらなる検討と実際の計画への適用の手法が求められよう．一方，世界史の文脈からいうならば，日本の大都市圏のつぎの発展段階には，グローバル化した情報社会における魅力ある新しい都市居住を創造していくことが必要不可欠である．優れた活力ある人材が集まることが都市が繁栄する基本的な要件だからである．都市の発展のためには，過去を懐かしむだけのレトロスペクティブの回路に落ち込むことなく，将来に向かって21世紀型の新しい都市像を確立していく姿勢が望まれる．なお，本節では，ふれていないが，国際化という視点に立てば，外国人居住についてもより積極的にひらかれた新しい海浜都市像といったものが求められていくものと考えられる．自然の楽しみ方についても異文化から学ぶこともまだ少なくないのではないかと思われる．

数十年先を見込みながら，柔軟に，良好で持続できる海辺の都市空間および自然環境形成をしていくためには，新しい海辺の都市計画の制度設計が必要だということが研究の全過程を通じて理解されるようになった．地域の歴史や生態，実情に合った適切な新しい制度を検討し策定していく際に，本節で述べてきたような学際的都市計画研究と都市デザイン研究の成果が果たす役割は大きいと考えられる．さらに，専門的学際的な研究とともに市民の参加するオープンな議論も必要となってくると思われる．自然回復の方法と今

後の都市居住のあり方について市民による主体的な議論を積み重ねて,専門的学際的な都市研究を深めていくことが,ここで述べたこれからの都市計画を実現していくためには必要であろう.

宮城俊作・宇野　求

7 海辺とかかわるための仕組
——三番瀬円卓会議の経験と教訓

7.1 海辺と人のかかわり

(1) 海辺から切り離される生活の場

　過去，海辺は生活の場であった．海辺に発達した町は，海から生活の糧を得て，海を中心として生活を営んできた．地域の文化は，海と切り離すことなく，海に育まれて発達してきた．

　しかし，陸域における経済活動が発達するにしたがって，海を埋め立てて居住区域を広げ，また，工業生産の場としていくようになった．

　工場を誘致するために海岸線を埋め立てるようになったのは，大正時代にさかのぼる．明治16年（1883）に工部省から払い下げられ操業を開始した浅野セメント深川工場は，明治36年（1903）に導入した連続焼成技術による生産高の急増により，降下粉塵問題を激化させた．会社と深川住民の対立は激しくなり，衆議院にその移転問題に関する質問趣意書が提出されるなど国政レベルの問題となった．そこで，深川工場の移転先として，町をあげて工業化を推進していた川崎町（現川崎市）の地先水面を埋め立て，川崎工場を建設することとしたのである．深川工場は電気集塵機の設置により存続することとなったが，大正3年（1914）に埋立地が完成し，大正6年から川崎工場も操業を開始した（山崎，1970）．その後，海面を埋め立てて工場を立地する企業が増加し，これに対応するために大正10年（1921）に公有水面埋立法が制定された．以来，公有水面を埋め立てて工業生産などに用いるという様式の経済活動が推進されるようになった．

　海岸の埋立は，従来成立していた海と陸との自然的な連続性を断ち切り，生活の場と海とが切り離されていくこととなった．さらに，このことを加速したのが，昭和31年（1956）に制定された海岸法である．当時の海岸法は，「津波，高潮，波浪その他海水又は地盤の変動による被害から海岸を防護し，

もつて国土の保全に資する」ことを目的としていた（海岸法第1条）．自然の災害から国土を保全することのみを目的とする海岸法は，テトラポットやコンクリート堤防などの人工物を海岸線に設置することを促進し，さらに，人の生活と海との間の自然的連続性やつながりを断つ方向に作用した．

(2) ふるさとの海を取り戻す動き

　最近，いったん切り離された海と生活の場をつなげなおそうという動きがみられるようになった．

　この背景としては，まず，景気の後退や重厚長大型の工業生産の停滞による埋立遊休地の増大によって，海岸線の埋立に歯止めがかかったことをあげることができる．今後，長期的な人口の減少が予測されることに鑑みると，埋立によって新しく土地を拡大することよりは，既存の土地を有効活用し，再開発することに，開発の重点が移行していくこととなろう．

　また，海岸法の改正によって海岸管理のあり方も大きく変わった．平成11年（1999）に改正された海岸法では，法の目的に「海岸環境の整備と保全及び公衆の海岸の適正な利用」が追加された．これは，自然災害からの防護のみではなく，防護，環境，利用の三要素を新たな海岸管理に期待される公益とするものである．新海岸法では，離岸堤と砂浜が海岸保全施設として認められるなど，テトラポットやコンクリート護岸一辺倒ではなく，より自然なかたちで海岸を保全していく方向となっている（成田，1999）．

　さらに，自然の海辺の価値を再認識する動きもみられている．長良川河口堰の建設事業や有明海諫早湾の干拓事業は，大規模事業による自然破壊についての国民的な関心をよびさます効果をもった．また，残された干潟の保全については，ラムサール条約を批准して以来，注目が高まっている．このため，名古屋の藤前干潟への廃棄物処分場の建設や東京湾三番瀬の埋立計画が中止されるなど，具体的な方針転換もみられるようになった．さらに，平成14年（2002）には自然再生推進法が制定され，河川や海岸管理においても自然再生がキーワードになりつつある状況である．

7.2 市民参加の考え方

　埋立と人工護岸によっていったん断ち切られた人と海とのつながりをつなげなおす動きは，生活の当事者である市民の参加を得ることなしに，推し進めることはできないであろう．ここで，市民の参加とはどういうことか，市民の参加の仕組にはどのようなものがあるかを整理しておこう．

(1) 新しい市民参加と政策分析者の役割

　市民参加や住民参加の問題が具体的に取り上げられるようになったのは，1960年代後半から70年代にかけての時期である．1970年には，東京都の武蔵野市と北海道の旭川市で，長期計画の策定にあたって市民委員会が組織された．このような具体的な取り組みがみられるにつれて，市民参加・住民参加論も活性化した（佐藤，1980）．

　まず，市民参加なのか住民参加なのかという議論があった．西尾（1975）は，つぎのように用語を整理している．「住民参加とは，特定事業に関して直接的な利害関係をもつ特定地域の住民がその事業の計画実施過程に参加することである．コミュニティ参加とは，（中略）コミュニティの住民がコミュニティ施設の建設管理とかコミュニティ整備計画の策定といった地域的自治に参加することをいう．そして，第三の市民参加というのは，自治の主権者である市民一般が区市町村の政治行政そのものに能動的に参加することをいう」．また，佐藤（1980）は，住民として自分にかかわる切実な問題に直面して初めて参加意欲が喚起され，その参加の過程を通じて他人の利害に配慮する市民への展望が開けると論じている．

　少なくとも，市民の参加には，特定の利害関係をもつ者の参加と，積極的に社会の形成に参画していこうとする者の参加の二種類の参加があるという認識は，現在の論者にも引き継がれている．たとえば，世古（1999）は，「『住民』というのはそこに住む人のことであるが，これからの社会は個人が私的な関心を追求するとともに，公共的関心をもち，自己責任をもって社会に参画する『公的人間』，つまり『市民』に編み上げられていく必要がある」と論じている．

　また，1970年代には，市民参加の類型論も行われた．当時からよく紹介

されたものが，アーンスタインの八階梯である．Arnstein (1969) は，市民参加を①操作 (manipulation)，②治療 (therapy)，③情報提供 (informing)，④相談 (consultation)，⑤懐柔 (placation)，⑥パートナーシップ (partnership)，⑦権限委譲 (delegated power)，⑧自主管理 (citizen control)，の 8 つに整理し，①，②は参加とはいえず，③-⑤を形式参加の段階，⑥-⑧を市民パワーの段階とした．そのほか，西尾 (1975) は，「運動」「交渉」「参画」「自治」の 4 つの段階を主張し，奥田 (1970) は，①行政が情報の周知に努力し住民とのコンフリクトを最小にしようとする参加，②行政の決定過程に住民をコミットメントさせる参加，③決定にともなう管理・運営をも住民に委譲する参加，の三階梯に整理している．

このような整理に共通することは，市民（住民）参加が進展すれば，市民（住民）自治に行き着くという発想である．このことは，代議制を通じた間接民主制との整合性を図る立場から，市民参加を危険視する議論や市民参加の限界を指摘する議論を生み出すこととなった．

たとえば，高寄 (1980) は，「参加民主主義が代議制の虚構を批判し，自ら主権者として直接参加機能を拡大していこうとする方向は理念として正当であっても，果たして現実の政治作用として有効かつ適切に決定機能を発揮できるかどうか，いいかえれば代議制にとって代わるだけの成熟さと精巧さがあるかどうかきわめて疑わしい」と述べ，「安易な直接民主制の導入は，民主主義そのものの死滅につながる」と指摘している．

このような市民参加への疑義は，現在も議会・議員を中心として根強く残っているところであるが，そもそも市民参加＝直接民主制であると考えること自体が誤っていたのではなかろうか．

政策形成の過程は，企画・立案の過程と決定の過程に分けられる．そして，日本の場合，多くの政策が行政によって企画・立案されてきた．つまり，間接民主制といっても，選挙で選出された議員が政策の企画・立案・決定のすべてをになっているわけではないのである．また，「行政の企画・立案過程への参加」と「議会の決定過程への参加」が峻別されるべきである．前者は，行政が政策を検討する過程を公開し，その過程に市民が参画することである．後者は，議会が政策を決定する権限を制約して市民の直接的な意志決定に委ねることである．この 2 つは，たがいに独立した市民参加であり，前者を進

めることが，必ず後者につながるといった関係にはない．この点，70年代の階梯論は誤解を招くものであった．

(2) 協働原則にもとづく参加論

最近では，環境政策やまちづくり政策を中心として，このうち前者の参加が，協働原則の名のもとに広がりつつある．

協働原則は，公共主体が政策を行う場合には，政策の企画，立案，実行の各段階において，政策に関連する民間の各主体の参加を得て行わなければならないという原則である．この原則は，ドイツにおいて，いち早く取り入れられた．1976年の連邦政府の「環境報告書」で，協働原則が定式化されたとされている（清野，2001）．大久保（1997）によると，協働原則の内容として，①環境問題の解決にはあらゆる主体の責任分担と協力が不可欠であり環境保全は国家だけの任務ではないこと，②それゆえ社会的諸勢力が環境政策上の意思形成プロセスへ早期に参加する必要性があること，③環境保全に関する国家の基本的な責任は放棄しえないこと，については争いがないとされている．

1992年の国連環境開発会議で採択されたリオ宣言では，第10原則として市民参加の必要性と重要性が盛り込まれた．そこでは，「環境問題は，それぞれのレベルで，関心のあるすべての市民が参加することによりもっとも適切に扱われる．国内レベルでは，各個人が，有害物質や地域社会における活動の情報を含め，公共機関が有している環境関連情報を適切に入手し，そして，意思決定過程に参加する機会を有しなければならない．各国は，情報を広く行き渡らせることにより，国民の啓発と参加を促進し，かつ奨励しなくてはならない．賠償，救済を含む手法および行政手続きへの効果的なアクセスが与えられなければならない」と述べられている．

また，日本国内では，環境基本計画（1994，2001）において，4つの長期目標のひとつとして「参加」が盛り込まれた．環境基本計画は，「循環」「共生」という長期目標を達成するために，「日常生活や事業活動における価値観と行動様式を変革し，あらゆる社会経済活動に環境への配慮を組み込んでいくことが必要である」とし，「あらゆる主体が，人間と環境との関わりについて理解し，汚染者負担の原則等を踏まえ，環境へ与える負荷，環境から

得る恵み及び環境保全に寄与し得る能力等それぞれの立場に応じた公平な役割分担の下に，相互に協力・連携しながら，環境への負荷の低減や環境の特性に応じた賢明な利用等に自主的積極的に取り組み，環境保全に関する行動に参加する社会を実現する」と謳っている．

　このような協働原則の内容をより詳細にしたものとして，横浜市の例がある．横浜市では，1999年3月に「横浜市における市民活動との協働に関する基本方針（横浜コード）」を策定した．横浜コードでは，市民活動と行政が協働するにあたっての6つの原則として，①対等の原則（市民活動と行政は対等の立場に立つこと），②自主性尊重の原則（市民活動が自主的に行われることを尊重すること），③自立化の原則（市民活動が自立化する方向で協働を進めること），④相互理解の原則（市民活動と行政がそれぞれの長所，短所や立場を理解しあうこと），⑤目的共有の原則（協働に関して市民活動と行政がその活動の全体または一部について目的を共有すること），⑥公開の原則（市民活動と行政の関係が公開されていること），を掲げている．なお，この6項目は，2000年3月に策定された「横浜市市民活動推進条例」にも盛り込まれている．

　条例案や法案を行政が作成し，その内容を議会が審議するという関係は，日本の議会においては従来から一般的にみられるところであり，協働原則はこの役割分担をなんら変更するものではないことに留意したい．つまり，従来は行政府の中だけで条例案を作成していた点を変更し，条例案の作成の早い段階から事業者・住民の参画を求めることに，協働原則の意義があるのである．

　そして，協働原則が定着すれば，議会における政策の決定のメルクマールのひとつとして，政策の企画・立案段階でいかにして関係者との協働関係を築き上げたかという点が含められるようになろう．

　このように考えれば，議会制民主主義と協働原則は両立しうるのである．

(3) 政策分析者の役割の変化

　協働原則が定着し，関係者の参加が政策形成の要件となるにつれて，政策分析者あるいは政策科学者の役割も変化してきた．従来の政策分析者や政策科学者は，自らを実際の政策立案過程の外において，それを批評し分類する

ことをおもな仕事としてきた．たとえば，市民参加については，その定義や分類を検討し，それを進めることの必要性と限界を「客観的」に整理する作業を行うにとどまっていた．一方，協働原則が定着し，関係者の参加が政策形成の要件となると，政策分析者はさらに一歩進んで，どのような手法を用いれば，より有効に市民や関係者の参加が得られるのかについて具体的に提案することを通じて，参加の手助けをする必要がある．参加のファシリテーターとしての専門家が必要なのである．

このような流れの中で，参加型政策分析（Participatory Policy Analysis；PPA）という考え方が広まりつつある（Geurts = Joldersma, 2001）．PPA とは，「技術的専門家が有する専門的知識に加え，市民が有する『普通の知識』を取り込んで政策問題の代替案を作成するという分析手法，もしくは分析的問題解決プロセス」である（秋吉，1999）．このため，PPA では，利害関係者のみではなく市民の参加が行われる政策論議の場が設定されることとなる．たとえば，無作為に選び出された市民が，専門家や関係者から情報提供を受けつつ，政策的な合意をはかろうとする「コンセンサス会議」，インターネットなどインタラクティブな電子媒体を用いて，匿名によって自由に意見を述べあい，政策形成をはかろうとする「電子会議」などさまざまな方式が提案されている．

また，学術的な論文審査の際に求められる科学的合理性と，社会的な合意形成のために必要な社会的合理性との間の乖離も指摘されるようになった（藤垣，2003）．科学的合理性が社会的合理性を包含しているという関係にあるのではなく，科学的に合理的であっても社会的には合理的ではないというケースがあるのである．たとえば，科学的合理性が確認されるまで調査を継続することによって，政策の実施が遅れてしまう場合や，薬の副作用など科学的には許容されるべきとされた副作用の程度が，社会的には受容されない場合などがある．この立場では，社会的合理性がある政策提言を行うためには，社会的要請と受容性を確認しながら行わなければならない．つまり，現実から離れた立場に身をおく科学者の考察のみからでは，社会的に合理的な政策提言が生まれないのである．

このように，政策形成のあり方の変化は，科学者のあり方の見直しにもつながってきているのである．

7.3 海辺の市民参加——三番瀬円卓会議の経験

　筆者は，2002年1月から，三番瀬再生計画検討会議（通称「三番瀬円卓会議」）に，専門家委員として参画してきた．三番瀬円卓会議は，海域における自然の再生と保全を市民参加のもとに推し進め，ひとたび生活の場から切り離された海辺をふたたびふるさとの海として取り戻そうとする試みである．また，前節の問題意識に沿っていえば，三番瀬円卓会議は，市民参加による政策形成のプロセスとしての実験の場として，たいへん興味深い事例といえる．円卓会議における議論のあり方を振り返りつつ，「円卓会議」という方法がPPAの一手法として確立できるかどうかを検討してみたい．

(1) 円卓会議の背景

　三番瀬とは，江戸川の河口域に位置し，沿岸部を浦安市，市川市，船橋市に囲まれた干潟・浅海域である（図7.1）．1983年にI期計画の埋立が完了し，現在の海岸線となった後，II期計画の取り扱いをめぐって，議論が続けられた．1992年には，740 haの埋立を行う市川II期，京葉港II期計画が中央港湾審議会計画部会に上程されるとともに，同年に千葉県環境会議が設置され，その事業の環境影響などについて調査・検討を行った．環境会議は，1995年に千葉県に対して，①生態系の仕組を把握するため，必要な補足調査を実施すること，②両計画の個々の土地利用の必要性を吟味すること，③調査および計画作成にあたっては，広く意見を聞きながら進めること，の3点を提言した．これを受けて補足調査が行われ，1998年にはその結果をもとに，事業者（千葉県企業庁）によって計画案の見直しが進められた．1999年に，千葉県が計画の縮小見直し案（101 ha）を公表し，2001年1月までに環境会議は審議を終了する（図7.2）．

　しかし，同年1月に川口順子環境大臣（当時）が現地視察を行った際に，全面的な見直しが必要である旨を発言し，また，3月に，三番瀬埋立の「白紙撤回」を公約として堂本暁子知事が当選すると，101 haの埋立は撤回されることとなった．堂本知事は，6月県議会で，「干潟の保全と自然の再生を目指す新たな計画を県民参加のもとに作り上げる」と発言し，県主催の三番瀬シンポジウムの開催（8，9月），再生計画検討組織設立準備会の実施（11，

194 第7章 海辺とかかわるための仕組

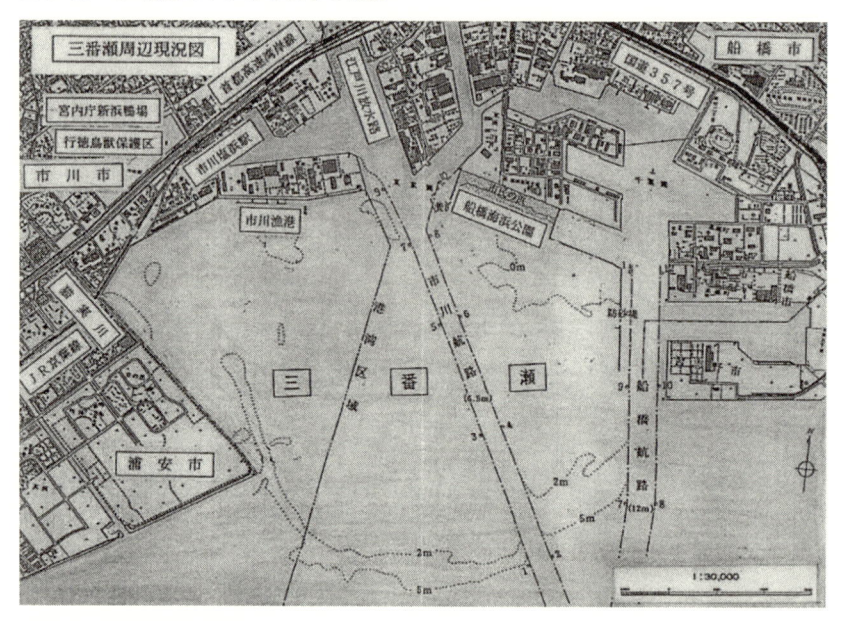

図 7.1 三番瀬周辺現況図

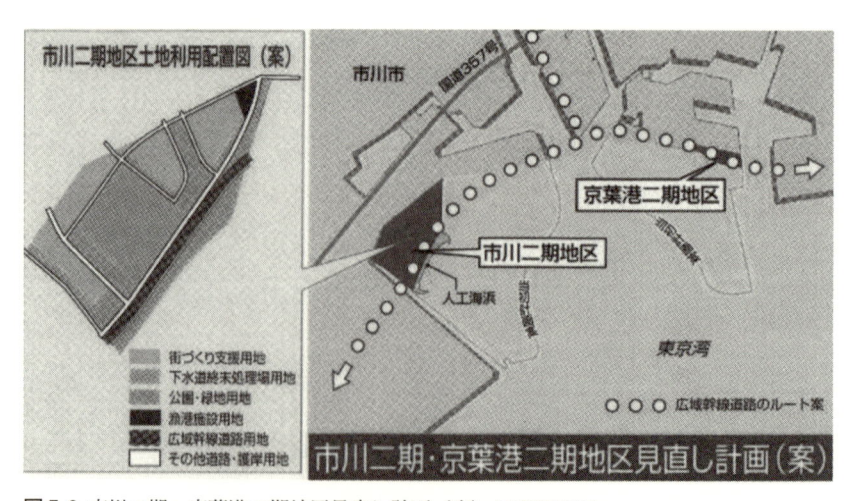

図 7.2 市川二期・京葉港二期地区見直し計画（案）（千葉県資料）

12月）を経て，2002年1月に「三番瀬再生計画検討会議」が設置されることとなった．

(2) 三番瀬円卓会議の概要

「三番瀬再生計画検討会議」設置要綱によると，会議の目的は「三番瀬の再生計画を検討し，知事へ提案する」ことである．

円卓会議の会長は，県主催シンポジウムのコーディネーターであり，設立準備会の会長でもあった岡島成行氏が就任した．会長以外の専門家として8名，環境NGOから4名，漁業関係者から4名，一般公募から3名，地元自治会から3名，地元産業界から1名が，それぞれ委員として任命された．また，国（水産庁，国土交通省，環境省），県，地元市が，オブザーバーとして会議に参加することとなった．さらに，専門家は専門家会議を構成することとなった．

円卓会議には，小委員会と専門家会議が設けられることとなった（円卓会議設置要綱）．小委員会は，「三番瀬円卓会議の指示に基づき，三番瀬の再生に向けた具体的な課題の解決策を検討する」ものとされた．また，専門家会議は，「三番瀬円卓会議及び小委員会からの要請を受け，専門分野について検討・助言をする」ものとされた．さらに，事務局は，「三番瀬円卓会議，小委員会及び専門家会議の運営に必要な事務を行う」こととされた．事務局は，県企画部企画政策課におき，会長の承認を得た者は，事務局へ参加することができることとなった．

(3) 各小委員会の組織の概要

護岸・陸域小委員会は，①護岸・陸域に関する再生計画案の検討に関すること，②その他，三番瀬円卓会議から委任された事項などに関すること，を所掌事務とするものである．また，海域小委員会は，①海域に関する再生計画案の検討に関すること，②その他，三番瀬円卓会議から委任された事項などに関すること，を所掌事務とするものである．

以上の2つの小委員会は，2002年5月に設置されたものであるが，2003年4月には，第三の小委員会として，制度検討小委員会が設置されている．同小委員会は，「三番瀬の自然環境の保全と再生に係る制度的担保・ラムサ

ール条約の登録などの制度全般の検討に関すること」を議論することとされた．

　護岸・陸域と海域の各小委員会の委員の数は15名以内とされ，学識経験者を除く円卓会議の委員と，小委員会が参加を認め，円卓会議会長が承認した者から構成することとなった．円卓会議の学識経験者はオブザーバーとして参加することとなった．また，委員の互選により，コーディネーターとサブコーディネーターを選出し，小委員会の進行管理と結果のとりまとめを行うこととなった．コーディネーターとしては，当初，護岸・陸域小委員会では公募市民が，海域小委員会では環境NGO委員が選出された．その後，護岸・陸域小委員会では，公募委員の転勤にともなう辞任により，2003年4月より地元自治会委員がコーディネーターとなった．海域小委員会では，環境NGO委員が円卓会議に不満の意を表明して2003年1月に辞任することとなり，公募市民である大学生がコーディネーターを引き継ぐこととなった．

　さらに，オブザーバーの互選により1名のアドバイザーを選出し，コーディネーターに対して技術的専門的助言を行うこととなった．筆者は，護岸・陸域小委員会にオブザーバーとして所属し，同小委員会のアドバイザーとなった．

　一方，制度検討小委員会は，円卓会議の学識経験者委員と，ほかの2つの小委員会の委員の中から選ばれた9名以内の委員で構成されることとなった．学識経験者も委員となること，小委員会のみの委員も参加できることが異なっている．委員の互選で座長と副座長を選出することとされ，座長は学識経験者委員が務めることとなった．また，法律の専門家がアドバイザーとして議論に加わることとなった．

(4) 円卓会議における議論の内容

　円卓会議が始められた当初より，三番瀬の将来像に関する関係者間の意見の隔たりはかなり大きかった．とくに，以下の3点についての対立は埋めがたいようにも思えた．

　第一に，海に手を入れていくのか，海に手をつけないのかという論点である．漁業環境の悪化を実感している漁業者は，海に大規模に砂を入れて，昔の三番瀬を取り戻すことができるのではないかと期待していた．また，海側

に広い人工海浜を造成して海とふれあえるようにしたいとする地権者や地元住民もいた．一方，環境NGOの中には，これ以上海をせばめないようにすべきであり，海に手をつけることはやめるべきだと強く主張するグループと，海に手を入れていこうとするグループの2つのグループが対立していた．結果的に，後者のグループは円卓会議から離脱していくこととなり，前者のグループが円卓会議に残って議論することとなった．

第二に，埋立地に街をつくっていくのか，埋立地を海に戻していくのかという論点である．これは，現在は工業専用地区となっている市川市塩浜地区についてとくに議論が対立した．地権者は，京葉線市川塩浜駅を中心とする市川塩浜2丁目のあたりで新しく街づくりを進めようと考えていた．一方，環境NGOの中には，埋立地こそが三番瀬を痛めつけてきた原因であり，これを徐々に海に戻していくことが必要だという主張があった．

第三に，護岸によって土地を護るのか，海と陸との連続性を確保していくのかという論点である．地権者や漁業者，地元市は，土地を護るために国の基準に合致した護岸を整備すべきであると主張した．とくに，市川塩浜の護岸は，老朽化と地盤沈下によって，危険な状況にあることが指摘された．一方，海と陸との連続性を確保するという立場からみれば，コンクリートなどの人工物でかたちづくられる護岸は，排除すべき対象であり，安易に恒久的な護岸を建設すべきではないという主張につながった．

設置後半年間は，なにのために，なにについて，どのように議論するのか，委員はたがいになにを考えているのかについて，手探り状態で議論が進められた．このころは，全体の見通しが立たないまま，個別の事項についての議論が先行した．組織の性格づけがあいまいなまま小委員会が設置され，さらに混乱が引き起こされた．一方，公開で傍聴者にも発言を許可するという会議の進め方は定着した．

その後，発言内容を議事録ベースで整理していくという手法，成果物についてのとりあえずのイメージ，たがいの立場と考え方などについて，理解が進み，当面，合意できる内容を中心に専門家委員が中間とりまとめを起草した．小委員会では，護岸のイメージについての複数案の検討（護岸・陸域），青潮対策の考え方の検討（海域）などを行い，それぞれ中間とりまとめを作成した．これらの中間とりまとめは，2002年12月に知事に提出され，一般

の意見を求める手続をとった．

2003年に入って，護岸・陸域小委員会，海域小委員会のもとにさらにワーキンググループ（WG）を複数設けるとともに，新たに制度小委員会が設置され，精力的に討議が進められた．各会議の開催回数は，表7.1のとおりであるが，2年という短期間に，140回もの会議を開催したこととなる．週によっては，4回の円卓会議関係の会議が開催されるという場合もあった．

とくに，護岸・陸域小委員会のWGでは，地権者である都市整備公団（浦安），街づくり委員会（市川）や，各市が，オブザーバーというかたちで議論に加わることとなった．これらのWGでは，それぞれの立場を確認しつつ，合意できた内容を会議の席上で文章化する作業が重ねられた．また，それぞれの理想のイメージを図にして出しあい，何回もイメージ図を書き直していく作業も繰り返された．このような作業によって，当面踏み出すべき方向性についての意見の対立の幅が徐々に小さくなっていった．

再生計画素案は，各委員が分担して執筆した．コンサルタントは，イメージ図の作成などを補助したのみである．また，県の事務局は原案を作成していない．このようなかたちで，157ページにわたる再生計画素案がつくられ，11月19日には，一般の人たちの意見を聴取するプロセスにかけられた．パブリックコメントは12月18日に締め切られた．パブリックコメントでは，砂の補給について反対する意見，ラムサール条約の登録湿地にすることをも

表7.1 三番瀬円卓会議の開催回数（2002年1月から2004年1月）

円卓会議	21
専門家会議	9
護岸・陸域小委員会	18
浦安WG	11
市川WG	15
船橋WG	10
海域小委員会	20
再生イメージWG	10
行徳湿地WG	4
干潟的環境再生WG	6
河川WG	4
制度小委員会	7
起草編集グループ	6
計	141

っと明確にすべきとの意見などが多く寄せられた．この結果，最初の砂の補給の程度を限定し，継続するか否かの判断は後継の円卓会議に委ねること，ラムサール条約登録湿地への早期登録を目指すことなどが盛り込まれることとなった．関係の資料などを整理したうえで，2004年1月22日に三番瀬再生計画案を決定し，三番瀬円卓会議は終了した．

(5) 円卓会議の成果

さて，円卓会議の議論の結果，当初，対立していた点は，つぎのように調整され，おおむね合意が得られることとなった．

①現在の海岸線は基本的に動かさない．

②陸側に用地を確保する努力を行い，陸域における自然再生に取り組む（陸を海に戻すわけではない）．その際，高潮などからの防護ラインは自然再生用地の後ろにまわす．

③海域の再生のために順応的管理を行いつつ，土砂の補給を進める（埋立ではない）．「自然の声」を聴きつつ，時間をかけて，三番瀬の再生を進める（人間の都合で性急に進めない）．

そして，これらの方針にしたがって，図7.3のような理想状態に少しでも近づけていこうという考え方が合意された．つまり，陸域における後背湿地の再生（後浜の再生）と海域における潮間帯の再生（前浜の再生）により，エコトーン（第2章参照）を少しでも再生していこうという考え方が採用されたのである．

ただ，海域に土砂の補給を進めるという方針（図7.5参照）については，

図 **7.3** 理想の海から陸への連続性の再生（「再生計画案」p.104）

最後のパブリックコメントの段階まで，自然保護団体などから，「実質的な埋立」ではないかとして，反対の声が寄せられたところである．

この点については，①砂の補給については新たに陸をつくるという趣旨ではないことが再生計画の中に明言されていること（「再生計画案」p. 98），②直立護岸によって失われた潮間帯を再生するためには，護岸の前面の深掘れを解消する必要があること，③海域の生物が順応できるように時間をかけて徐々に土砂の補給を進めていく方針となっていることから，目的・方法ともに埋立とはまったく異なるものであることは指摘しておきたい．

具体的には，三番瀬の自然再生のための具体的な施策として，つぎのような内容を実現することという提言が盛り込まれた．

①行徳塩性湿地の大水深部の浅水化，湿地への淡水導入，三番瀬との連絡水路の開渠化
②猫実川の後背湿地・干潟化
③市川塩浜2丁目の現護岸の一部撤去とその陸側区域の湿地化（図7.4）
④市川塩浜2丁目の改修護岸前面における干出域の形成（図7.5）
⑤浦安日の出地区の現護岸陸域側区域の後背湿地・干潟化（図7.6）

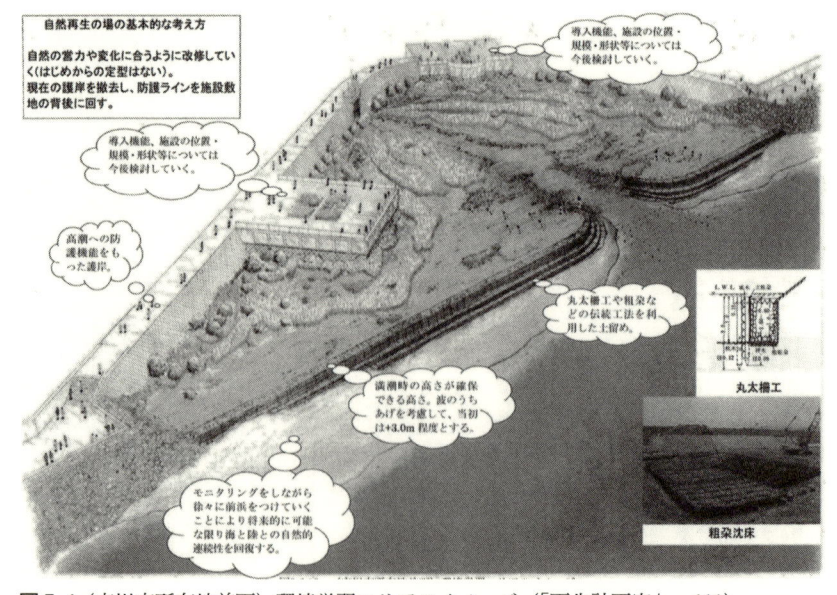

図 **7.4**（市川市所有地前面）環境学習エリアのイメージ（「再生計画案」p. 111）

7.3 海辺の市民参加 201

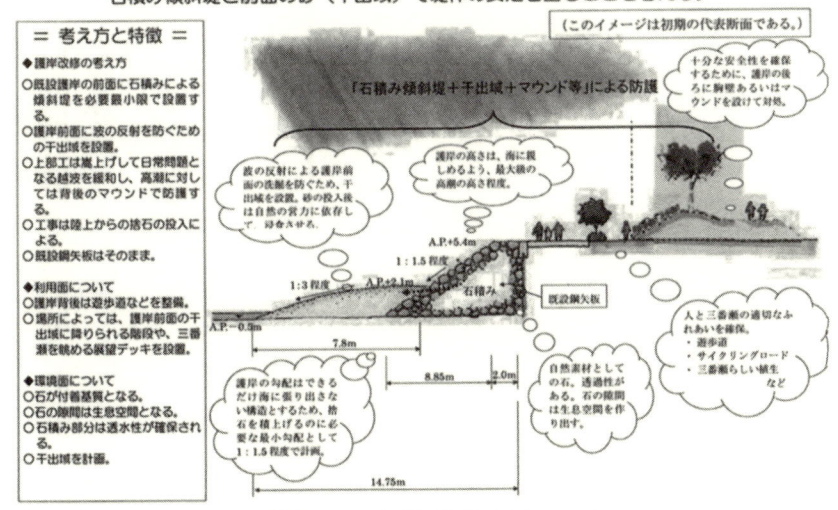

図 7.5 市川市塩浜 2 丁目の護岸イメージ（「再生計画案」p. 112）

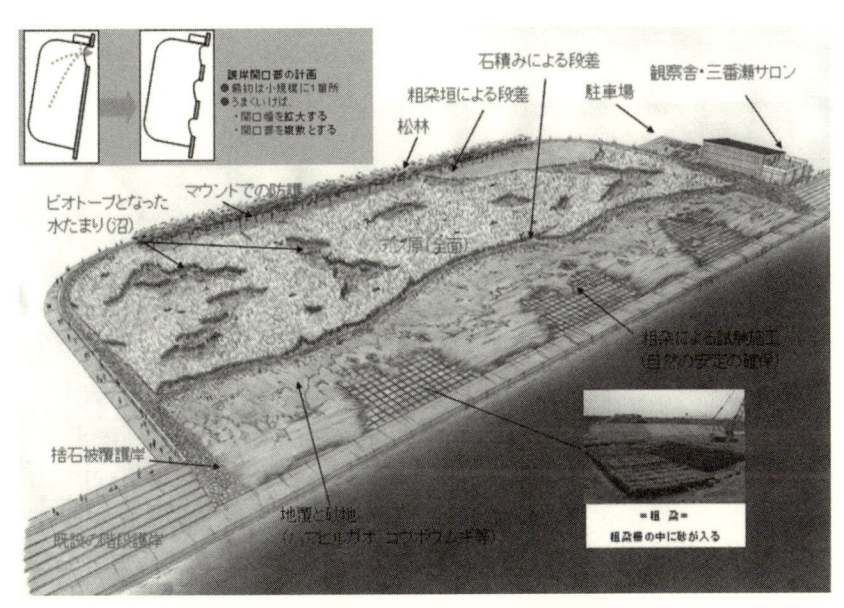

図 7.6 浦安市日の出地区での自然再生のイメージ（「再生計画案」p. 105）

202　第7章 海辺とかかわるための仕組

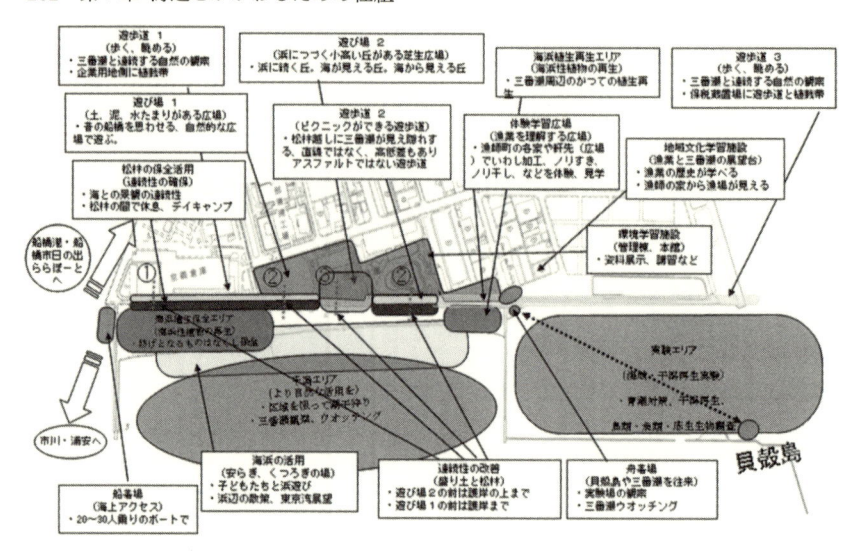

図 7.7 船橋海浜公園・港湾ゾーンのゾーニング（「再生計画案」p. 113）

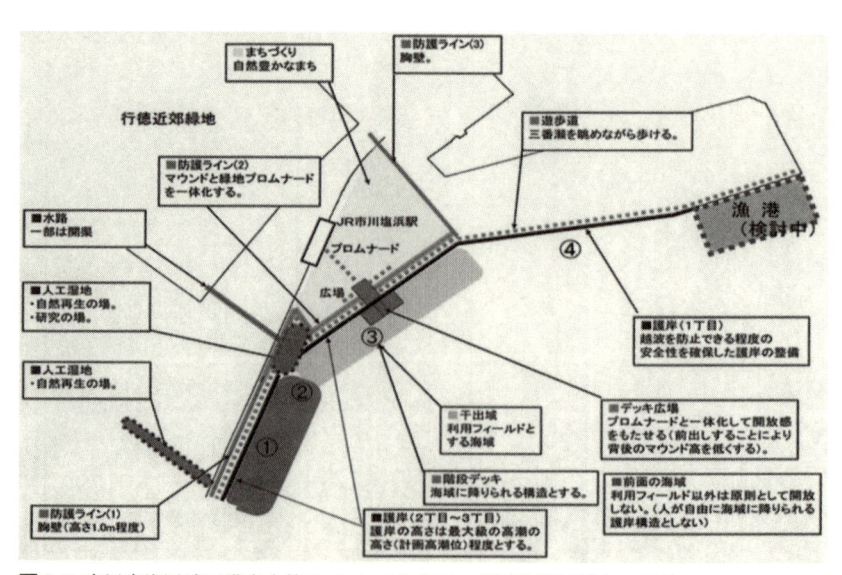

図 7.8 市川市塩浜地区護岸全体のイメージプラン（「再生計画案」p. 108）

⑥ふなばし三番瀬海浜公園周辺の海と陸との自然的連続性の確保（図7.7）

⑦江戸川から小河川や水路を通じた三番瀬への淡水導入

とくに，自然再生のスポットとして，市川塩浜2丁目にある市川市所有地，浦安日の出地区，ふなばし三番瀬海浜公園の3カ所を明示し，具体的なイメージを示したことが，再生計画の特徴といえる．なお，市川塩浜全体のイメージプランは図7.8のとおりである．

また，市民参加のもとにこれらを進めていくための制度的枠組みとして，「千葉県三番瀬等の再生，保全及び利用に関する条例要綱素案」も再生計画案に盛り込まれた．この三番瀬条例案では，まず，再生計画案にもとづき，①生物多様性の確保，②海と陸との自然環境の連続性の確保，③環境の持続性及び回復力の確保，④漁場の生産力の確保，⑤県民と自然とのふれあい及び心の和む景観の確保，の5つの事項を到達点として掲げている．そして，条例にもとづき円卓会議を設置して「再生保全利用計画」をつくること，再生保全利用計画に適合しない埋立は行わないこと，生物多様性を確保するための規制を設けることなどを定めている．

(6) 円卓会議の評価

評価されるべき事項

円卓会議は，輻輳する課題について，試行錯誤を繰り返しつつ，全面公開のもとで議論を行い，具体的な政策の方向性を打ち出すことができた．円卓会議はまずこの点で，評価されるべきだろう．会議の進め方としては，つぎの点がとくに評価の対象となろう．

第一に，会議の透明性である．各会議はすべて体育館程度の広さの会場で行われ，だれでも傍聴できた．また，会議資料，議事録はすべてインターネットで公開されている．

第二に，傍聴者参加型の議事運営である．傍聴者にも委員と同じ資料を配付し，毎回，会場から意見を求める時間を必ず確保した．傍聴者の意見も議事録に掲載し，会議の議論のとりまとめに際して委員の意見と同様に扱った．

第三に，事務局への公募市民の参加である．県の嘱託職員として，2名の公募市民が事務局に参加した．

反省すべき事項

ただし，つぎの事項は，反省すべきと考える．

第一に，会議の進行方法について最初に確認するべきであった．どのような手順で議論を進めるのかについて委員に共通認識が生まれていなかったため，疑心暗鬼になる委員，なかなか議論が進まないとの苦情を述べる委員などがおり，その発言によって議論が長引くという悪循環に陥った．

ようやく半年たって，会議での発言をすべて議事録に残し，議事録を整理するかたちで，再生計画の原案づくりを行っていくという手法や，出された意見をもとに複数の案を作成し，公開の場でその優劣を比較していくという手法が多くの委員に理解されるようになったが，事前の準備次第では，混乱期間をかなり短縮できたのではないか．

この点に関連して，県事務局は，当初から会議の運営方法についていっさい委員にお任せするという態度をとっていた．しかし，会議を招集した立場として，この態度は無責任であった．議論を行うにあたって委員が当然知っておかなければならない情報を提供すること，建設的な議論を行うための議事進行のイメージを最初に提示すること，委員相互が相互に信頼関係を築けるような場をセットすることなど，県は積極的に動くべきであった．

第二に，中立的な進行役として，ファシリテーターを導入する必要があった．護岸・陸域小委員会と海域小委員会では，公募委員，環境NGO委員，地元代表委員がコーディネーターを務めたが，回数を重ねるごとに落ち着いた議事運営が行われるようになっていったものの，最初は混乱がみられる場面もあった．議事運営にあたる間，自分の意見が述べられないという弊害もあった．

第三に，すべてのステイクホルダーが円卓会議に参加するかたちになっていなかったことである．とくに，地権者が委員として参加していなかった．産業界委員も1名のみである．このため，護岸・陸域小委員会の各市別ワーキンググループに，地権者を招いて，その段階で意見を聞きつつ議論を進める方式をとらざるをえなかった．

第四に，小委員会の性格や役割分担について十分共通認識をつくらないまま，小委員会を設置した．その結果，護岸・陸域小委員会と海域小委員会の討議方針と進度が異なることとなったうえ，護岸のイメージなどについては，

双方の小委員会で似たような議論を重複して行う場面も現れた．

　なお，小委員会でさらに委員を公募することとしたため，小委員会しか参加していない委員が存在することとなった．これにより，ますます全体像がみわたしにくくなった．

　第五に，開催頻度が多く，委員にかなりの負担を強いることとなった．とくに，2003年に入って，各小委員会に設けられたワーキンググループで実質的な討議が行われるようになると，週に3-4回も関連の会議が開催され，委員の負担が格段に増大した．組織体制を簡素化すれば，開催頻度はもっと少なくてすんだはずである．

　第六に，専門家委員の間で，科学的合理性を求める立場の委員と社会的合理性を求める立場の委員がおり，これらの委員間で考え方にずれがみられた．この意見のずれは，海域小委員会と，護岸・陸域小委員会の議論の方針のちがいになって現れることとなった．護岸・陸域小委員会では，関係者の意見を確認しながら合意点をさぐるという方針が採用された．海域小委員会では，科学的な調査を行って，それにもとづく議論が必要だという方針が採用されたのである．

　第七に，公開の場で議論するデメリットとして，出身母体の利害関係を優先して，必要以上に防御的な発言を行う委員がいた．出身母体の意見のみ繰り返す利害関係者委員の存在は，柔軟で合理的な議論の進行を妨げることとなった．

　＊円卓会議終了後の県の対応が鈍いことも大きな課題である．円卓会議が終了した後，速やかに条例案を議会に上程して，条例にもとづく新しい円卓会議を設けてほしいというのが委員の願いであった．しかし，そのような動きが認められないまま，少なくとも半年が経過しようとしている（2004.7.22）．

(7) 傍聴者参加の意味――アンケート結果から

　円卓会議方式の特徴のひとつである傍聴者の参加について評価するため，円卓会議の傍聴者集団と，一般市民から無作為に抽出した集団に対して，アンケート調査を実施した．

　傍聴者アンケートは，2002年11月24日に開催された第7回円卓会議の

傍聴者約100名に対して行われた．36名から回収した．一方，市民アンケートは，2003年2月から3月にかけて，電話帳無作為抽出によって選ばれた市川市，浦安市，船橋市の一般家庭各1000軒に対して行われた．606の回答（浦安183，市川182，船橋211）があり，回収率は20.5%（転居による未達分除く）であった．

アンケート結果から，とくに以下の事項が明らかとなった．

第一に，傍聴者は一般市民よりも三番瀬の現場をよく知る者であることがわかった．両アンケートとも，三番瀬の各地点8カ所を示し，行ったことがあるかどうかを聞いた．その結果，傍聴者は，市川塩浜の埋立地先端部分の地点を除けば，7割近くの回答者が行ったことがあると回答した．一方，市民は，4割以上の回答者が行ったことがあると回答した地点は，船橋海浜公園のみであった（図7.9）．

第二に，傍聴者の固定化傾向がみられた．一人あたりの円卓会議（関連会議含む）の傍聴回数は13.7回となっており，第7回円卓会議に初めて参加した傍聴者は3名にすぎなかった．

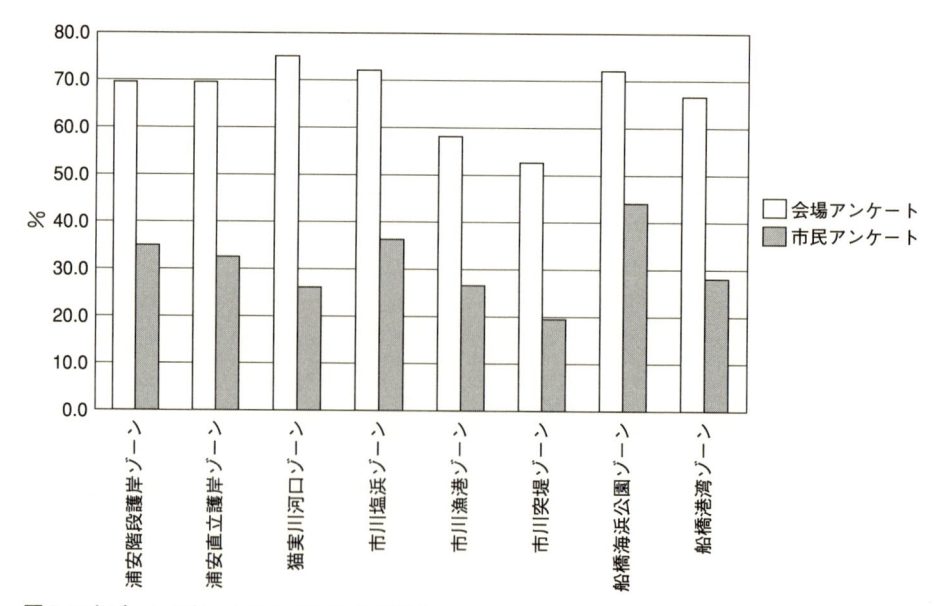

図7.9 各ゾーンに行ったことのある人の割合

表 7.2 三番瀬円卓会議に関連する情報の入手先

会場アンケート (10%以上の回答のあった選択肢)		市民アンケート (10名 (1.65%) 以上の回答があった選択肢)	
① 円卓会議への参加	24 (66.7%)	① 新聞	317 (52.3%)
② 県のホームページ	19 (52.8%)	② 県の公報	163 (26.9%)
③ 新聞	15 (41.7%)	③ 市川市の公報	117 (19.3%)
④ 県の公報	12 (33.3%)	④ 船橋市の公報	90 (14.8%)
⑤ NGO のホームページ	7 (19.4%)	⑤ 浦安市の公報	89 (14.7%)
⑤ NGO の会合への参加	7 (19.4%)	⑥ テレビ（地域限定放送含む）	78 (12.9%)
⑤ 友人・知人	7 (19.4%)	⑦ 地域的ミニコミ誌	42 (6.9%)
⑧ NGO の機関誌	4 (11.1%)	⑧ 友人・知人	25 (4.1%)
⑧ メーリングリスト	4 (11.1%)	（参考）県のホームページ	7 (1.2%)

　第三に，傍聴者はホームページで提供された情報を活用しているが，一般市民はそうではないことがわかった．三番瀬円卓会議に関する情報源（複数回答）として，県のホームページをあげた人は，傍聴者では円卓会議への参加に次ぐ高さ（52.8%）であったが，一般市民では，1.2%（7名）にすぎなかった．一般市民は，おもに，新聞（52.3%），県の公報（26.9%）などから情報を得ていることがわかった（表 7.2）．

　第四に，傍聴者の意見と一般市民の意見はおおむね共通する傾向もみられるものの，論点によっては考え方が異なるものがみうけられることがわかった（図 7.10）．傍聴者，一般市民ともに，「三番瀬の埋立は行うべきではない」（賛同率：傍聴者 63.9%，一般市民 53.3%）という意見，「市民がいま以上に三番瀬にふれあえるようにするべきである」（同：傍聴者 58.3%，一般市民 54.5%）という意見に賛同する人が多く，賛同率上位の 1 位と 2 位を占めた．一方，「海域に砂を入れて昔の干潟を取り戻すべき」か「海底のかさ上げをするべきではない」かという項目では，傍聴者には保護側（後者）の賛同者が多く（19.4：44.4），一般市民は手を入れていく側（前者）の賛同者が多かった（32.5：26.1）．

　以上の結果にもとづけば，①傍聴者は，地域固有の知識を豊富に有し関心が高い層からなり，その意味では「地域専門家」集団として積極的な位置づけを与えるべきであること，②傍聴者の考え方が一般市民の考え方をすべて代表するとはいえず，一般市民の考え方を把握するための努力を別途行う必要があること，③一般市民はホームページの情報をほとんどみていないので，

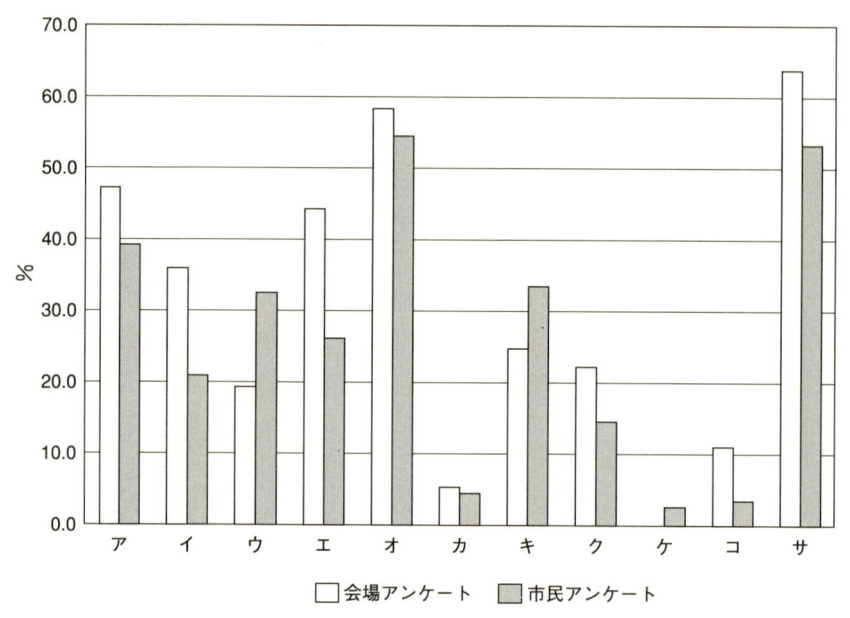

図7.10 各意見に賛同できると答えた人の割合
ア：埋立地は，可能なかぎり，海に戻していくべき，イ：埋立地は，海に戻さずに活用していくべき，ウ：地盤沈下した海域に砂を入れ，昔の干潟を取り戻していくべき，エ：現状の生態系に影響が大きいので，海底のかさ上げをするべきではない，オ：市民がいま以上に三番瀬にふれあえるようにするべき，カ：市民がいま以上に三番瀬にふれあえるようにするべきではない，キ：三番瀬が自然とふれあう観光の拠点となるようにするべき，ク：三番瀬が自然とふれあう観光の拠点となるようにするべきではない，ケ：三番瀬は，浦安地先と同じように全面的に埋め立てるべき，コ：三番瀬の猫実川（浦安市と市川市の境を流れる川）の河口部分は，埋め立てるべき，サ：三番瀬の埋立は行うべきではない．

新聞・テレビなどのマスコミの役割が大きいこと，ケーブルテレビ中継を行うことや県や市の広報を活用する必要があること，などの提言が導かれる．

7.4 市民参加の手法としての「円卓会議」

三番瀬円卓会議の教訓をふまえ，市民参加手法としての「円卓会議」のあり方を提言したい．

(1) 円卓会議のねらいと委員の役割

　円卓会議は政策形成のための手段であり，専門家から科学的な助言を受けつつ，錯綜する利害関係者の意見を整理し，問題解決に向けた施策立案の方向性を打ち出そうとするものである．

　円卓会議は，ファシリテーター，公募市民委員，利害関係者委員，専門家委員から構成されるべきである．ファシリテーターは，会議の進行役として，中立的な立場で，会議を進行させる．公募市民委員は，利害関係者委員の主張や，専門家委員からの情報をふまえて，解決の方向性について意見を述べあう．利害関係者委員は，問題について直接的な利害を有する立場から，必要な主張を行う．専門家委員は，問題について科学的な知見を有する立場から，必要な情報提供を行う．

　このとき，とくに，利害関係者の役割と一般市民委員の役割とを区別することが重要であろう．三番瀬円卓会議では，漁業関係委員が，出身母体に気兼ねして防衛的な発言に終始することとなった．利害関係委員から自由な意見が出やすくするために，利害関係委員は自らの主張を述べる役割をになっており，円卓会議の合意に必ずしも拘束されるものではないというルールをつくっておくことも必要ではないか．

(2) 準備段階でなすべきこと

　準備段階では，準備委員会において，つぎの事項を決定する必要がある．なお，準備委員会は，行政とファシリテーター，解決すべき課題に関連する専門家からなり，公開で実施されるべきである．

　第一に，解決すべき課題とスケジュールの同定である．なにをいつまでに解決するために開催するのかが事前に明確にされる必要がある．

　第二に，委員の範囲とその選出方法である．その際，課題に照らして主要な利害関係者が網羅されるように留意しなければならない．また，一般市民からの委員公募も必要である．そのための公募の方法と選考基準が準備委員会で定められなければならない．なお，利害関係者の具体的な人選については，関係者内の調整に委ねてもかまわないであろう．

　第三に，参加者が課題を理解できるように関係資料を整える必要がある．

円卓会議のねらい，委員の役割，期待されるスケジュールと成果物イメージ，基礎的なデータ集などを整える必要がある．また，関係資料は，委員に前もって送付して，目を通してもらうことが必要である．

(3) 実施段階でなすべきこと

実施段階では，つぎのようなプロセスで議論を進めることが求められよう．

第一に，会議の目的と目標，各委員の役割を認識することである．委員には初めて選ばれる人がほとんどであると考えられるため，なぜ，なにのために会議を開催するのか，委員の役割はなにかといった事項について，まず納得することが必要である．なお，議論すべき課題の範囲を追加することや，課題に対応した関係者や専門家を補充する必要があれば，この段階で処理する必要があろう．

第二に，利害関係者，専門家委員から意見を聞き，情報提供を受けつつ，公募市民委員も意見を述べていくことである．ほかの人の意見をふまえた意見を出しやすくすることなどから，前回の意見を議事録ベースでとりまとめながら，さらに意見を述べていくという方法を採用すべきであろう．また，傍聴者の意見や一般市民の意見を取り入れる工夫も必要である．なお，この段階では，他人の意見をつぶす方向で議論を行うのではなく，他人の意見を理解しつつ，自らの意見を誤解のなきよう明確に主張するという方向で議論が行われるようファシリテーターが配意すべきである．この段階で出された意見について大きな対立点がある場合には，複数の案として対立点が明確になるようにとりまとめることも必要であろう．

第三に，施策の方向性について公募市民委員間の合意形成をはかることである．会議の参加者から出された意見をもとに，委員の間，少なくとも公募市民の間で合意できる内容をさぐる段階といえる．合意の内容については，ファシリテーターが，会議の席上で確認をとりながら，議論を進める必要があろう．利害関係者，専門家委員は，必要に応じて，補足的に意見を述べていくことが必要であろう．

(4) 海辺の市民参加と円卓会議方式

以上のような円卓会議方式は，利害関係者や専門家委員も同じテーブルに

ついて意見を述べあいながら議論を進めていく点で，コンセンサス会議とは異なる．この手法は，複雑で，広範な論点があり，意見が対立している課題に適用することが望ましい．三番瀬再生という課題は，まちづくりや防災，自然とのふれあいといった陸側のニーズと，海と陸との自然的つながりを取り戻すといった自然側のニーズが対立するうえ，市川，浦安，船橋という地域ごとに課題が異なるという複雑な問題であった．この問題に円卓会議方式を適用したのは，妥当な選択だったのではないか．

倉阪秀史

8 海・まち育てのすすめ
——自然再生の市民参加と都市計画制度

8.1 ある日の海辺

「家から海岸まで裸で走っていって泳いだもんです」
「地引網もやりました」
　千葉駅からそう遠くない市街地の町会の役員の話である．最初は区画整理で立ち退き，つぎに移った先では再開発事業がかかりふたたび移動し，またもとの地の近くに戻ったが，すでに海は遠くになっている．たった一代の間での変化である．
　この70歳ほどの町会役員に再開発の話を聞きにきたのだが，昔の子ども期の話を聞いているとふしぎと眼前にその光景が浮かんできた．この地域の昔を私が知っているわけではない．たぶんに自分の少年期にみた海の風景とオーバーラップしてのことである．筆者も海辺の漁村で育った．暑くなると海パン一枚になり，海にかけていって飛び込んだ．地引網のときは子どもでも引けばバケツ一杯に魚を分けてくれた．それをもって帰ったときに，でかしたぞ，というように家族が待ち受ける．そういう海辺の漁村の生活はどこにも共通点があるのだろう．
　下村兼史監督の「或る日の干潟」（1940）という映画を，神戸震災後の復興の記録映画を撮った青池憲司監督から紹介されて，フィルム所有者の矢島仁氏の協力を得てみる機会を得た．三番瀬問題でゆれる千葉の状況を話している中で紹介され，筆者も属するNPO千葉まちづくりサポートセンター主催のフォーラムとして実施した．その映画の舞台となっている干潟（たとえば図8.1）はいったいどこをロケしたのか，その上映会の後，いろいろ議論が波紋をよんだ．有明海での長期ロケは確かであるが，映画の中で監督はあえて浜辺を特定することを避け，そのころにはどこにでもあるような，しかも特定の日でもなく，（ある所の）「ある日の干潟」として撮ったのであろう．それだけ映像は一般化した干潟の姿を映し出そうとしていたと考えられる．

図 8.1「或る日の干潟」の1シーン（下村兼史監督，1940；理研科学映画提供）

ナレーションでは，「おおかわ」という川の河口近くとあるのみで具体的地名はない．監督の記録に「有明」とあり，資料が少ない中で確証は得られないが，九州有明海で長期ロケをした事実から有明海説が通説である（たとえば阿部，1994，また理化学研究所の見解も同様）．だが，阿部彰氏自身の映画解説（1988）にも「有明海など」とあり，ほかの地も含まれていることも暗示されている．また，東京湾行徳沖のロケも加えられているという説もある（岡部，1999 など）．

映像は広大なヨシ原と泥干潟の浜辺に潮が引き，干潟の上に出てくるカニ，トビハゼ，ゴカイ，シギ，サギ，チドリなど生物の生態をていねいに撮っている．カニがハサミを交互に泥から口に移して泥の中の餌を食べている風景は，人間の食事風景にもみえてくる．ウインクをする魚といい，生きている表情を克明に映し出している．生物記録映画の走りであり，この映画をみて生物学者を目指したものも少なくない，といわれるほどである．淡々としたつくりの映画は時間の進行とともに潮が満ちてきて，海苔取りの女性たちが列をなして帰るシルエットと風にそよぐヨシ原，そして向こうに打ち寄せる波で終わる．ただそれだけである．ひとつ物語らしさをつくっているのはハヤブサがガンをしとめるくだりである．そのハヤブサが出てくるときにはなぜかプロペラエンジン音が聞こえ，ハヤブサも糸でつながっているという説もあり，その部分だけ演出臭いのはなぜか，あれは要らないのでは，いやせ

いいっぱいの反戦の意識だなどと議論はつきない．

　それはともかく映画に対する共感は，いまは少なくなった干潟の一日の出来事を生きものに焦点をあてて，たんなる干潟でもこれほどにも多様な生活が繰り広げられていることを知らされる点である．そして，映画をみた者は自分もどこかの浜でそのシーンをみたような郷愁にかられる．浜辺でみつけた生きものが動く姿を，時が過ぎるのを忘れるほど虎視した経験をよび起こされる．

　映画はたんに潮が引いてふたたび満ちてくる間を淡々と映し出しているにすぎない．ほんの日中の変化（記録にはかなりの日数を要したであろうが，映画の中での一日）を映している中に，時間の長さを感じさせる．

　たしかに海は時間の象徴かもしれない．打ち寄せる波も時間を刻々と刻む振り子のようでもあり，波が引いては押し寄せ，その度に水面が盛り上がり，砕かれ水しぶきをあげる．その様は波ごとにそれぞれ異なり，みる者を飽きさせない．筆者もボーッと打ち寄せる波をみていてはムシャクシャした気持ちを流してしまうまで，何時間も浜辺に座り込んでいた少年時代を原風景にもつ．

　ついでながら，筆者自身の子ども期の「ある日の海辺」の風景を紹介させていただく．素足で打ち寄せる波間に立ち，ダンスをするように足先で砂をほじる．さーっと，潮が引く澄んだ水の足元の先になにか硬いモノがあたる．ハマグリである．浜辺で仲間と流木を集めては火を炊き，獲った貝や魚を焼いて食べた．しかし，いまはそのハマグリもアサリも獲れなくなった．子ども期には砂の白さが目に焼きついていたが，いま，その浜辺に立つと灰色にみえる．観光のために海岸端の松林を削り，アスファルトの道路がつくられてからの変化である．水もだいぶ濁ってしまった．

　しかし，最近，ウミガメの産卵がふたたびみられるようになったという．一時，少なくなったが，海岸パトロールなど，地元での注意や監視も徹底してきて，ウミガメが無事育っている．かつては海辺に車を乗り入れて走る者もいたが，そういう者も少なくなった．少しではあるが，壊れた環境も復元してきてはいる．ただし，30年ほどの時間が経過してのことである．一方に，となりの海岸端での別荘開発と海岸への車の乗り入れが進行している．国立公園という制度も地権者の既得権の行使に対して，自然公園法にもとづ

く特別地域の網をかけていても，積極的な調整なり介入がなければ，自然の保全には効果がないことを物語る．このような課題に対して，自然公園法も自然生態系保全に視野を広げて，調整や管理の強化策を組み込み，改正（風景地保護協定制度や，公園管理団体制度などを創設，平成14年公布，15年4月施行）されたように，監視し，育てていくという視点が重要になってきている．

8.2 環境時間とスロースペースとまち育て

　グローバル経済の下での「早いが勝ち」的な競争社会は，勝ち組，負け組といった差の拡大のみならず，時間が生そのものであることからしても，人間の精神に多大な影響を与えている（エンデ，1980；チョムスキー，2001）．スローフードなどのアンチテーゼが起こるのもそんな問題からである（島村，2000；辻，2001）．また，環境汚染の問題において，自然の浄化作用には一定の時間が必要であって，許容量以上のスピードで汚染されることが問題であり，環境時間という考え方も提起されている（ソーラーシステム研究グループ，1994）．ここでは，そのような時間の観念から都市の空間をみる「スロースペース」という概念を使い（Bell and Leong, 1998；木下，2002），湾岸の海育てのために，大規模産業施設跡地の自然再生と市民のかかわり，および計画制度のあり方を論じる．

　スロースペースは速度と空間が合わさった概念である．その点で時間を空間化して認識することを批判し，時間は遅延そのものであると持続性を提起したベルグソン（1889）に通じる．さかのぼればカント（1787）の「感性の二つの純粋形式であるところの空間（Raum）と時間（Zeit）とが，ア・プリオリな認識の原理」という根本に立ち返る．ハイデガー（1927）はまた「時間性は関心の存在意味」ともいい，その存在の了解（Verstehen）は「存在は，それがなにものかへ向けて企投（Projection）される限りでのみ了解される」という．このような「世界内存在」への認識に向けた現象学的還元は，たとえばスローフードが食を通じて自分と世界との関係の認識の再構築に働くように，時間と自身の存在の意識化に作用する．「時間性というのは根源的に『脱＝自』それ自身なのです」とハイデガー（1927）はいい，

将来，既在（過去），現在という特性づけられた諸現象を，時間性のもろもろの脱自態（エクスターゼ）と名づけた．その脱自態からみとおす地平，脱自態とともに現れる地平（包み込む空間）を脱自場（エクステーマ）という．スロースペースも本質的にはこの脱自場に近いであろう．

一方，西田幾多郎は西洋思想と東洋思想の統合を提起した『善の研究』(1910) にて「経験は時間，空間，個人を知るが故に時間，空間，個人以上である」といい，また，『場所』(1927) において「空間も，時間も，力もすべて思惟の手段と考えられた時，与えられた経験其者の直に於てある客観的場所は超越的意識の野という如きものでなければならぬであろう」と提起した．ハイデガーの「脱自場」と西田の「超越的意識の野」とが類似し，また，同時期に提起されているのは興味深い．ただし，前者が西洋的遠近法の地平の連続性をもつのに対して，後者はいわば幾重にも雲の重なりで，不連続にもつながる東洋的空気遠近法のごとき地平である．西田は知覚，思惟，意志，直観の意識作用の統一のほかに，記憶，想像，感情なども視野に入れる必要性を認識して，包摂判断という根本的な認識の行為を提起した．その後，西田に京都大学に招かれた和辻哲郎はその著『風土』(1935) の中で，「時間と空間との相即不離が歴史と風土との相即不離の根底」とし，その「主体的肉体性」の自己展開を「風土性」ととらえた．

スロースペースはこのように主体に働きかけて意味をもつ現象学的還元の作用があり，簡単に定義づけると「人々がゆったりとした時の流れを感じ，環境にかかわる（前主観的な）主体性が契機される（ドラマトゥルギー的）空間」といえる．

さて，時間と空間の現象学的還元から都市計画概念を提起したものでは，ケビン・リンチの『時間の中の都市』(1974) が想起される．その中でリンチは「内部の時間」というキー概念を用いている．『都市のイメージ』(1968) で人の経験や愛着といった内面の空間を解き明かしたリンチは，また内面の時間をも視野に入れていた．さらに，遺作となった『廃棄の文化史』(1994) は，今日の環境問題とも絡み合う「モノの時間性」を問い直す．これは前述の環境時間ともあい通ずる指摘である．

「モノの時間性」は維持管理や処理の過程でもあり，またつくりだす過程でもあり，その過程にかかわる人間の意識に働く．「スローなまちづくり」

と2002年に朝日新聞の連載記事で紹介されたまちづくりは，住民参加によるモノの時間性に即したものであり，修復型のまちづくりに対していわれる．たとえば，都市部では神戸市の真野地区や世田谷区の太子堂2，3丁目地区，墨田区の一寺言問地区などであり，また，地方においては自分たちで労力や機材を提供して建設作業を行い，一般の公共事業より安く道路や公園が整備され，事後の管理も自分たちで行っているような例である．

　圧倒的大多数の人たちが身近な環境づくりへ関心をもたないという現実の中で，いかに人々の関心を集め，参加を促すかという，その前段階の参加の仕掛のソフトプログラムや，環境学習の活動なども積み重ねてやっと住民が主体的に取り組むようになるには，やはり相当のプロセスの時間が必要である．しかし，その点の評価はされず，これまで成果主義，効率優先の価値観から，遅々として歩みの遅い住民参加のまちづくりに対して強い批判も寄せられていた．そこに肯定的な意味で「スローなまちづくり」という言葉が使われるようになったのは，たいへん頼もしいことである．

　延藤安弘氏が「まちづくり」ではなく「まち育て」という概念を提起しているのもそのような観点からである（延藤，2001）．彼はこの概念を着想した根拠のひとつにロバータ・B・グラッツの著作をあげている．『都市再生』（グラッツ，1993）は，アメリカ大都市の改善運動にCDC（Community Development Corporation）はじめ各種NPO活動，市民の積極的な参与によって荒れた市街地が再生されていく実態がいきいきと描かれた著作である．また，"Cities"（Gratz and Mintz, 1998）の中では，プロジェクト・プランニング（project planning）とアーバン・ハズバンドリー（urban husbandry）を対比させている．このアーバン・ハズバンドリーを「まち育て」と延藤は紹介したのだ．

　グラッツによると，プロジェクト・プランニングは専門家によって立案される．そして，それは統計データや客観的従属性にもとづいて提案されているが，地域の諸資源を破壊していく空虚な空間を生み出す傾向が強いと批判する，一方，アーバン・ハズバンドリーは市民による積極的なかかわりから，地域資源を発見し，それに活気を与え，資源の継続をはかり，既存の力を増殖させる方法であるとしている（図8.2）．ハズバンドリーには農業，耕作という意味のほかに節約という意味がある．語源的にはハズバンドがあり，

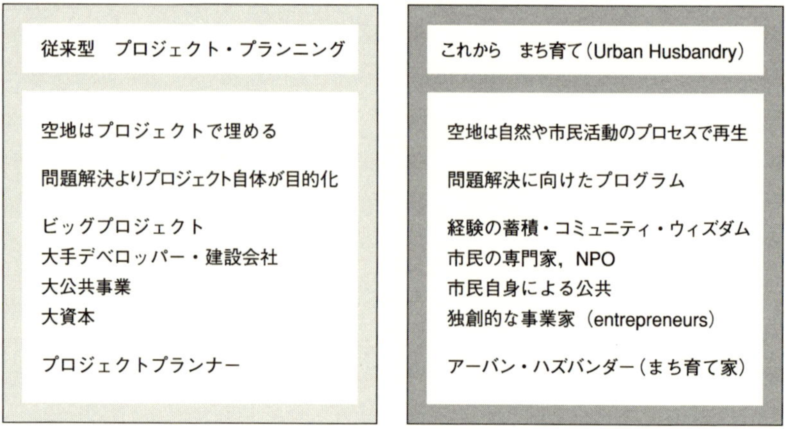

従来型　プロジェクト・プランニング	これから　まち育て（Urban Husbandry）
空地はプロジェクトで埋める	空地は自然や市民活動のプロセスで再生
問題解決よりプロジェクト自体が目的化	問題解決に向けたプログラム
ビッグプロジェクト 大手デベロッパー・建設会社 大公共事業 大資本	経験の蓄積・コミュニティ・ウィズダム 市民の専門家，NPO 市民自身による公共 独創的な事業家（entrepreneurs）
プロジェクトプランナー	アーバン・ハズバンダー（まち育て家）

図 8.2 プロジェクト・プランニング vs まち育て

これは「夫」でもあるが，動詞には「倹約する，節約する，大事に使う」という意味がある．さらなる語源としては，古期北欧語の「家に住む人」の意味がある（研究社『新英和中辞典』より）．「家に住む」「倹約」「夫」「農業」という意味の連鎖は興味深い．つまり，ハズバンドリーとはその土地の資源を使い，耕して暮す循環（倹約）型の生活であり，いまの言葉でいえばサステイナブルな営みということになろう．

　グラッツは政治・経済的な判断から専門家が立案する計画をプロジェクト・プランニングと対置させたが，まだしも米国のそれらの事例はプランニングに乗っているかもしれない．しかし，わが国の多くの都市開発は「プロジェクトであり，プランニングになっていない」．この批判は，日本の事情にくわしいスイスのプランナーが日本の都市開発の現場をみてつぶやいた言葉である（Schwarzenbach, 1998）．彼の言によれば，たとえ全体の青写真があっても，プロジェクトサイトの周辺との関係が断絶されている，なぜこの地区にこのプロジェクトなのかという周辺との関係による文脈が読み取れないという批判である．地域の生活や文化との文脈もあろう．また，ヨーロッパで大切にされる，歴史性という時間からの文脈でもある．関係を断絶させるのはプロジェクトであり，プランニングではないというのが彼の論理の背景に読み取れる．本来ならプランニングとは関係性を構築するものであるということである．現在の制度上の都市計画にその機能がないのなら，グラ

ッツ流に「アーバン・ハズバンドリー」，もしくは延藤流に「まち育て」という言葉を用いて展開していくしかない．

東京湾の海岸部の埋立も都市開発のプロジェクトのためであり，また海が汚れる原因となった河川流域の開発もプロジェクトによるものである．海を自然に再生するには，とても拙速なプロジェクトで対処しえるものではない．自然の浄化能力には一定の時間がかかるという環境時間の点から，再生にはプロジェクトの時間の数十倍または数百倍もの時間が必要であろう．海の再生にはその原因となる，海に接する陸地のまちづくり，河川流域のまちづくりのあり方も変えて，まち育てをしながら海育てをしていく長期的な営みが必要であり，その位相の間にはスロースペースを楽しみ，育む営みが求められてくるだろう．

8.3 海外の産業施設跡地の自然再生の事例からのまち育ての視点

環境問題に対する取り組みは欧州がリードしているのは既知のことである．産業施設の跡地において，自然再生をはかっている事例を事前に収集して，オランダ，ドイツ，スイスおよび英国への現地調査を実施した（2001.7.27-8.9）．どこにでも共通してみられたのは時間のプロセスを計画に組み込んでいる点である．明らかにアーバン・ハズバンドリー（まち育て），海育ての視点がある．それらを以下に紹介する．

（1）オランダの現代干拓事情と産業施設跡地の自然再生――柔術的（自然の力を利用する）海洋土木の先端，ガス工場跡地の自然再生へと育てる再開発

「神は人をつくった，オランダ人は国土をつくった」というように，オランダは世界に名だたる国土を拓いてきた国だが，その干拓の現在の技術は自然の力を活用した自然再生型とでもいうものである．その技術において世界的に活躍するヴァーテルマン（Ronald E. Waterman）博士にインタビューを行ったときに，彼は「柔術」の心だとわれわれに説いた．

彼は日本に何度も招待されて講演を行っている著名な海洋土木学者であるが，州の議員でもある．過去，オランダの干拓における近代化に貢献してき

た人物であるが，人工的に開発してきて，最後に行き着いたところが，人工の力を最小限にして自然の力を生かす「柔術」的な極意であるという．いっしょに昼食に行ったときに，彼はわれわれの目の前で紙ナプキンをちぎり，上から落としてくるくるまわりながら落ちていく様をみせて，それが一定のまわり方をすることを示した．そのように自然の動きを観察すると自然の力を読むことができ，どのようにしたらそれを活かすことができるかがわかってくるという．彼がそのようにしてつくった最近の海岸の干拓事業は，人工的な干拓地の湾岸において自然に砂洲ができる風や潮の流れを読み，防波堤を突き出し，自然の再生と背後の開発を共存させようという考え方にもとづいている（図 8.3）．

ヴァーテルマン博士の話の後に，ロッテルダム市の河口に位置するユーロ・ミューズとハーグ市の海岸部スヘーヴェニンゲン・フーク・ファン・ホラントの干拓事業地を見学した．実際に現地でみると，どちらも広大なラフな空間に圧倒され，まだ工事中のような未完成の姿のようにも映る．もちろん埋立や堤防など基盤の工事は終了し，また，砂洲や野鳥の楽園の湿地帯は

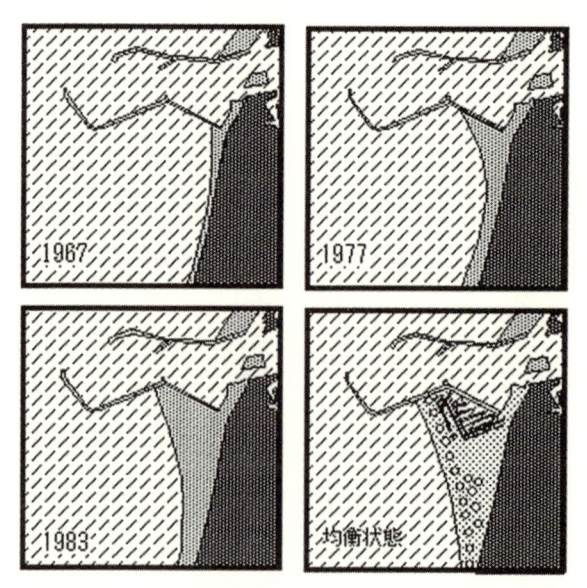

図 8.3 ヴァーテルマン博士による自然の力を利用した開発と自然再生

姿を現していた．が，まだ内側の水辺の池ができていないなどと，図で示された最終の姿を思い描いていたわれわれには若干，戸惑いもあった．現実のスケールの大きさからもラフな空間，いわば空地が広がるような粗っぽさも，イメージとギャップがあったのかもしれない．しかし，これは見学する側の都合からの勝手な思いであって，完成された姿はないのかもしれない．現在のわれわれは，時間の推移とともに形態も推移していくその過程の長いダイナミズムの中の一点の静止点をみているにすぎない．この時間と空間のスケールこそ，自然再生への育みの過程としての実在そのものであり，ヴァーテルマン博士のいうように自然の力に任せている柔術的対応であり，それがスロースペースなのであるということがわかってきたのである．

ユーロ・ミューズでは，埋立地の突端の脇に注ぐ河川の河口付近には川が運ぶ土砂と海流の流れによって干潟が形成され，野鳥の保護区となっている（図8.4）．この干潟は，計画過程において自然保護団体から抗議があり，その協議のプロセスで生まれてきたという．計画の段階における協議にも時間をかけ，そして整備と管理運営にもそれら自然保護団体のかかわりがある．さまざまな水鳥が集まり，休んでいるその干潟には人間が立ち入ることができず，遠目にみるだけであるが，背後にこのような育みのプロセスにかかわる人為がある．一方の側に海水浴場や，干潟の河口を上る地帯に自転車道や水路のカヌー遊びができる緑地網のレクリエーションエリアがつながる．このような関係づけのプランニングがあって，初めて再生された自然も活かされてくる（オランダでは自然の生態系のネットワーク形成の国土全体のマスタープランがあり，それに沿って開発の代償として自然再生の行為が課せられる）．

オランダでの大規模産業施設跡地の自然再生の例では，ユトレヒトでのガス工場の跡地を公園と環境教育センターに整備したグリフティパーク（Grifti Park）が早い時期のものである．1964年にガス工場の廃業とともに市が土地を保有し，そのまま放置していたが，1978年に公園計画が立てられて，翌年から工事に入った．しかしながら，1981年に初めて土壌汚染の問題の実態が明らかになり，大きな社会問題となった．結果は地中に大きな遮蔽壁を築き，汚染地下水の周辺への流出を防ぐとともに，また，内部の土壌改良を時間をかけて行った．工事途中で土壌汚染の問題が発覚し，そのつ

けを背負わされた市にとっては，結果として高い買い物となってしまったわけである．土壌汚染が発覚してから抗議運動が周辺住民から引き起こされたが，時間をかけたていねいな市民参加による構想づくりやコミュニティガーデンづくりが行われ，問題解決に創造的に取り組む気運が生まれ，最終的に水を強調した公園と環境教育センターのデザインがコンペによって採用されて，現在のかたちに整備された（図8.5）．

同じくガス工場の跡地であるが，ユトレヒトより後発的に跡地利用と土壌の汚染が問題になったのはアムステルダムの西ガス工場（Wester Gas Fabrik）である．ここでは時間をかけた産業施設跡地の自然再生と開発が，ソフトのプログラムを組み込んだかたちで行われている．そのプログラムとは工場にあった施設をすべて取り壊すのではなく，レンガづくりの建物をホール，劇場，レストラン，アーティスト工房などへと，暫定利用でも跡地利用の空白を埋めるために低料金で若者やアーティストに貸し出し，若者文化の情報発信地としているものである（図8.6）．それがまた，この跡地の計画のPRにもなっている．この建物の中には，オランダ人建築家イサーク・ゴスシャルクが19世紀末のルネッサンス風の新古典主義との折衷様式で設計した建物があり，それは記念建造物条例によって保全されることになっているが，このような活動によって建物がより活かされるかたちとなった．

この跡地利用のプロジェクトチームが発足したのは1992年であり，まず最初に財政，芸術，住民参加の専門家たちの会議が開かれた．跡地利用の構想には新聞を通じて市民からもアイデアを募集し，教育センターや大規模店舗など300ものアイデアが寄せられた．それらの検討から建物を文化施設として活用する方針を示し，指名コンペ（設計競技）にかけて，その最終選考にはプロジェクトチームの関係者のみならず，市民委員会からも審査員が出て選考にあたった（結果，キャサリン・グスタフソンの案が選ばれた）．

オランダの土壌汚染に対する法律では，住居地では汚染土壌はすべて取り除かなくてはならないが，公園の場合には人にふれられなければよいことになっている．敷地での雨水の表面排水も地下に埋設した配管で1カ所の池に集められ，外にそのまま出ないように周囲は鉄板の仕切で区切られている．集められた水は浄化され，ポンプアップで外の水路に排水している．この排出される水よりも外の水路のほうが実際は汚いというほどである．

8.3 海外の産業施設跡地の自然再生の事例からのまち育ての視点　223

図 8.4 時間をかけた干拓と自然再生——ユーロ・ミューズ

図 8.5 グリフティパーク運河

図 8.6 跡地の計画段階でも，使える建物や空間はアートや若者文化の情報発信地として開放

このように汚染された土を抱えながら，徐々に浄化していく仕組がここではとられており，長い年月をかけて処理していく態度は，建物の再利用の人間の活動も含めて，時間をかけたまち育てともいえる．

(2) ドイツの産業施設跡地の整備にみる自然再生へのまち育て――エムシャーパーク，旧東ドイツの産業施設跡地ゴイチェ（Goitze），フェロポリス（Ferropolice）

ドイツの広大なルール工業地域の17市町村，エムシャー川流域約800 km²にまたがる地域の産業施設跡地の再生は国際都市博覧会（IBA）を10年間開催し，エムシャーパークと名づけられた環境をテーマにした地域再生のイメージを世界に情報発信した点で注目された（Kommunal Verband Ruhrgebiet, 1996；Topos 26, 1999）．1999年にIBAが終了するまで，10年間に投資総額50億マルクにのぼる100以上のプロジェクトが進行した．これだけの規模のプロジェクトが行政と民間企業，市民組織，そして自治体どうしのさまざまな協働の作業によって実施されたのは，他に類をみないものである．この都市博の目標を定めた1988年の覚書Iには，「未来を考慮したワークショップ」と記述されている．この環境と文化の新しい世紀への指向性，目標像が葛藤多く困難な協働作業をまとめる求心として働いたのである．近代化の推進力となったルール工業地帯の重工業を中心とする産業施設，鉱工業用地など敷地の再利用は，全体をエムシャーパークという公園のイメージでくくる，いわばブラウンからグリーンへの方向転換である．なかでもデュイスブルグにおいてペーター・ラッツ事務所が国際コンペで勝ち取ったプランは，時間の経過に素直なデザインであり，これも自然の力を読み，活かした柔術的な対応といえる．工場の跡地では，年月の経過とともに自然に樹木が成長し，溶鉱炉などの建築物と樹木の組み合わせを評価する声が地元や自然愛好家から起こっていた．素直にそれらの声にしたがった提案ともいえる（図8.7）．

このプランでは，産業施設の跡地が放置され，自然に遷移した森を土地利用上の森林とみなし，営林局の管理とした点も興味深い．その森が市民の憩いの森林となるわけであり，跡地をそのままにして，巨大な開発プロジェクトの投資を行うこともなく，自然に森林への遷移を見守る．灌水施設に工場のパイプラインを活用し，またタンクを浄化施設に使うなど，そこにある産

8.3 海外の産業施設跡地の自然再生の事例からのまち育ての視点

業施設で使えるものは使うという姿勢も貫かれている．産業施設の利用では溶鉱炉をシンボルに劇場にも活用し，遊びやレクリエーションにこれら産業施設が一役買っている．ここを訪れる人にはかつてルール工業地帯で働いた人たちもおり，孫にその記憶を伝えるというような産業の歴史の伝承にも使われる．この点も，この跡地の森が時間と存在を人々に意識づけるスローペースとなりうる点である．

この時間との関係においては，ドイツなりの時間と空間，自然と人工に対する観念が反映されているかのようである．産業施設の遺構がそのまま放置され，そこに樹木が茂ってくる，この対比をなぜに人々は評価したのか．今日の環境観の反映であろうが，背後にはカントやハイデッガー，ジンメルなど哲学の思想もあろう．この公園コンペにおいて優れたフランス庭園を提案し，コンペ勝利の有望株であったパリ在住のベルナール・ラシュ案に対して，ミュンヘンのペーター・ラッツ案が選ばれたのも，今日のドイツにおける価値観をうかがうことができる．

ラッツは「工業時代の遺物は，公園をつくる際に最大の障害にならなかった」という (Diedrich, 1999)．土壌汚染に対しても，青酸化合物やヒ素で汚染された土壌は完全に除去され，その他の土壌は焼結（シンター）槽に集められ，上から新しい土をかけて封じ込め，その上に古典様式の庭園をつくった．最大の問題は水系の再建であった．配管計画の資金はエムシャー協同組合が提供し，悪臭のする下水道の改善がなされた．汚水は完全に地下下水管に通し，雨水は工場にあった暗渠や開渠，高架導管を通り，循環して利用され，また地中に浸透してエムシャー川に還流される．きれいになった旧運河や水路は給水路として活用されるようになった．

この広大なエムシャーパークのすべてのプロジェクトを紹介することは，紙面がいくつあっても足りないくらいである．ハウジング，文化施設，エコロジー科学センター，オフィスなどのさまざまなプロジェクトが環境や産業との関連で複合的な意味をもっている．このルール地方で過去20年にわたって広さ100 km² もの工場跡地やくず石廃棄場やゴミ捨て場の埋立による空地が存在し，それらの活用においては，商業公園やテクノパークは16ヵ所500 ha にとどまる．そのほかは自然環境の復元や分断されていた緑地帯のつながりに活かされ，ルール地方では7ヵ所の緑地帯が総計320 km² もの面積

図 8.7 ランドシャフトパーク・デュイスブルグ・エムシャーパーク

図 8.8 リチャード・セラによるランドマークアート

にわたってランドシャフトパーク（景域公園）として整備された．このように，緑地帯に加えて生態系の復元，環境マネージメント，太陽熱発電，環境にやさしい産業の振興など，地域ごとの個性を出しながら，また全体の統一した環境への貢献の役割が含まれている．

　このような産業施設の跡地における自然再生において，産業の遺構と環境とをつなぐ手立てとしてアートが使われる点についても注目される．前述の製鉄場の高炉に照明アートなど随所にアートが取り入れられ，過去の産業の記憶と現在の環境における新しい意味を付与し，人々の関心を高める役割を果たしている．IBA は芸術家，彫刻家と協働で「ランドマークアート」計画を立て，工業時代の跡が残る地域全体の景観を再定義するという，ドイツ初の試みを行ったのである．

　たとえば，ボタ山の上に巨大な鉄板を立てかけたリチャード・セラの作品は，まさに地域全体の景観の再定義に人々を巻き込む魅力あるものである（図 8.8）．高さ 14.5m，幅 4.2m，厚さ 13.5cm，重さ 67 トンもの圧延鋼板

はルール工業地帯の産業のイマージュとして最適な素材である（ただし，これだけの大きさのものを当地で製造することはできず，フランスから運んだという）．鉄板はたんに垂直に立っているのではなく，南に45cm傾き，南北軸にコンパスの針のように立っている．このシンプルなかたちのモニュメントはアーサー・C・クラーク原作，スタンリー・キューブリック監督の映画で知られる「2001年宇宙の旅」におけるモノリスのようだとも形容されている（Weilacher, 1999）．われわれの行為を遠くから絶えずみている証人としてか，はたまた産業施設の跡の墓碑か，訪れる者に過去，未来といった時間の流れを想起させ，文明と人間の現存在を照射して考えさせる効果，つまりハイデッガー流にいえば，世界内存在を気づかせてくれる存在であろうか．それもボタ山の麓から植物が自然に生えてきた自然の生きている力を感じながら，頂上近くには禿げたくず石の山の地肌を踏みしめて近づくアプローチのプロセスがあるからこそでもある．頂上のこの碑を目指して歩きながら，外にみえる景色と自己の内部の風景とが交差しながら一歩一歩のぼっていくという道程が計算されているかのようでもある．

　このようなランドマークアートのプロジェクトは随所にみられ，それらを訪ねてエムシャーパーク全体を回遊するルートのガイドマップも用意されている．テトラ形状のフレームの見晴らし台，パイプのコンポジションの日時計もそれぞれボタ山の上におかれたモニュメントとなっており，溶鉱炉や倉庫などの産業遺跡を照明で浮かび上がらせる光のアート，また周辺の農地を使い，芸術家と造園家と農家が協働した花のカーペットのランドアートなど，多彩な現代アートが花を添えて周囲の環境をより浮かび上がらせている．

　アートはそれ自体が自然再生に働くわけではないが，産業施設の歴史と，未来に向けた環境再生への取り組みに人々を意識化させる効果を有す．アートの効果は，旧東ドイツ側の広大な炭鉱跡地の自然再生においてもみられる．

　旧東ドイツのライプチッヒ周辺の炭鉱跡地の再生プロジェクトは，開発投資規模ではルール工業地帯ほどではないが，自治体間の連携（7町村），開発会社による投資導入と計画調整，専門家やアーティストの導入といった点は共通している要素である．経済的投資が少ない分，より自然の力による推移に任せている点が興味深い．露天掘りの広大な窪地は，採掘を止めたための地下水の上昇による流水を受け止めて巨大な人造湖となり，そこをレクリ

エーションの場に方向転換する構想である．

　その人造湖の際にアートの導入がはかられている．ゴイチェ（Goitze）という炭鉱跡地では，人造湖にせり出した桟橋と塔のデザインが建築家クリスト（Wolfgang Christ）と土木工学技術者ボリンガー（Klaus Bollinger）の協働によってつくられ，技術の粋を凝らしたかたちの桟橋と塔として話題をまいている．この露天掘りの採掘跡の巨大な窪地を水で埋めるにも十数年はかかる．その水位が増していく変化にこの桟橋の先の塔は対応しており，訪れる者にその水位の変化をアピールする意図もこの作品には込められている．つまり，この桟橋にくる人はこの人造湖が露天掘り跡であり，いま水を引き込みながら水辺のレクリエーション地区に変わろうとしている変化を感じ取ることができるようになっているのである（図8.9）．

　一方，その北に位置する北ゴルパの採掘跡地においては，フェロポリス（Ferropolis，鉄の都市）というプロジェクトがなされた．同様に採掘跡の窪地を人造湖として，その湖に接した場所に屋外劇場の広場を設けてその四方に巨大な掘削機が4台ほどおかれている．そのグロテスクな掘削機はたんに屋外劇場を照らす装置ではなく，それぞれが個性的なかたちをしており，当地で長年働いてきた存在感を劇場の舞台以上に示す．炭鉱の歴史を証言するかのような刻み込まれた時間の表象でもある．掘削機はそれぞれメデューサ，マッド・マックス，ビッグ・ホィール，ジェミニと名づけられている．この照明デザインも著名な照明デザイナーがかかわり，ここでロックのコンサートが開かれたり，さまざまなイベントが開かれ，また平日もガイドツアーを行うボランティアスタッフが常駐している（図8.10）．

　フェロポリスのプロジェクトの構想には，デッサウにあるバウハウス財団が重要な役割を果たしている．財団のヴァイスバッハ（Rainer Weisbach）氏によると，フェロポリスのプロジェクトは1993年から始まり，LMBV（露天掘りおよびその跡地の経営を司っている国営組織），州，財団などさまざまな事業体や個人によって出資されて行われ，徐々に炭鉱跡地を自然に再生し，全体を庭園国家のようにするというビジョンを描いて進められている．資金的にも一度に開発を行うこともできず，また広大であるうえに，自然に復元するにも技術的に予測がつかないので，少し手を入れて行い，反応をみながら進めるという，すべて実験の積み重ねという（Bauhaus, 1993）．

図 8.9 ランドマークアートとなっているゴイチェの露天掘り跡の人工湖の桟橋

図 8.10 フェロポリス
鉱業跡地の掘削機がモニュメントであり照明装置となる舞台．案内をボランティアスタッフがになっている．

　バウハウスは20世紀初頭の工業技術とアートとを融合させた，近代化建築や近代工業デザインの潮流を築いた伝統的機関であるが，このような機関が今日の技術とアートの融合を自然の再生に向けている点がたいへん興味深い．露天掘りの鉱業の産業施設の跡地の自然再生の構想は，フェロポリスがまんなかに位置する，デッサウ，ビッターフェルド，ヴィッテンベルグの3都市を結ぶ三角地帯を，インダストリアル・ガルテンライヒ（いわば現代の庭園国家）として再生させていく構想である．この構想のヒントになっているのが，18世紀に誕生したヴェルリッツ庭園国家である．

　ヴェルリッツ庭園国家は当時，このアンハルト-デッサウを治める王レオポルドⅠ世（1676-1747）がエルベ川の氾濫に対する治水対策に取り組み，河川沿いに土手を張りめぐらした集落地帯に，その孫レオポルドⅢ世（Friedrich Franz von Anhalt-Dessau, 1740-1817）が王子のころに旅で知った英国式の風景式庭園を採用してつくった宮殿，教会，ゲストハウス，休憩所などの施設を風景式庭園と集落が取り囲む，いわば庭園小都市というものである（Urbrich and Erfurth, 2000）．ガーデンシティよりも1世紀も前に構想された庭園都市であり，大陸で初めてといわれる英国の風景式庭園，また周辺の農家も風景の要素として考えられている点などが注目される．デッサウのバウハウスが，炭鉱跡地の再生に，このヴェルリッツ庭園国家を発想の源にインダストリアル・ガルテンライヒを構想したことは，納得のいくも

のである．

　フェロポリスでは，採掘跡の巨大なクレーターに川の水を流水させて湖にするというプロセスだけでゴイチェ同様，壮大な時間がかかる．その間の遷移で，周辺に緑の森と自然の生態系の保全エリアとレクリエーションエリアを分けて設けるという構想の実現には，さらに年数がかかるだろう．しかし，ヴェルリッツ庭園国家が300年ほども歴史があり，いまもその形態をとどめていることを考えるならば，それに比べて自然再生にかかる時間はたいした長さにはならないだろう．その歴史的誇りが広大な炭鉱跡地を対象に新たな庭園国家の実現に奮い立たせるのか，歴史との断絶ではなく継続に自然再生の時間のパースペクティブを描いているのだ．現地を視察したときはまだ採掘跡の広大な荒涼とした地肌の風景が気になったものだが，まさにその長大な構想に向けてコツコツと細かい取り組みを重ねる，そういった取り組みの場こそ，スロースペースというものかもしれない．

(3) スイスの都市再開発にみるまち育ての視点——近自然工法による小川再生，都心部のスロースペース的育てる再開発

　スイスでは，土地利用計画は空間計画（Raumplanung, Spatial planning）という計画体系の中で空間，景観の秩序が保たれる（木下ほか，2000）．とくに最近は自然生態系の再生面が重視され，市街化と農業地域の線引き，開発と保全や自然再生の場面で生態的調整が行われている．過去10年間の人口動向をみながら，宅地から農地またはレクリエーション用地への用途地域の変更（ダウンゾーニング）も行われ，また，開発の引き換えに生態系のネットワークの連続性を強化するための自然復元が義務づけられることがある（Baccini and Oswald, 1999）．この点，粗い国土計画の体系と個別法の保全規制の色塗りを合わせただけの県の土地利用基本計画，方針のみで具体的な規制力をもたない都市マスタープランといった計画の行使力の弱いわが国の計画制度と異なる．

　河川流域では接する農地域も含めて100年に一度の大洪水の氾濫域として，宅地化は許されないというように厳しい土地利用の規制が働いている．

　スイスの河川整備では，近自然工法という河川を自然形態に近づける整備が行われている（山脇，2001）．これはわが国の河川整備にも影響を与えて，

8.3 海外の産業施設跡地の自然再生の事例からのまち育ての視点　231

石積みと柳の木の護岸のように曲解されて広まっているが，本来はそのような画一的タイプではなく，地域によって多様な形態があり，自然に近づける考えと技術の工夫を意味する．今日では，さらに都市河川に流れ込む，いわば支流の小河川も範囲に入れた全体を自然再生にしている展開がみられる．たとえば，住宅地の道路の側溝も二段構えで雨水や湧き水など自然水を上部に流して自然型でつくり，その下に下水道の幹線が流れる．水路が数 km，丘陵地の住宅地から市街地中心部へ，散策路と合わせて整備されている．それに沿って郊外から市民農園，遊水地の雑草地，市民動物園，冒険遊び場，幼稚園や小学校などがつながり，市街地ではリマト川沿いにある工場跡地の再開発事業のプロジェクトサイト（Zuerich West）につながっている（図 8.11，図 8.12）．

　この工場跡地の再開発も一度にスクラップ＆ビルドをするのではなく，段階的な整備の長期計画にもとづく（図 8.13）．しかもその長期計画もラフな将来像，マスタープラン程度であり，固定的にとらえず柔軟に対応するように描いてある．民間の活力の参入によって，徐々に具体的なシナリオが描かれてくる仕組である．その民間というとわが国では企業を想定するが，企業のほかに，若いアーティストの集団であったり，学校であったり，住宅建設の組合であったり，多様である．とくに倉庫や工場の使える建物は残し，まだ方針が定まらないなかに，若いアーティストやレストラン経営者などに安い賃料で貸し出す．するとしだいに若者たちの活動によってその場所の新しいイメージが形成されてくる．たとえば，古い造船工場跡の建物は若者たちの演劇活動の劇場であったが，そこに俳優養成学校が進出してきた．また，古い食肉工場の跡の建物にはレストラン，専門学校，さらにその横に新設ビルでシネマコンプレックスが進出するというように，つぎからつぎへと段階的な投資をよびこむというような展開である．

　この再開発のプロジェクトの陣頭指揮をとっているチューリヒ市都市計画局長エバハルド氏は，以前にザンクトガレン市の都市計画局長で，バウビオロギー（建築生物学）の概念を都市計画に展開し，成功をおさめたことで知られる．

　バウビオロギーでは建築材をどこからもってくるか，そこでの資源消失，運搬，そして建築廃棄物などの環境負荷も計算に入れて地球環境への負荷を

232　第8章　海・まち育てのすすめ

図 8.11　スイスの小川計画
丘陵地の住宅地の側溝から市街地を通る開渠の水路と散策路.

図 8.12　工場地域の再開発
道路沿いはオフィス，背後の棟は住居で河川沿い.

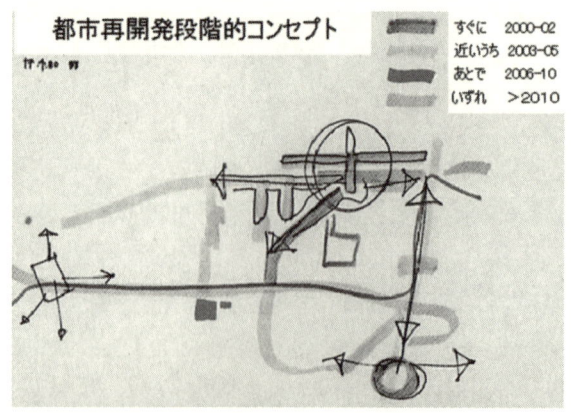

図 8.13　時間をかけて再開発をしていく段階的なシナリオ

数値で表し，経費と環境への負荷のバランスを検討する．ザンクトガレン市ではすべての開発プロジェクトを見直し，いまある建物を壊して新しく建て直すよりも，使えるものならば使ったほうがよいという結果になり，プロジェクトの中止など大胆な変革を実行した．

「まち育て」は，英語のアーバン・ハズバンドリーを語源としていることは先に述べた．そのハズバンドリーが「倹約」という意味をもっていることから，世界に冠たる倹約精神を有すスイスならではのまち育ての考え方といえる．

さて，このチューリヒのリマト川沿いの工場跡地の再開発にあたり，彼は庁内に有志のチームをつくり，構想づくりから後のマネージメントまで一貫した体制を敷いた．構想づくりには，いろいろな都市開発のマスターアーキテクトとしても活躍しているコールハウスら著名建築家を招いたワークショップを開催したが，それはひとつの創造的なアイデアをさぐる実験であり，全体を支配するマスターアーキテクトをおくのではなく，時間によって生成するプログラムが全体をつくっていく考えである．

このチューリヒの再開発にみるように，「プロセスなくして投資なし」とでもいえるべく，空地や空ビルへの市民団体やアーティストのかかわり，そのためのマネージメント体制といった点は，スロースペースの視点の展開へたいへん大きな示唆を与えるものである．チューリヒのみならずドイツ，オランダなどの産業施設跡地は，一見，その荒廃した形状からネガティブにとらえられるが，それをポジティブなスロースペースとしてとらえて，若者，アーティストなどを誘引する．そこでの活動がしだいに情報を発信し，それがつぎの投資を誘引し，市民の関心を集め，新たな意味を付与して，時間をかけてその場所を再生していく．低成長時代の持続可能なまちづくりの方法として，いわばまち育てとしてこのようなアプローチが今後，より重要性を増していくだろう．

8.4 海・まち育ての市民活動

前節で取り上げた海外の事例では，以下の点が特徴としてあげられる．①自然再生のプロジェクトには，時間をかけて自然の回復力をみさだめて人為

を加えていく長いタイムスパンの取り組みであるという点，②多くは市民参加のプロセスがとられ，跡地の空地や空屋となったビルを市民，市民団体に開放することにより，つぎの展開や投資の誘引が行われている点，③市民の巻き込みや情報発信にアートが役割を果たしている点，である．そういう場がスロースペースというものかもしれない．つぎに，わが国の湾岸の産業施設跡地の自然再生に向けてどのような課題があるのか検討する．

(1) 工場跡地の海辺からさかのぼる都市河川の自然再生への市民のかかわり

われわれの研究チームが川鉄蘇我工場埋立地をケーススタディに取り上げたことから，ここではその跡地のある海辺からさかのぼる河川流域の自然再生への市民のかかわりを考察する．

千葉市蘇我の川崎製鉄の最初の埋立地の工場敷地は現在，半分ほどが操業しているが，いずれ新規埋立地側に機能を移すことが予定され，その跡地に都市開発の青写真が描かれている．過去，この千葉の港湾一帯は漁村地帯であり，房総半島南部のような地形条件とはちがって河川のダイナミズムはないが，当時の写真および地図をみても，都川や村田川の河口域から干潟が広がっていた状況がわかる．ここでも埋立と浚渫により干潟は消滅した．いまや東京湾の干潟は，都市域では保全か開発かでゆれている三番瀬や，わずかに形跡を残した谷津干潟のみである．都市域の海岸では，失われた干潟の代償としてレクリエーション用に人工海浜が数カ所でつくられている．葛西臨海公園の場合には，ひとつの防波堤の背後と江戸川の河口域に土砂が運ばれ，砂洲が自然に形成されて野鳥の保護区となっている．

川鉄蘇我工場の埋立地は都川の河口のとなりであるが，河口域の出洲港は千葉の産業を支えてきた歴史的に古い港湾であり，海底深く浚渫されていること，および船の出入りを考えると，この河口域全体を干潟に再生することは無理である．また，埋立以前の蘇我地区は，都川の一本南に流れる村田川によって形成された三角洲にできた漁村であった．都川のみならず村田川も含めた流域で考える必要がある．なお，現状では出洲港をはさんで川鉄工場の埋立地と対面する埋立地には千葉ポートタワーがあり，その足元の千葉ポートパークに小さな人工海浜がある．この人工海浜は，この周辺で市民が水辺に足を踏み入れることのできる唯一の場所となっている（図8.14，図8.

15).しかし,このポートパークのみでは,自然の再生も,また市民のレクリエーションの機能としても弱い.川鉄蘇我工場の跡地の出洲港側には,京葉線の新駅開発とともに住宅開発が構想されている.将来的には,出洲港が産業港湾からマリンレジャー,レクリエーションおよびフィッシャーマンズワーフなど商業や文化的な機能を合わせた港へ転化し,合わせて自然再生のゾーンをも確保していくということもたしかに考えられなくはない.ただし,自然再生の点からみると,湾岸部の開発は川鉄蘇我工場の埋立地のみならず,ポートパークまで含めた一帯で考えないと,自然の復元力を活かしながら開発との折り合いをつけることが可能な規模とならない.また,背後に広がる市街地との関連性を検討することも必要である.河川と海の関連からは都川をさかのぼり,河口から上流までの都川全体の自然度を高めていくことも求められる.

　河川の自然度を高める整備も今日,各地でみられるようになった.スイスの河川整備の近自然工法やドイツの多自然型河川整備の先駆例に習いながらである.河川法の改正によって,環境面が河川の機能に加わってきたことがこの傾向の追い風になっている.都川を自然の河川に戻すには,資源として上流部にまだ谷津の地形ににじみだした水が集まり,農業用水路を通じて都川に注がれているところもある.しかし,宅地開発によって生活雑廃水が流れ込んでいる支川もある.都川の流域の治水や利水および環境問題と無関係に宅地開発が進められてきたところに問題がある.下水道整備も課題であるが,水質浄化に向けた総合的な取り組みが必要である.

　都川は,部分的には自然の小川の形態を残しているところもあり,また,多自然型への整備も部分的には進められている.このような箇所で子どもたちの環境教育の活動を行ったり,河川の清掃を行ったり,都川の自然を守る活動に従事している機関や市民グループの活動がみられる(「千葉環境情報センター」「都川の環境を考える会」「都川と丹後堰公園に親しむ会」「坂月川観察会」など,図8.16参照).

　その市民グループが注視している都川の上流から中流にかかる地点に丹後堰と湿地帯がある.この地のハンノキが湿地に群生する景観は,上流の谷津田地形の奥の湿地にハンノキの群生をみるのと同じように,人類定着以前の自然の原風景をも感じさせるものである.

236　第 8 章　海・まち育てのすすめ

図 8.14　千葉ポートパークの人工海浜

図 8.15　釣りも海の時間任せ（写真：都川と丹後堰公園に親しむ会代表籠谷公輔氏）

図 8.16　市民による谷津田保全のための米づくり
この谷津田は都川と分水嶺を分ける鹿島川上流部（写真：都川と丹後堰公園に親しむ会代表籠谷公輔氏）．

丹後堰ができたのは慶長18年（1613）のことである．当時，干ばつから農民を救うために都川の本流と支流が合流する地点に堰を設け，そこから灌漑用水路を引く工事に，7000人もの人足を動かして整備をなした布施丹後守常長の名にちなみ，丹後堰といわれる．この水路の行き先が寒川の漁村地区であり，この漁村の海岸に現在の川鉄蘇我工場の埋立地ができたのであり，この水路が都川と埋立地を結ぶもうひとつの経路ともなる．

 丹後堰周辺は，丹後堰公園という地区公園としての整備が段階的に進められてきている．その過程において，この地にはオニグルミ，クマヤナギ，タコノアシやツリフネソウなどめずらしい植物があり，その生態系を守る市民活動も生まれてきた．残されたハンノキが群生する湿地帯を含めて地区公園として拡張されるときに，その自然生態系が破壊されるのではないかと心配した市民らは，「市民が考え，市民が楽しめる，市民によって運営される公園にしたい」と「都川と丹後堰公園に親しむ会」を2001年に発足させた．市民グループは連携を組み，丹後堰公園と都川およびその支流にあたる坂月川の清掃活動を毎月のように行っている．このような活動を行いながら，行政の事業に自然保護や自然の再生の観点からの具体的な提案を訴え，また整備後も管理運営にかかわる，いわば海・まち・川育て（以降，これらを「海・まち育て」と略称で表す）の活動を地道に続けている．

 現在，この丹後堰公園の隣接地には県と市が多目的遊水地の整備を進めており，それに合わせて市では広場，テニスコートを有する総合親水公園（計46.5ha）の整備計画を立てている．その計画案にも「いまある湧水や自然を活かし，あまりお金をかけないで整備をしてほしい」と市民グループは要望を出している．市民グループが問題としているのは，オオヨシキリが生息する現状の広大なヨシ原の4割も埋めて草原広場とする事業の計画案が，生物の生息環境を台無しにするという点である．

 整備には地元から地域振興策の要望もあり，必ずしも環境保全の市民グループの声のみで市民の声が代表されるわけではない．整備計画の行政側の説明には，「市民の多様な価値観の実現を目指したうるおいとやすらぎの感じられる都市環境創造プラン」とあるが，どのように多様な価値観の調整をはかるか，そのプロセスが組まれなければ，整備計画はプロジェクト・プランニングの域にとどまるだろう．これがプロジェクトではなく「まち育て」に

展開するには，市民グループ側の活動も市民による対案の提案と市民どうしの合意形成が課題であるが，一般に市民の関心が低いという点が悩みのところである．

都川は，市街地に入るとコンクリート剃刀護岸であることに加え，水質が悪く，一般市民にとって川は近寄りがたい存在であり，当然市民の関心は低くなる．このような都市河川の現状を考えると，それを自然型に再生することは，一見，途方もない長大な発想かのようでもある．しかし，市民の関心が低いのは，川へのアクセスがないことにある．市民が川伝いに歩く遊歩道など，この丹後堰公園のような自然型河川へ誘う市街地から郊外部への散策路を整備することから，道筋がみえてこよう．また，江戸時代に丹後堰から寒川へ引かれた水路は現在，その形態をみることができない．前節で紹介したスイスの小川計画のように，湧水や天水を集めながら開渠の水路とその下の下水というようなかたちで水路を復元することも，歴史性と都市の自然再生に重要な戦略となる．それが市民の関心をよび，地域アイデンティティ形成のまち育て活動に発展することも期待できる．

都川の上流から下流，そして海岸部への山，川，海のつながりを再構築するためには，間に数多くの障壁があるが，行政と市民活動，ハードとソフトとの相互作用によって，少しずつでも関係性を再構築していくことが，歩みは遅くとも確実な手立てとなる．

(2) 東京湾岸の自然再生への市民活動―― SAVE21 の活動

SAVE21 は東京湾の環境を考える市民団体が連携するネットワークである．この名称は，台湾南部のクロツラヘラサギ飛来の地として知られるTIKU 地域の干潟保全運動を米国の専門家らが支援する連携を SAVE と称していることに由来している（千葉まちづくりサポートセンター，1999）．

この台湾と米国の専門家の参加を得て実現した SAVE99 国際干潟シンポジウム（1999 年に三番瀬および千葉大学で開催）において，湾岸各地域で起こっている問題は，東京湾全体を視野に入れて考えるべきだという提起がなされたことが発端となって，SAVE21 は発足した．このシンポジウムでのよびかけ，「東京湾岸の市民・企業・行政の連携により発展的な未来像を創造していこう，豊かな生命を 21 世紀へ向けてのまち育てに活かそう」に

賛同した東京湾岸の各地で活動する個人や市民団体によって，SAVE21実行委員会が結成された．

このネットワークには，これまで下記の団体を主として連携が組まれている．東京都野鳥公園グリーンボランティア，三番瀬Do会議，海をつくる会，つり人社，江戸前料理人，江戸前の海十六万坪（有明）を守る会，東京湾会議，サーフライダーファウンデーション，東京湾の浅海干潟に親しむ会，海上保安庁，市川緑の市民フォーラム，かわさき・海の市民会議，特定非営利活動法人ちばMDエコネット，特定非営利活動法人千葉まちづくりサポートセンター，東京湾岸バードウオッチング，竜宮の会よこはま，などである（表8.1）．

SAVE21実行委員会のおもな活動には，東京湾まち育てコンテストがある．この活動の特徴は，現場での環境学習や体験をアートの表現としてメッセージを発信しようとする点である．なぜまち育てにアートが必要か，「まち育て」の提唱者であり，SAVE21実行委員長である延藤安弘氏はその点

表8.1 SAVE21の歩み（SAVE21HPより，木下が修正）

開催日	行事名	場所
1999年6月27日（日）	SAVE99　国際干潟シンポジウム ——三番瀬の未来に向き合う	千葉大学西千葉キャンパス
2000年10月29日（日）	SAVE2000　東京湾まち育て連続シンポジウム　第1回「市民の暮らしと東京湾」	東京水産大学
2000年12月9日（土）	SAVE2000　東京湾まち育て連続シンポジウム　第2回「漁業活動，企業活動と東京湾」	東大島文化センター
2001年1月13日（土）	SAVE2000　東京湾まち育て連続シンポジウム　第3回「行政のまちづくりと東京湾」	ティアラこうとう
2001年1月27日（土）	SAVE2000　東京湾まち育て連続シンポジウム　第4回「水循環（森・川・海）の中の東京湾」	ティアラこうとう
2001年2月18日（日）	SAVE2000　東京湾まち育てコンテスト	深川江戸資料館
2002年5月19日（日）	SAVE21　第2回東京湾まち育てコンテスト in 川崎 ——かわのさきはうみ！	川崎市教育文化会館
2002年9月13日（金）	SAVE21 千葉まちづくりサポートセンター，緑地環境研究会共催ミニシンポ「湾岸と都市の自然再生デザイン」	千葉大学西千葉キャンパス
2003年9月13日（土）	SAVE21　音の風景探し ——ぐるぐるめぐる東京湾ラリー第1回	盤洲干潟

を「ヒトビトの〈価値事象〉への感受性を開く」という．海を対象として〈キリトリ〉するのではなく，「限りなく多様な〈コト〉を〈くみいれ〉て〈豊かなふくらみ〉をはらむ「生活世界」に身をおくことの重要性を主張し」（延藤，2001），海辺でのアート表現を組み入れたコトとして東京湾まち育てコンテストを提唱したのである．ここでいう感受性とは，『沈黙の春』で知られる海洋学者のレーチェル・カーソンが，5歳の甥っ子が海辺などで自然の生きものの不思議な世界を知り，驚くのをみて，「センス・オブ・ワンダー」（カーソン，1991）と表現したのと同じようなものである．知識に凝り固まった大人の頭に5歳の子のような感受性を開くには，アートが妙薬として働くのである．海辺でのアート表現は，まさにスロースペースでの主体性が契機されるドラマトゥルギー的効果を生むのである．

まち育てコンテストにはこれまで，海の観測記録の映像，海や川についての学校での総合学習，海の体験の布絵や漂着物によるオブジェ，市民による海の保全育成計画，環境改善やゴミ問題対策の提案などが賞を得ている．審査は公開であり，応募作品の製作過程のみならず，審査会での発表の場にも感受性が開かれるドラマトゥルギー的効果がみられ，参加者の間で問題意識や考えが共有化されている．

さらに，SAVE21実行委員会は2003年よりアート表現を組み入れた環境学習プログラムを開催し始めた．2003年には「ぐるぐるめぐる東京湾ラリー」と称し，盤洲干潟，お台場，横浜野島海岸の現場にて観察と体験をして，音をテーマに表現にまとめるワークショップをラリー形式で開催した（図8.17，図8.18）．

そのラリー第1回は盤洲干潟にて開催され，総勢35名参加のもとに，まずは干潟で遊び，そして拾い集めた貝をきっかけに講師が盤洲の干潟の生態系の変化について解説，そこで昼食を食べて，音の風景探しのワークショップ，最後に拾い集めたゴミで楽器をつくって演奏会が開かれた．

子どもが拾い集めた貝殻を並べたところでもつぎのことがわかる．潮干狩り時に韓国や中国から輸入したアサリを漁協がまくが，それについてきたサキグロツメタガイが在来のツメタガイよりも繁殖力旺盛で，生態系が狂ってきている．並べられた貝殻から，その変化の力を子どもたちも感じてか，関心を強くしていた．

8.4 海・まち育ての市民活動　241

図 8.17 SAVE21 ぐるぐるめぐる東京湾ラリー
(2003 年 9 月 13 日)
干潟で遊び，貝殻を拾い集め，並べてみたところで生態系の変化を知った．

図 8.18 音の風景さがしと表現
最後には拾い集めたゴミで楽器をつくり演奏．

　SAVE21 の活動はまだイベントと WEB を通じた連携にすぎないが，代替案を提示し，地元組織や政治を動かすほどの力をネットワークがもてるかどうかが鍵となっている．それは，この SAVE21 のみならず一般に日本の市民組織のネットワークの課題である．

　ネットワークは，あるリーダーがいてその指揮のもとに動くものではなく，それぞれが自立した組織の連携である．その点が一般にわが国ではうまくいかない．既存団体を傘下におく新しい組織をつくったり，そこに利害関係や

思惑が働き，内部の対立を生んで長続きしない．また，特定の代表のもとへ依存体質が働いたり，責任の転嫁など責任所在があいまいとなったり，そしてたがいの足を引っ張ったりというようなパターンが少なくない．

　ネットワーク，コーディネートという言葉はだいぶ前から唱えられているが，社会で認められるほどにはいたっていない現状の中で，どのように構築していくかが課題である．そこでヒントとなるのが，サンフランシスコ湾の問題に取り組んだNPOアーバンエコロジーの活動である．この団体はサンフランシスコ湾周辺の9つの郡（County）と100の市町村にまたがる100以上もの団体のヒアリング，および協議を徹底して行い，サンフランシスコ湾の自然再生と都市の生態系回復への政策の提言をブループリント（青写真）としてまとめた（Urban Ecology, 1996）．ブループリントの名称はこれをたたき台に，つぎにグリーンプラン（自然再生）へと進むことを目論んだ提案という意味である．インタビューや協議が団体間の関係をつくるきっかけとなっている．その対話や協議の言説をつなげていき，コンセプトや構想のキーワードを確認していく方法は「対話の連携」（ディスコース・コアリション discourse coalition）とよばれ，ネットワークを強め，提案をまとめていく作業としてたいへん参考になる（図8.19）．

　スタッフ5人程度の小さなNPOであるアーバンエコロジーが，この方法によって大きな将来像の下に緩やかでありながらもあるつながりをもった地域のネットワーク化をコーディネートし，行政の施策にまで影響を与えているのは興味深い．また，この活動にかかわった専門家は，前述の台湾のTIKUの干潟の開発に対する代替案作成にも協力している（本家筋にあたる）SAVEにも従事している．台湾においては，このような国境を越えたネットワークが，開発を止めるような政治的な影響力を発揮するにいたった．

　SAVE21のような東京湾の自然回復に取り組む市民団体の活動が活発になるには，（その名称のもととなった本家筋にあたるSAVEの活動のように）団体間の水平的な関係での連携を発展させて，言説をつなげ，さらにデータの蓄積の上に論理，政策提言を構築していく「対話の連携」の組み立てがもっと強化されてもよい．

　現在のところ，広い東京湾において個々の地域ごとに状況が異なり，保全か開発かが争点の地域もあれば，保全についてもレクリエーション利用か完

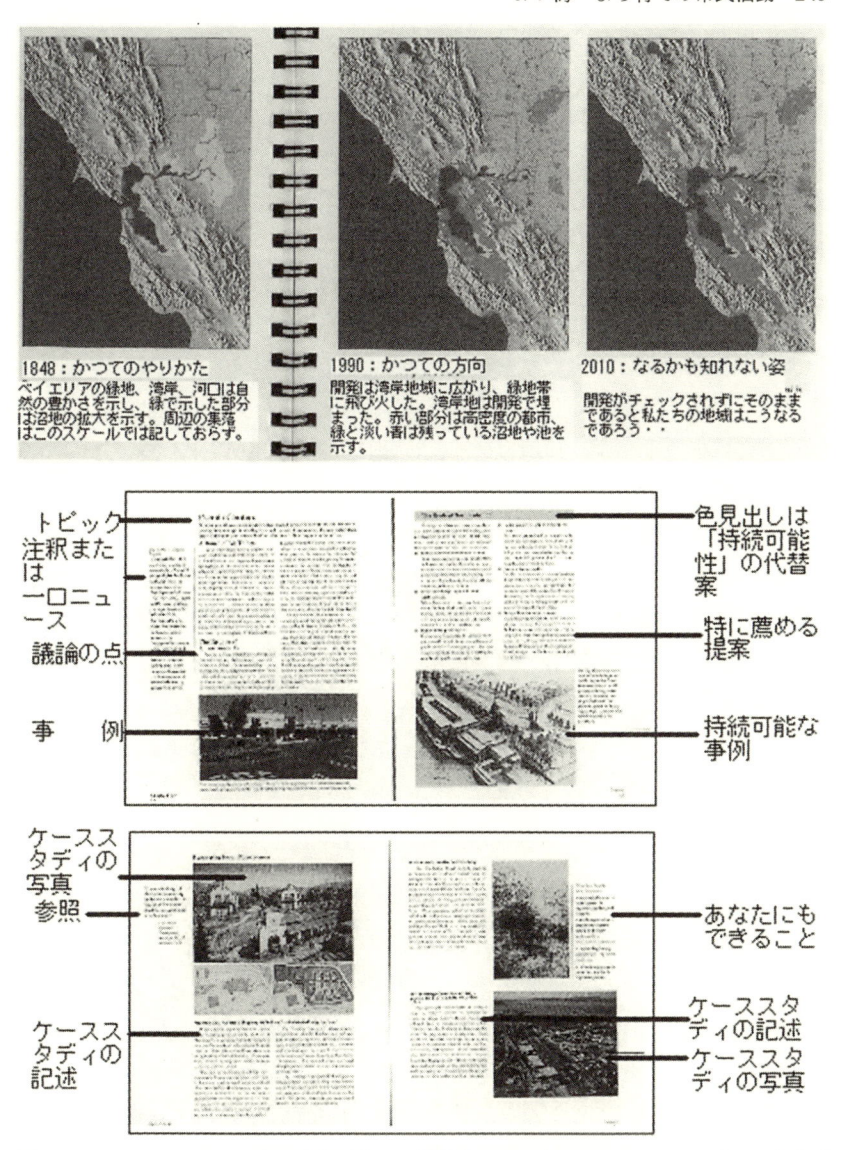

8.4 海・まち育ての市民活動　243

1848：かつてのやりかた
ベイエリアの緑地、湾岸、河口は自然の豊かさを示し、緑で示した部分は沼地の拡大を示す。周辺の集落はこのスケールでは記しておらず。

1990：かつての方向
開発は湾岸地域に広がり、緑地帯に飛び火した。湾岸地は開発で埋まった。赤い部分は高密度の都市、緑と淡い青は残っている沼地や池を示す。

2010：なるかも知れない姿
開発がチェックされずにそのままであると私たちの地域はこうなるであろう‥

トピック注釈または一口ニュース

議論の点

事例

色見出しは「持続可能性」の代替案

特に薦める提案

持続可能な事例

ケーススタディの写真参照

ケーススタディの記述

あなたにもできること

ケーススタディの記述

ケーススタディの写真

図 8.19　サンフランシスコ湾の自然再生への提言をまとめたアーバンエコロジーによるブループリント（Urban Ecology, 1996）

全な自然保護かをめぐり，思い描く将来像の葛藤が問題となる地域もある．湾岸や河川の流域を含めて全体の水系はつながっているのであり，なにがどのように影響しあうことになるのか，「連携して事実を探す」(Joint Fact Finding) 作業が必要となる．そのためには各団体の情報が集められ，観察や実験のデータを蓄積し，検討を重ねることが可能な，東京湾に関するリソースセンターのようなものが必要であろう．

さらに，このようなテーマ型のネットワーク組織と，ローカルなコミュニティ組織とがどのように連携を組めるかという点も課題となる．地域の生活とのかかわり，そこで生業を営む人たちや組織，そういった地域の生活の将来を考えることを抜きにして，東京湾の自然再生を考えることはできない．湾岸の自然のみならず，河川の上流部の里山，谷津田の保全も視野に入れる必要がある．地域の漁業も農業も，グローバル化した経済競争にそのままでは太刀打ちができないのは自明の理である．自然の破壊には，背後にそういう巨大な経済の仕組がある．しかしながら，農業や林業を支援する都市住民が増えているように，オルタナティブな動きとして巨大な経済のマーケットに入らない，地域内ないし地域と地域の顔のみえる取引の関係がみられる．

船橋，市川では，漁師にSAVE21関連の市民団体などが協力して，海岸のクリーン運動を展開している．これも海・まち育ての協働の新しいかたちである．

本来，人のかかわりがあって人間の身近な自然は生きるというのが里海，里山であり，それが人間の生活史と自然史の関係である．何千年と続いたものが，たかだか数十年の人間の営みで破壊されてしまった．しかし，壊れたものを再生するのは，また人間の運動によるしかない．かつて入会地の浜辺を清掃したり，防風林の植樹や管理，山道の草刈，家の前の溝さらいや川原はらいなどの共同作業があったわけであり，それらは直接的ないし間接的に海育てにもつながっていたのである．「育て」の原語のハズバンドリーは農耕の意味があり，まさにそんな農的な共同作業を都市化した社会に適合するように改良した，新たな共同作業が求められているということである．

この協働の新しいかたちは表現を変えて，パートナーシップというかけ声でも最近よく耳にするものであり，市民，行政，企業の協働をどのように構築していくかも課題である．産業施設跡地の自然再生に市民，行政，企業の

パートナーシップを構築して進める英国のグラウンドワークトラストのような運動と仕組が生まれてくるとよいが，まだ日本ではその途上ともいえる．企業にそれだけの意識がないのか余裕がないのか，企業の地域への貢献が弱いという点が課題である．しかし，海のクリーン活動など，もちかければ協力する企業もあり，地道な NPO の活動が企業の体質も変えてくるという期待も感じるところである．

8.5 海育てへの都市の法制度の課題

(1) 大都市湾岸部の都市河川と海辺の自然再生に向けて——市街地内の都市河川の自然再生を兼ねた都市開発事業の創設

これまで述べたように，海辺の自然再生のためには河川も含めた流域の自然再生を考える必要がある．その場合に，市街地を流れる都市河川の自然度をいかに高めるかが課題である．しかし，河川の沿川両側に余地のない市街地の状況を鑑みると，河川と都市開発事業の一体的な整備が方法として浮かび上がる．都市開発事業（市街地再開発事業，総合設計制度など）によってつくられるオープンスペースは，とってつけたような形態で活かされない空間（デッドスペース）となっているものが少なくない．公開的空地を設ける（規制なのでムチに象徴される）代償として容積，高さ制限を緩和する（緩和なのでアメに象徴される）という取引が可能な制度において，土地の権利の最大限利用として建物容積に関心が注がれ，むしろアメが目的の経済的刺激のための緩和策として事業が行われるからである（木下，2002）．空地を図として，建物を地としてみるように，図と地を逆転すれば，都市空間の豊かさを形成する戦略も自ずとみえてくる．まして，都市の自然も重要な要素となっている今日の状況においては，都市河川もその例外ではない．

市街地を流れる都市河川の生態系の向上（エコアップ）をはかるには，現在の土地利用にみられるようにビルが建て込み，コンクリートで固められた河川域では余地があまりなく，河川沿いの土地も含めて再整備する必要がある．かといって，スーパー堤防（河川沿いの低い宅地地盤面を堤防の高さに引き上げ，宅地と堤防を一体化する事業）のように，100 年の計でスクラッ

プ&ビルドで行うものではなく，小さい単位でも河川と一体的な整備を沿川に再開発事業としてもちこむことができないだろうか．従来，河川には建物は裏側をみせてきたが，一体的に整備することによって，水辺の自然のオープンスペースを前庭にしたような，商業空間やオフィス，住宅の新たな都市空間の創設が可能となる．また，河川沿いの遊歩道が河口から上流につながることによって，水辺のみならず緑地，人，自転車および風の軸ができる．ゆくゆくは自然の生態系をつなぐ回廊としていくことも可能となる．

このような事業の先行しているモデルを探すと，北九州市の紫川沿いで進められている国のマイタウン・マイリバー整備事業に可能性をみることができる（図8.20, 図8.21）．これは治水対策として川幅を広げることと，周辺の道路，公園，市街地整備などと合わせて行う方法であり，民間と行政とが協力して進め，河川にひらかれた街の景観を整備する事業である．この北九州で進められているような事業を，より自然再生型にしたモデルへと考えることができないだろうか．たとえば，市街地再生の建築物を自然環境に寄与する基準なりを定め，屋上緑化や雨水利用などを積極的に推進し，視覚的にも水辺が脇ににじみだしているような河川水辺空間の広がりを再生する．それは，ケーススタディの千葉市市街地においても，海とのつながりを意識して河川を自然型に戻すうえで有効な戦略となるはずである．

河川沿いの住宅地開発では，さらにオランダのエコロニアのように河川の水を引き込み（図8.22），また雨水を利用したビオトープの水辺を設けて，水辺に面した住宅地を開発していく方法もある（Ruano, 1999）．とくに首都圏郊外の住宅地においては，このような環境の魅力による付加価値をつけていくことが政策上重要となろう．

(2) 都市計画および自然再生関連制度の調整的課題

「自然再生推進法」が2003年1月1日より施行された．目的には関係行政・地方公共団体・地域住民・NPO・専門家などの地域の多様な主体が参加して，河川・湿原・干潟・藻場・里山・里地・森林などの自然生態系を保全・再生・創出することにより，過去に損なわれた自然環境を取り戻すこと，と謳われている．その概要はつぎのようなものである．①環境大臣が，農林水産大臣・国土交通大臣と共同して，「自然再生基本方針」の案を作成し，

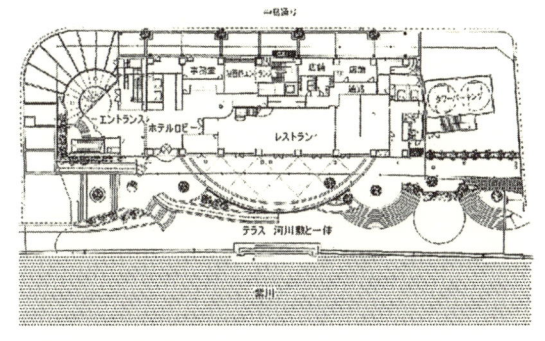

8.5 海育てへの都市の法制度の課題 247

図 8.20 北九州市紫川沿いの再開発プロジェクト
河川域と公開的空地と合わせた水辺の広場の創出．構想全体では延長約 2.0 km，面積約 170 ha を対象に河川と一体的な市街地整備が考えられている（北九州市再開発資料より）．

図 8.21 北九州市で描かれている河川沿いに都市空間の質を高めていく戦略

図 8.22 オランダのエコロニア
池は雨水をため，ライン川につながる．

閣議決定する．②地域ごとに関係者が「自然再生協議会」を設立し，協議会が「自然再生地域基本構想」（マスタープラン）を，各事業の実施者がそれぞれ「自然再生事業実施計画」（アクションプラン）を策定して，連携して自然再生を進める．③関係行政機関などは，自然再生事業を実施するNPOなどに協力する．

　実質，協議会をどのように組織するのか，また，その協議会が実施者の方針や実施計画を判断する専門的検討，科学的なデータの収集をどのようにするのか，環境アセスメントは盛り込まれていないが，環境アセスメントが開発に対するチェック的機能をそれなりに有していることを鑑みても，自然再生と称するにはそれに類する調査にもとづく検討が必要ではないか，など疑問な点も多々ある．

　たとえば，環境省自然環境局自然環境計画課，農林水産省大臣官房環境対策室，国土交通省総合政策局国土・環境調整課の出席のもとに行われた自然再生基本方針（案）説明会（2003年2月1日）ではつぎのやりとりがあった．

　　（問）自然再生といいながら，防波堤で囲まれた中で養浜をして砂浜を取り戻すなど，箱庭的な自然の再生がなされるのではないかということを危惧しているが，これについてどう考えるか．
　　（答）自然再生事業は，損なわれた自然環境を取り戻すことを目的とするものであり，NPOなども入った自然再生協議会での合意形成により，その内容を決めていくことになる．その中で関係機関と調整されることになる．
　　（問）自然再生は，せまい範囲ではなく，広い範囲で行うべき．ただし，広い範囲で行うとなると，さまざまな法律がかかわってくる．その場合，既存の法律との調整をどうするのか．
　　（答）自然再生は，できるだけ広範囲で考える必要があるが，広い範囲となれば，関係する人も多くなり，全員の同意を得て自然再生協議会を立ち上げるのもむずかしくなる．まずは，できる範囲からやって，自然再生協議会を順次広げていくべきではないか．（環境省の公開記録資料より）

対象範囲の広がりを考えれば，壮大な労力が想定される．しかし，欧州でみたような，長期的な取り組みで少しずつ積み上げていくことが，箱庭的自然再生から脱皮する方途である．そのためには，この回答にもあるようにNPOの成長がこのような実行の可能性を握ってくる．とくに，東京湾の自然再生にあてはめてみたときには，1都2県にまたがる東京湾自然再生のマスタープランなるものを描くことができるのか，その点が課題となる．

各行政のテリトリーにこだわっていては，東京湾の自然再生のビジョンを描くことは無理である．アクションプランの地域での行動と連携をどのようにとるか，ここで法制度的に担保される仕組が求められる．

同様に，2002年7月に改正された都市計画法でも，NPOなど民間団体が都市計画案を提案できるように改正された．地権者の3分の2以上の同意をとりつけるということが条件であるが，これまでの行政からのトップダウン以外のルートが開かれた点は意義がある．しかし，公共性の担保（土地買占めなどがあった場合など）に課題が残る．また，都市再生特別措置法は10年間の時限つきだが，緊急整備地域では民間の開発事業者が提案できるようになっている．このように計画提案を民間にも認める動きは最近の流れにあるが，このような提案の正当性の判断，協議のあり方などは不確定である．

なお，都市計画は都市マスタープランに位置づけられるが，自然再生のマスタープランとはどのように整合性を保つのか，その他，緑の基本計画，環境基本計画，そして国土利用計画の市町村計画など，マスタープランの調整が課題である．多くがその整合性にエネルギーをとられるなかで，必要な事柄が抜け落ちる危険もある．環境・生態系であったならば，どれをリーディングマスタープランとするか基本的な位置づけが必要である．また，東京湾の自然再生を考えるならば，行政域を超えた東京湾自然再生のマスタープランをどうつくるか，その調整が課題となる．海外事例でみたスイスの空間計画という自治体圏域を超えて関連性を強める調整的計画概念は，EUでも取り入れられている方法であり，わが国でも導入が望まれる制度である．少なくとも，まずは都道府県の土地利用基本計画，そして市町村の各種マスタープランへと，自然再生のためにつなげていく環境・生態系のガイドがあってしかるべきである．

蛇足ながら産業施設跡地の関連でいえば，土壌汚染の問題に対してようや

く土壌汚染対策法（2002年5月22日成立，29日公布）が制定されたが，オランダやドイツ，イギリスなどと比べても，わが国の土壌汚染対策は遅れをとっている．まだまだ調査や情報公開の面で課題は残り，とくに今回の法の制定は，土地取り引きを主眼においている感が強い．土地の売買に影響するだけに企業も土壌浄化に躍起になるが，汚染は技術で改善できるという信条のもとに，企業はその浄化技術をビジネスチャンスにと開発競争に進んでいる．しかし，たんに土を浄化すればよいという問題ではなく，地下水や地中にガスとなっている汚染物質の問題がある．より総合的な対策が求められる．

このような埋立地の工場跡地の土壌汚染は，丘陵地の山間部の産業廃棄物と同様に，産業の負の遺産である．それに対する抜本的な対策と負担を企業側にも責任をもって受けもってもらい，汚染されたものの浄化に時間をかけてもとに戻していくプロセスが制度的にも位置づけられる必要がある．

(3) NPO，市民活動の海育て・まち育て活動の展開への課題

NPO，市民活動の課題の第一は連携である．現状では個々のNPOや市民活動は，専従のスタッフを抱えて事務局体制をもって事業ベースの展開ができるほどの体力をもつ団体は少ない．それならば小さな団体が連携して大きな力を発揮できればよいが，たがいに足を引っ張る体質が抜けない集団気質では，そう簡単でもない．NPOは目的集団であり，異なる目的がつながりえない，という批判もあるが，大きな目的＝将来像のもとに緩やかに連携し，役割分担をして協働する，そういった「対話の連携」が求められる．これは海に限らず，一般にあてはまる課題である．

東京湾をはじめ現状のNPO（法人も任意団体も含めてNPOという）の活動において，クリーン作戦や東京湾を対象にしたアートワークショップなどさまざまな活動がある．ただし，横のつながりは薄い．まずはつぎのステップのアクションプランとして，以下の3点が課題としてあがる．

言葉を紡いでビジョンづくり

東京湾の自然再生を大命題（大きな風呂敷）に，関係するNPOへ徹底的にヒアリング作業（中立的で意思のあるNPOまたは大学など研究機関，または数団体に分担して作業する方法もある）および全体ワークショップ（ヒ

アリングされた団体をよびこんで）にて経過報告と課題の分析討議を行い，構想のブループリントにまとめる（ねらいはヒアリング作業を通じて団体を巻き込み，全体を包む大きな風呂敷＝目標像をさがす）．それを，湾のみならず河川も含めた流域の全体の土地利用構想にまとめていく（サンフランシスコ湾で展開したアーバンエコロジーの活動を参考）．

アクションサイト

実験的にプロジェクトサイト（たとえば川鉄跡地）で，プロジェクトが起こる前の予定地の空地状態をスロースペースとして，若いアーティストらに開放（ただし，東京湾の自然再生をテーマに関連づけることを条件）．そのようなアクションサイトでゆっくりと自然再生が起こる過程を市民がみて，感性を開いて感じ取るドラマトゥルギー的な主体性契機が重要であり，そこにアートの役割がある．人の関心が向き，注目を集めれば民間の投資を巻き込む流れともなる（たとえば，チューリヒの都市再開発におけるバウビオロギー的都市再開発の流れ）．

リソースセンター

海の環境を中心としながらも，河川流域を含めて，環境に関するデータ，解析情報，自然再生の技術や知識の集積と情報発信をする拠点が求められる．まずは行政，大学など研究機関が連携するなかで，そういった自然再生へのリソースセンター的な場を個々に現場から立ち上げるとよい．緩やかに連携をはかりながら，後にそのセンター的なものの設立を目指す展開である．

以上のように，プロジェクト・プランニングではなく，海・まち育てのプロセスとして，人々が自然とかかわり，自然の力を読み，その力を活かしながら自然再生をはかっていく営みが，湾岸の産業施設の跡地や河川流域の空間に求められる．そして，その場は人々の主体的なかかわりを誘引し，われわれ自身の存在を確認しあうスロースペースともなる場であるといえよう．

木下　勇

参考文献

[はじめに]

加藤真（1999）：『日本の渚――失われゆく海辺の自然』岩波新書．
野本寛一（1994）：『共生のフォークロア――民俗の環境思想』青土社．
長谷川成一（1996）：『失われた景観――名所が語る江戸時代』吉川弘文館．
若林敬子（2000）：『東京湾の環境問題史』有斐閣．

[第1章]

青木由起子（1983）：海と山――海幸彦神話と神宮皇后新羅征伐伝説を中心に．『講座日本文学　神話（下）』至文堂，176-197．
秋本吉郎校注（1958）：『日本古典文学大系2　風土記』岩波書店．
朝倉治彦校注（1970）：『東都歳事記1』平凡社東洋文庫．
朝山晧（2000）：『古代文化叢書6　風土記・神祭りⅢ　出雲の神信仰と祭り』島根県古代文化センター．
阿部一（1995）：『日本空間の誕生』せりか書房．
尼崎博正（2002）：『庭石と水の由来――日本庭園の石質と水系』昭和堂．
家永三郎（1966）：『上代倭絵全史』墨水書房．
池田亀鑑・岸上慎二校注（1958）：『日本古典文学大系9　枕草子』岩波書店．
石井忠（1977）：『漂着物の博物誌』西日本新聞社．
石原昭平（1974）：浦島伝説の異郷――富・長寿・悦楽の国．日本文学，23(9)，57-64．
エリアーデ，M.（1974）：『エリアーデ著作集3　聖なる空間と時間』せりか書房．
太田昌子（1995）：『絵は語る9　俵屋宗達筆　松島図屏風――座敷からつづく海』平凡社．
小野佐和子（1992）：江戸時代の都市と行楽．南九州大学園芸学部研究報告，22，53-183．
折口信夫（1975a）：ほうとする話――祭りの発生その1．『古代研究Ⅱ　民俗学篇2』角川文庫，165-190．
折口信夫（1975b）：万葉集研究．『折口信夫全集1』中公文庫，369-417．
倉野憲司・武田祐吉校注（1958）：『日本古典文学大系1　古事記祝詞』岩波書店．
藝能史研究會編（1977）：宴遊日記．『日本庶民文化史料集成13　芸能記録2』三一書房，1-813．
小泉賢子（1995）：洲浜について．美術史研究，33，35-42．
小泉八雲（1990）：美保関にて．『神々の国の首都』講談社学術文庫，204-221．
高市志友編述（1970）：『紀伊名所図会』歴史図書社．
坂本太郎等校注（1967）：『日本古典文学大系67　日本書紀上』岩波書店．

佐々木長生（1971）：浜下りの神事の分布と考察．岩崎敏夫編『東北民俗資料集4』萬葉堂書店，46-67．
笹谷康之ほか（1991）：海岸における聖域の研究．都市計画論文集，26A，451-456．
山村民俗の会編（1990）：『山の神とヲコゼ』エンタプライズ株式会社．
志田諄一（1998）：『『常陸風土記』と説話の研究』雄山閣出版．
鈴木棠三・朝倉治彦校註（1975）：『新版江戸名所図会』角川書店．
髙木市之助ほか校注（1957-1962）：『新日本古典文学大系 4，5，6，7 万葉集』岩波書店．
髙桑守史（1976）：渚と人間の交流．髙崎裕士・髙桑守史編『渚と日本人——入浜権の背景』日本放送出版協会，107-159．
髙崎正秀（1936）：『万葉集叢巧』人文書院．
千葉徳爾（1983）：山民・魚民の社会と文化．大林太良著者代表『日本民俗文化大系5 山民と海人——非平地民の生活と伝承』小学館，65-96．
永池健二（1991）：磯遊びの歌謡（下）．歌謡——研究と資料，4，8-17．
西原柳雨（1928）：『川柳年中行事』春陽堂．
萩谷朴ほか校注（1965）：『日本古典文学大系74 歌合集』岩波書店．
林屋辰三郎校注（1973）：作庭記．『日本思想体系23 古代中世芸術論』岩波書店，223-247．
原田伴彦編集代表（1975）：歳序雑話．『日本都市生活史料集成3』学習研究社，387-394．
藤田稔（2002）：『茨城の民俗文化』茨城新聞社．
古橋信孝（1988）：『古代和歌の発生』東京大学出版会．
古橋信孝（1994）：『万葉集——うたのはじまり』筑摩書房．
ベルク，O.（1988）：『風土の日本——自然と文化の通態』筑摩書房．
松村利規（1999）：海での願い——磯遊びをめぐって．下野敏見編『民俗宗教と生活伝承——南日本フォークロア論集』岩田書院，199-222．
松本信広（1956）：『日本の神話』至文堂．
水野祐記（1975）：『古代社会と浦島伝説（上）』雄山閣出版．
水野祐記（1983）：『出雲国風土記論攷』東京白川書院．
宮本常一ほか監修（1959）：『日本残酷物語1 貧しき人々のむれ』平凡社．
宗像神社復興期成会編（1961）：『宗像神社史（上）』宗像神社復興期成会．
安永寿延（1968）：常世の国——日本的ユートピアの原像．文学，36(12)，48-65．
柳田國男（1978）：山の神とヲコゼ．『定本柳田國男集4』筑摩書房，441-448．
渡邊昭五（1981）：『歌垣の研究』三弥井書店．

［第2章］

泉拓良・西田泰民（1999）：『縄文世界の一万年』集英社．
稲田晃・大浜和子・島村健二（1998）：千葉県八千代市新川低地における最終氷期後期以降の植生変遷．第四紀研究，37，283-298．
岡田康博（1997）：青い海と青い森のなかの成熟した社会．アサヒグラフ，3928号（別冊），115-123．

金箱文夫 (1990)：川口市赤山陣屋跡遺跡西側低湿地検出のトチの実加工場跡——関東平野中央部における縄文時代後・晩期の経済活動復元にむけて．考古学ジャーナル，(325)，24-34.
金山喜昭・倉田恵津子 (1994)：縄文時代の人間活動．『松戸市立博物館調査報告書2　縄文時代以降の松戸の海と森の復元』松戸市，127-139.
川崎純徳 (1982)：製塩．季刊考古学，(1)，44-46.
菊池真 (2001)：房総半島における縄文時代集落の立地——下総湾岸地域・九十九里沿岸地域の事例．第四紀研究，40，171-183.
清永丈太 (1994)：花粉化石からみた国分谷の古植生．『松戸市立博物館調査報告書2　縄文時代以降の松戸の海と森の復元』松戸市，91-106.
小池裕子 (1979)：関東地方の貝塚遺跡における貝類採取の季節性と貝層の堆積速度．第四紀研究，17，267-278.
小杉正人 (1992)：珪藻化石群集からみた最終氷期以降の東京湾の変遷史．三郷市史編纂委員会編『三郷市史　第八巻　別冊自然編』三郷市，112-193.
後藤和民 (1985)：馬蹄形貝塚の再吟味——東京湾東沿岸における縄文集落の一様相について．論集日本原史刊行会編『論集日本原史』吉川弘文館，373-408.
後藤和民 (1996)：加曽利貝塚の生産と交流．森浩一編『日本の古代4　縄文・弥生の生活』，137-179，中央公論社.
財団法人千葉県文化財センター (1985)：『房総考古学ライブラリー2　縄文時代(1)』千葉県.
財団法人千葉県文化財センター (1997)：『千葉県埋蔵文化財分布地図(1)　東葛飾・印旛地区（改訂版）』千葉県.
財団法人千葉県文化財センター (2001)：『市川市堀之内南遺跡見学会資料　どうめき谷津に古代をさぐる』千葉県.
齋藤秀樹・井坪豊明・竹岡政治 (1991)：コナラ林の再生産期間の生産量——種子生産のための同化産物の投資．京都府立大学演習林報告，35，1-14.
齋藤秀樹・井坪豊明・筒泉直樹・高橋衛 (1996)：若齢林におけるハンノキの花粉生産と種子生産コスト．日本生態学会誌，46，257-268.
佐藤洋一郎 (2000)：『縄文農耕の世界——DNA分析で何がわかったか』PHP新書.
鈴木三男 (2002)：『日本人と木の文化』八坂書房.
千葉県環境部自然保護課 (1999)：『千葉県の保護上重要な野生生物——千葉県レッドデータブック植物編』千葉県.
辻誠一郎 (1989)：開析谷の遺跡とそれをとりまく古環境復元——関東平野中央部の川口市赤山陣屋跡遺跡における完新世の古環境．第四紀研究，27，331-356.
辻誠一郎 (1997)：縄文時代への移行期における陸上生態系．第四紀研究，36，309-318.
辻誠一郎 (2001)：千葉県の植生の変遷．千葉県史料研究財団編『千葉県の自然誌　本編5　千葉県の植物2　植生』千葉県，34-54.
辻誠一郎・南木睦彦・小池裕子 (1983)：縄文時代以降の植生変化と農耕——村

田川流域を例として．第四紀研究，22，251-266．
堤隆（2002）：後期旧石器時代の編年と地域性．季刊考古学，(80)，23-27．
樋泉岳二（1999）：東京湾地域における完新世の海洋環境変遷と縄文貝塚形成史．国立歴史民俗博物館研究報告，(81)，289-310．
樋泉岳二（2001）：貝塚の時代――縄文の漁労分化．『NHKスペシャル日本人はるかな旅 第3巻 海が育てた森の王国』日本放送出版協会，127-143．
堂本暁子・岩槻邦男（1997）：『温暖化に追われる生き物たち――生物多様性からの視点』築地書館．
西田正規（1976）：和泉陶邑と木炭分析．大阪府教育委員会編『大阪府文化財報告書陶邑I』大阪府，178-187．
パリノサーヴェイ株式会社（2000）：イゴ塚貝塚の自然科学分析．市川市教育委員会編『東山王貝塚・イゴ塚貝塚――縄文時代低地性貝塚の調査』市川市，142-150．
東村山市遺跡調査会下宅部遺跡調査団（2002）：『下宅部遺跡2001年度発掘調査概報』東村山市．
松下まり子（1992）：日本列島太平洋岸における完新世の照葉樹林発達史．第四紀研究，31，375-389．
松島義章（1984）：日本列島における後氷期の浅海性貝類群集――特に環境変遷に伴うその時間・空間的変遷．神奈川県立博物館研究報告（自然科学），(15)，37-109．
南川雅男（2001）：炭素・窒素同位体分析より復元した先史日本人の食生態．国立歴史民俗博物館研究報告，(86)，333-357．
南木睦彦（1994）：縄文時代以降のクリ（$Castanea\ crenata$ Sieb. et Zucc.）果実の大型化．植生史研究，2，3-10．
宮脇昭・奥田重俊（1974）：『首都圏の潜在自然植生図』横浜国立大学環境科学研究センター植生学研究室．
百原新（1996）：君津常代遺跡の大型植物化石群．『財団法人君津郡市文化財センター発掘調査報告書第112集――千葉県君津市――常代遺跡群 第3分冊 常代遺跡弥生時代大溝・分析鑑定・考察編』君津市，862-873．
百原新（1997）：弥生時代終末から古墳時代初頭の房総半島中部に分布したイチイガシ林．千葉大学園芸学部学術報告，(51)，127-136．
百原新（2002）：埋土種子調査．千葉県真間川改修事務所・パシフィックコンサルタンツ株式会社編『総合治水対策特定河川委託調査（一級河川大柏川上流部環境調査，生態系）報告書』千葉県．
百原新（印刷中）：植物相の移り変わり．財団法人千葉県史料研究財団編『千葉県の自然誌 本編8 千葉県の自然環境の移り変わり』千葉県．
百原新・藤澤みどり・小杉正人（1993）：東京湾北部周辺における後期完新世の古植生の変遷．植生史研究，1，59-70．
百原新・勝野正（1999）市原条里制遺跡の大型植物化石群．『千葉県文化財センター調査報告第354集――市原市市原条里制遺跡――東関東自動車道（千葉富津線），市原市道80号線埋蔵文化財調査報告書』千葉県，557-566．
山田昌久（1993）：『日本列島における木質遺物出土遺跡文献集成――用材から見

た人間・植物関係史』植生史研究特別第1号.
山田昌久（2001）：縄文人の村づくり——その植物と道具の駆使.『NHKスペシャル日本人はるかな旅　第3巻　海が育てた森の王国』日本放送出版協会, 159-174.
吉川昌伸（1999）：関東平野における過去12,000年間の環境変遷. 国立歴史民俗博物館研究報告, (81), 267-287.
渡辺誠（1984）：『考古学選書13　増補・縄文時代の植物食』雄山閣出版.
Kiyonaga, J. (1995): Production rate of pollen grains of *Castanea crenata* in a *Quercus serrata* secondary forest. Geographical Reports of Tokyo Metropolitan University, (30), 81-88.
Libby, W.F. (1955): "Radiocarbon Dating" University of Chicago Press.

[第3章]

秋山章男・松田道夫（1974）：『干潟の生物観察ハンドブック』東洋館出版社.
安藤康弘・平松葉子・林英子・丹東絵（1990-2000）：底生生物調査・底生動物調査. 平成2年度-平成12年度東京港野鳥公園環境調査指導等業務委託実施報告書, 日本野鳥の会.
石井裕一・村上和仁・瀧和夫・立本英機（2002）：高密度都市域における潟湖化干潟の生態工学的特性. 海岸工学論文集, 49, 1291-1295.
石川勉（2001）：『谷津干潟を楽しむ干潟の鳥ウォッチング』文一総合出版.
大島剛・風呂田利夫（1980）：小櫃川河口周辺における底生動物の分布.『千葉県木更津市小櫃川干潟の生態学的研究 I』東邦大学理学部海洋生物学研究室・千葉県生物学会, 45-68.
小野勇一（1995）：『干潟のカニの自然誌』平凡社.
粕谷智之・浜口昌巳・古川恵太・日向博文（2003a）：夏季東京湾におけるアサリ（*Ruditapes philippinarum*）浮遊幼生の出現密度の時空間変動. 国土技術政策総合研究所研究報告第8号, 1-13.
粕谷智之・浜口昌巳・古川恵太・日向博文（2003b）：秋季東京湾におけるアサリ（*Ruditapes philippinarum*）浮遊幼生の出現密度の時空間変動. 国土技術政策総合研究所研究報告第12号, 1-12.
肥川徳雄（1997）：大阪南港野鳥園の干潟の変化について. 大阪市港湾局業務論文集, 65-79.
小林達明・野田泰一・鈴木奈津子・稲田陽介・清水良憲・桑原茜・高橋輝昌（2003）：東京湾の自然渚・人工渚における底生動物群集のハビタット分析. 日本緑化工学会誌, 29, 62-67.
増殖場造成計画指針編集委員会編（1997）：『増殖場造成計画指針——ヒラメ・アサリ編』全国沿岸漁業振興開発協会.
田中崇之・菅本裕介・宮崎郁美・伊藤裕太・浜口昌巳・野田泰一・小林達明（2004）：東京湾人工渚におけるアサリ（*Ruditapes philippinarum*）の個体群動態. 日本緑化工学会誌, 30, 193-198.
堤裕昭（2003）：干潟の危機. 遺伝, 57(2), 41-45.
風呂田利夫（1997a）：東京湾の生態系と環境の現状. 沼田眞・風呂田利夫編

『東京湾の生物誌』築地書館, 2-23.
風呂田利夫 (1997b)：干潟と浅瀬の生物. 沼田眞・風呂田利夫編『東京湾の生物誌』築地書館, 45-73.
風呂田利夫 (1997c)：海岸環境の修復. 沼田眞・風呂田利夫編『東京湾の生物誌』築地書館, 202-218.
Natsuhara, Y., Kitano, M., Goto, K., Tsuchinaga, T., Imai, C., Yamada, K. and Tsuruho, K. (1999)：Mitigation and habitat creation on a reclaimed land in Osaka Port. Proc. Urban Conservation 4th Internatioal Symp. Tucson, Arizona, 121-125.

[第4章]

朝日新聞 (2003)：戻ってきた？ 江戸前のアユ，多摩川遡上，110万匹に (2003年4月13日).
石川幹子 (2002)：『景観としての水——地球上の生命を育む水のすばらしさの更なる認識と新たな発見を目指して』科学技術・学術審議会資源調査分科会報告書.
伊藤安男 (1994)：『治水思想の風土——近世から現代へ』古今書院.
岩坪五郎編 (1996)：『森林生態学』文永堂出版.
上林好之 (1999)：『日本の川を蘇らせた技師デ・レイケ』草思社.
小倉紀雄 (2002)：『水質の保全——地球上の生命を育む水のすばらしさの更なる認識と新たな発見を目指して』科学技術・学術審議会資源調査分科会報告書.
倉本宣・亀山章ほか (1998)：生物保全学とビオトープ計画に関する技術の共有. ランドスケープ研究, 61(3), 223-229.
京浜河川事務所：http://www.keihin.ktr.mlit.go.jp/index_top.html
国土交通省：全国の代表河川における「フレッシュ度」について. http://www.mlit.go.jp/kisha/kisha03/05/051107_.html
国土交通省河川局編 (2003)：『平成14年全国一級河川の水質現況』国土交通省.
齋藤正一郎 (1988)：千葉市の河川と池沼を考える「豊かな心を求めて」. みどり千葉, 43, 169.
齋藤正一郎 (1997)：湾岸都市千葉市の水文環境. 沼田眞監修・中村俊彦・長谷川雅美・藤原道朗編『湾岸都市の生態系と自然保護——千葉市野生動植物の生息状況及び生態系調査報告』信山社サイテック, 27-192.
自然保護編集部 (2003)：いるべき生き物がいる水辺づくり. 自然保護, 474, 17.
島正之 (1986)：『隅田川』名著出版会.
島谷幸宏・萱場祐一 (2001)：『河川における生物多様性の保全に関する基礎的総合研究』土木研究所研究成果.
清水良憲・桑原茜・高橋輝昌・浅野義人・小林達明 (2002)：東京湾盤洲干潟におけるヨシとの生育に及ぼす諸要因の影響. 日本緑化工学会誌, 28, 313-316.
鈴木理生 (1989)：『江戸の川・東京の川』井上書院.
高橋裕 (1998)：『河川にもっと自由を——流れゆく時代と水』山海堂.
高橋裕 (2003)：自然再生と国土保全. 国立公園, 616, 21-24.

高橋理喜男ほか編（2002）:『緑の環境設計』エヌ・ジー・ティー.
田代順孝（1998）:『緑のパッチワーク──緑域計画のための「9+1」章』技術書院.
千葉市環境局環境保全部（2003）:『平成15年版千葉市環境白書』千葉市.
千葉市企画課緑政課（2003）：市民のみなさんがつくる花の名所「フラワー散歩道」──花見川，坂月川，支川都川（ちば市政だより9月15日号）.
千葉市水質保全課（1997）：よみがえる都川（ちば市政だより6月1日号）.
堤利夫編（1989）:『森林生態学』朝倉書店.
東京都（2003）：江戸前稚アユ，多摩川の遡上は今年も好調. http://www.metro.tokyo.jp/INET/CHOUSA/2003/05/60d5r200.htm
利根川百年史編集委員会（1987）:『利根川百年史』建設省関東地方建設局.
福井勝義編（1996）:『水の原風景──自然と心をつなぐもの』TOTO出版.
古谷勝則（1998）：自然景観における評価と調和に関する研究. ランドスケープ研究，61(1)，56-61.
古谷勝則・小林真幸（2002）:『千葉市都川流域における土地利用構造の変容とその特徴』日本生命財団助成報告書.
保谷野初子（2003）:『川とヨーロッパ──河川再自然化という思想』築地書館.
牧野昇・会田雄次・大石慎三郎監修（1990）:『全国の伝承江戸時代人づくり風土記』社団法人農山漁村文化協会.
丸山岩三（1970）:『森林水文』農林出版.
村井宏・岩崎勇作（1975）：林地の水および土壌保全機能に関する研究（第1報）. 林業試験場研究報告，274，23-84.
山口恵一郎（1972）:『日本図誌大系関東 II』朝倉書店.
依光良三（2001）:『流域の環境保護──森・川・海と人びと』日本経済評論社.
和波一夫（1998）：多摩川中流部の再生に関する研究（東京都環境科学研究所ニュース No. 16）.
David Allan, J. (1995): "Stream Ecology: Structure and Function of Running Waters" Kluwer Academic Publishers.
Likens, G. E., Bormann, F. H., Johnson, N. M., Fisher, D. W. and Pierce, R. S. (1970): Effects of forest cutting and herbicide treatment on nutrient budgets in the Hubbard Brook watershed-ecosystem. Ecological Monographs, 40(1), 23-47.

[第5章]

浅井冨雄（1996）:『ローカル気象学』東京大学出版会.
足永靖信（2003）：ヒートアイランド研究の最前線──都市工学の視点から. 環境情報科学，32(3)，22-27.
一ノ瀬俊明（2001）：「風の道」の効果・評価と日本での導入の可能性. 緑の読本，(57)，21-27.
河村武（1973）：関東南部の局地風について. 天気，20，74.
環境庁企画調整局（1990）:『首都圏・園保存と創造に向けて』環境庁.
小谷幸司・丸田頼一・柳井重人（1996）：臨海都市における気温分布と緑地の気

温低減効果に関する研究．1996年度第31回日本都市計画学会学術研究論文集，85-90．
近藤裕昭（2001）：『人間空間の気象学』朝倉書店．
竹内清秀（1997）：『風の気象学』東京大学出版会．
中井誠一（1993）：熱中症死亡数と気象条件——日本における21年間の観察．日生気誌，30(4)，169-177．
日本建築学会編（2000）：『都市環境のクリマアトラス』ぎょうせい．
ヒートアイランド対策手法調査総括委員会（2003）：『平成14年度ヒートアイランド現象による環境影響に関する調査検討業務報告書』環境省．
丸田頼一（1994）：『都市緑化計画論』丸善，84-103．
村上周三（2000）：『CFDによる建築・都市の環境設計工学』東京大学出版会．
森征洋（1986）：日本における風の年変化の気候的特性について．天気，33，539-549．
山下脩二（1999）：都市気候．千葉県史料研究財団編『千葉県の自然誌　本編3　千葉県の気候・気象』千葉県，425-464．
山下脩二ほか（1998）：都市の気候環境．吉野正敏・山下脩二編『都市環境学事典』朝倉書店，1-76．
山田宏之（1998）：都市気候と緑地の効果．日本造園学会編『ランドスケープ大系第2巻　ランドスケープの計画』技報堂出版，64-73．
山田宏之（2001）：ヒートアイランド対策としての都市緑地．緑の読本，(57)，66-74．
山田宏之・丸田頼一（1992）：埼玉県庄和町における都市気温分布と緑地の気象緩和作用について．造園雑誌，55(5)，349-345．
Mochida, A., Murakami, S., Ooka, R. and Kim, S. (1999)：CDF study on urban climate in Tokyo, effects on urbanization on climatic change. Proc. of 10th International Conference on Wind Engineering, Copenhagen, Denmark, 1307-1314.
Yanai, S., Kotani, K., Taniguchi, K. and Maruta, Y. (2002)：An Investigation on the Distribution of Air Temperature and the Effect of Heat Island Mitigation by Open Space in Coastal City: A Case Study of Chiba City in Japan. TECHNO-OCEAN 2002, CD-ROM.
Yanai, S. and Kotani, K. (2003)：A study on the heat island mitigation by open space conservation and landscape planning in coastal city. Journal of the Japanese Institute of Landscape Architecture, International Edition, (2), 63-66.

[第6章]
宇野求・岡河貢（2001）：『東京計画2001』鹿島出版会．
宇野求・石原弓子・海上亜耶・鄭仁愉・谷真紀子（2002）：『自然回復と都市再生に向けた土地利用および都市デザインモデル——土地利用プログラムと環境管理に関する計画論的検討』日本生命財団助成研究報告書．
長谷川逸子・宇野求・岡河貢ほか（1996）：『NEW WAVE OF WATER

FRONT』新建築社.
宮城俊作 (2001)：『ランドスケープデザインの視座』学芸出版.
Uno, M. and others (2003)：『Light City Tokyo』世界ガス会議東京大会 2003, 計量計画研究所.

[第7章]

秋吉貴雄 (1999)：参加型政策分析の概念. NIRA 政策研究, 12(12), 10-13.
大久保規子 (1997)：ドイツ環境法における協働原則――環境 NGO の政策関与形式. 群馬大学社会情報学部研究論集, 3, 89-106.
奥田道大 (1970)：住民参加の現状と課題. 『ジュリスト増刊総合特集 1　現代都市と自治』所収, 現代のエスプリ　住民参加, 158, 至文堂, 74-90.
清野幾久子 (2001)：ドイツ環境保護における協働原則――ドイツ連邦憲法裁判所と協働原則. 法律論叢, 73(4・5), 27-45.
佐藤竺 (1980)：住民参加. 現代のエスプリ　住民参加, 158, 至文堂, 5-21.
世古一穂 (1999)：『市民参加のデザイン――市民・企業・NPO の協働の時代』ぎょうせい.
高寄昇三 (1980)：『住民投票と市民参加』勁草書房.
成田頼明 (1999)：新たな海岸管理のあり方――海岸法改正をめぐって. 自治研究, 75(6), 3-23.
西尾勝 (1975)：市制と市民の参加. 『季刊環境文化 16 号』所収, 現代のエスプリ　住民参加, 158, 至文堂, 37-46.
藤垣裕子 (2003)：『専門知と公共性』東京大学出版会.
山崎敏雄 (1970)：浅野セメント降灰事件. 『ジュリスト臨時増刊　特集公害』有斐閣, 18-22.
Arnstein, S. R. (1969)：A ladder of citizen participation. AIP (Americal Institutes of Planners) Journal, 35(4), 216-224.
Geurts, J. L. A. and Joldersma, C. (2001)：Methodology for participatory policy analysis. European Journal of Operational Research, 128, 300-310.

[第8章]

阿部彰 (1988)：「史料」としての映画研究序説――教育関係映画を中心として. 大阪大学人間科学部紀要, 14, 32.
阿部彰 (1994)：下村兼史論――内に情熱を秘めた「案山子」. 大阪大学人間科学部紀要, 20, 22.
エンデ, M. (1980)：『モモ』岩波書店.
延藤安弘 (2001)：『まち育てを育む――対話と協働のデザイン』東京大学出版会.
岡部昭彦 (1999)：干潟の名作の背景. 学燈, 96 (9), 38-39.
カーソン, R. (1991)：『センス・オブ・ワンダー』佑学社.
カント, E. (1787) (篠田英雄訳, 1961)：『純粋理性批判(上)』岩波書店.
木田元 (2000)：『ハイデガー「存在と時間」の構築』岩波書店.
木下勇 (2002)：『スロースペース』千葉市大学等地域連携事業報告書.
木下勇ほか (2000)：『スイスの空間計画』農村開発企画委員会.

グラッツ, R. B. (1993):『都市再生』晶文社.
島村菜津 (2000):『スローフードな人生！——イタリアの食卓から始まる』新潮社.
SAVE 2000 実行委員会編 (2001):『人と海が育つはじめの一歩』千葉まちづくりサポートセンター.
ソーラーシステム研究グループ (1994):『循環都市へのこころみ』NHK 出版.
千葉まちづくりサポートセンター (1999): シンポジウム「干潟の再生」資料.
チョムスキー, N. (2001):『9.11 アメリカに報復する資格はない』文藝春秋.
辻信一 (2001):『スロー・イズ・ビューティフル』平凡社.
永岡治 (1982):『伊豆水軍物語』中公新書.
西田幾多郎 (1950):『善の研究』岩波書店.
西田幾多郎 (1989): 場所. 上田閑照編『西田幾多郎哲学論集』岩波書店, 102.
ハイデガー, M. (1927) (桑木務訳, 1960):『存在と時間(下)』岩波書店.
ベルグソン, H. (1889) (平井啓之訳, 1965):『時間と自由』白水社.
山脇正俊 (2001):『近自然工学』信山社.
リンチ, K. (1968):『都市のイメージ』岩波書店.
リンチ, K. (1974):『時間の中の都市』鹿島出版会.
リンチ, K. (1994):『廃棄の文化史』工作舎.
和辻哲郎 (1935):『風土』岩波書店.
Baccini, P. and Oswald, F. (1999): "Netsstadt" ETH.
Bauhaus (1993): "Bitterfeld Bauunkohle: Brachen" Prestel.
Bell, M. and Leong, S. T. (1998): 347 Years: Slow Space. In "Slow Space" The Monacelli Press Inc. and The Future Project, 15-24.
Diedrich, L. (1999): No politics, no park: the Duisburg: Nord model (政治なければ公園なし——デュースブルグ・ノルト景観公園). Topos, (27), 73.
Gratz, R. B. and Mintz, N. (1998): Cities: Back from the Edge. John Wiley & Sons.
IBA (1999): "A Renewal Concept for A Region" Callwey.
Kommunal, V. R. (1996): Parkbericht EMSCHER LANDSCHAFTs-PARK. K. V. R., 85.
Ruano, M. (1999) "ECOURBANISM. GG" BustavoGilli.
Schwarzenbach, B. (1998): "Raumplanung in der Schweiz"(「スイスの空間計画」講演会資料) 農村開発企画委員会主催.
Urban Ecology Inc. (1996): "Blueprint for a Sustainable Bay Area" Urban Ecology Inc.
Urbrich, B. G. and Erfurth, H. (2000): "Woerlitz" Anhaltische Verlagsgesellschaft mbH Dessau.
Weilacher, U. (1999): Rusty: Brown and phacelia blue: Landmark art by the IBA (錆茶色とファセリア・ブルー). Topos, (27), 60.

索引

[ア行]

アート　226, 239
青潮　84
アカテガニ　75
アクションサイト　251
アクセス　238
アサリ　76, 82
アシハラガニ　78
アナアオサ　88
アーバンエコロジー　242
アーバン・ハズバンドリー　217
AMeDAS　132
荒磯　16
或る日の干潟　212
磯遊び　8
イチイガシ　56
一次自然　158
一体的な整備　245, 246
一般風　128
移入種　69
インダストリアル・ガルテンライヒ　229
インド-西太平洋要素　67
ヴェルリッツ庭園国家　229
ウォーターフロント　158
海・まち・川育て（海・まち育て）　237, 251
ウモレベンケイガニ　72
浦島伝説　10
エコアップ　245
エコトーン　72, 120, 160, 161
エコロジカルなニッチ　159
エコロジカル・ネットワーク　122
江戸川放水路　70, 78
NPO　245, 248, 249, 250
エムシャーパーク　224
大型貝塚　38, 39

大型底生生物　66
大阪南港野鳥園　87
奥東京湾　42
小櫃川河口　70

[カ行]

海岸動物　66
海岸の埋立　186
海岸法　187
開析谷　36
貝塚　33, 37, 39
海面高度　40
海陸風　128
河口　76
葛西海浜公園　82
風の道　152
加曽利貝塚　36, 38
潟湖　76
金沢海の公園　82, 88
花粉化石　47
花粉ダイアグラム　48
環境アセスメント　248
関係性　218, 238
緩衝緑地帯　166
干拓　219
汽水域　167
旧石器時代　33
協働原則　190
共同作業　244
行徳野鳥保護区　87
局地風　128
極東固有要素　67
近自然工法　230
空間（Raum）　215
空間計画　230
クリ　51
クルミ塚　44

景観生態学（ランドスケープエコロジー） 164
現象学的還元 216
公開的空地 245
ゴカイ 78
国際都市博覧会（IBA） 224
コメツキガニ 76

[サ行]

最終間氷期 33
最終氷期 33
里山 158
参加型政策分析 192
産業施設（移転）跡地 157, 219
三次自然 158
三内丸山遺跡 36
三番瀬 70, 193
三番瀬円卓会議 193
時間（Zeit） 215
時間性 215
シジミ 42
自然環境基盤 158
自然公園法 214
自然再生 122, 219
自然再生基本方針 246
自然再生協議会 248
自然再生事業実施計画 248
自然再生推進法 246
自然再生地域基本構想 248
湿地帯 220, 237
しま（山斎，山池） 18
四万十川 120
市民活動 250
市民参加 188, 222, 234
柔術 219
住民参加 188
上巳の潮干狩り 30
縄文時代 34, 35
縄文時代草創期 41
縄文時代中期 34
植物珪酸体 48
植物的自然 164

シラカシ 60
人造湖 227
水質調査 102
水生生物調査 104
水田稲作 55
スギ 58
洲浜 22, 24
スロースペース 160, 215, 216
スローなまちづくり 216
スローフード 215
製塩 44
製塩遺跡 38
生態系の回廊 96
生態系のネットワーク 221, 230
生物多様性 89
SET 126
SAVE 238

[タ行]

第二次産業用地 158
対話の連携 242, 250
ダウンゾーニング 230
高潮 91
多自然型河川工法 109
脱自態（エクスターゼ） 216
脱自場（エクステーマ） 216
多摩川 103
多様な価値観 237
炭鉱跡地 227
丹後堰 237
地球温暖化 40
チゴガニ 76
千葉海浜公園 90
潮間帯 66, 72
鶴見川 102
底生生物 66
同位体分析 35
等温図 144
東京湾まち育てコンテスト 240
東京湾野鳥公園 87
常世 11
都市開発事業 245

都市河川　231, 245
都市気候　139
都市再生特別措置法　249
都市マスタープラン　249
土壌汚染　221, 222, 225
トチ塚　44
土地利用　98
土地利用計画　230
利根川　106
ドラマトゥルギー　216, 240

[ナ行]

中里貝塚　38
渚　72
二次自然　158
ネットワーク　239, 241
熱の島　139

[ハ行]

バウハウス　229
バウビオロギー　231
バカガイ　76
場所　216
パートナーシップ　244
ハナグモリ　70
ハビタット　75, 89
浜降り　26
ハマグリ　39, 69
盤洲干潟　76, 82
ハンノキ湿地林　50
BOD　99, 102
ビオトープ　246
干潟　74, 212, 221
ビジョン　250
ヒートアイランド　139
ヒノキ　59
表面温度　131
貧酸素水塊　84
風土　216
フェロポリス　228
ブループリント　242
フレッシュ度　104

プロジェクト・プランニング　217
プロセス　237
プロセスデザイニング　159
プロセスデザイン　122
放射性炭素同位体（^{14}C）年代　46
ボーリング　46

[マ行]

マイタウン・マイリバー整備事業　246
前浜　76
幕張海岸　82
街海・マチウミ　162
まち育て　217
街山・マチヤマ　162
マネージメント　233
水と緑のネットワーク　152
モノの時間性　216

[ヤ行]

谷津（谷戸）　45, 93, 235
谷津干潟　88
ヤマトオサガニ　78
用水　96
寄物　13

[ラ行]

落葉広葉樹林　41, 54
LANDSAT　131
ランドシャフトパーク（景域公園）　226
ランドスケープ　89
ランドマークアート　226
リソースセンター　251
歴史性　218
レクリエーション　227

[ワ行]

ワークショップ　250

執筆者一覧（五十音順）

宇野　求（うの・もとむ）
　　現在：千葉大学工学部
　　専門：都市デザイン
　　執筆分担：第6章6.3節

小野佐和子（おの・さわこ）
　　現在：千葉大学園芸学部
　　専門：造園学
　　執筆分担：はじめに，第1章

木下　勇（きのした・いさみ）
　　現在：千葉大学園芸学部
　　専門：地域計画学
　　執筆分担：第8章

倉阪秀史（くらさか・ひでふみ）
　　現在：千葉大学法経学部
　　専門：環境政策論・環境経済論
　　執筆分担：第7章

小林達明（こばやし・たつあき）
　　現在：千葉大学園芸学部
　　専門：生態系管理学
　　執筆分担：第3章

高橋輝昌（たかはし・てるまさ）
　　現在：千葉大学園芸学部
　　専門：生態系生態学
　　執筆分担：第4章4.1節(4)，4.2節，4.3節

野田泰一（のだ・ひろくに）
　　現在：東京女子医科大学医学部
　　専門：動物分類学
　　執筆分担：第3章

古谷 勝則（ふるや・かつのり）
　　現在：千葉大学大学院自然科学研究科
　　専門：風景計画学
　　執筆分担：第4章4.1節(1)-(3)，4.3節

松岡 延浩（まつおか・のぶひろ）
　　現在：千葉大学園芸学部
　　専門：緑地気象学
　　執筆分担：第5章5.1節，5.2節

宮城 俊作（みやぎ・しゅんさく）
　　現在：奈良女子大学生活環境学部
　　専門：環境デザイン学
　　執筆分担：第6章6.1節，6.2節

百原　新（ももはら・あらた）
　　現在：千葉大学園芸学部
　　専門：環境考古学
　　執筆分担：第2章

柳井 重人（やない・しげと）
　　現在：千葉大学大学院自然科学研究科
　　専門：緑地保全学
　　執筆分担：第5章5.3節

編者略歴

小野佐和子（おの・さわこ）
1949年　福岡県に生まれる．
1974年　千葉大学大学院園芸学研究科造園学専攻修士課程修了．
現　在　千葉大学園芸学部教授，農学博士．
主　著　『江戸の花見』（1992年，築地書館）ほか．

宇野　求（うの・もとむ）
1954年　東京都に生まれる．
1984年　東京大学大学院工学系研究科建築学専攻博士課程修了．
現　在　建築家／千葉大学工学部教授，工学博士．
主　書　『東京計画2001』（共著，2001年，鹿島出版会）ほか．

古谷勝則（ふるや・かつのり）
1963年　茨城県に生まれる．
1991年　千葉大学大学院自然科学研究科博士課程修了．
現　在　千葉大学大学院自然科学研究科助教授，学術博士．
主　書　『ランドスケープデザイン』（共著，1998年，技報堂出版）ほか．

海辺の環境学――大都市臨海部の自然再生

2004年11月16日　初　版

［検印廃止］

編　者　小野佐和子・宇野　求・古谷勝則

発行所　財団法人　東京大学出版会

代表者　五味文彦

113-8654　東京都文京区本郷7-3-1　東大構内
電話　03-3811-8814　Fax 03-3812-6958
振替　00160-6-59964

印刷所　株式会社三秀舎
製本所　矢嶋製本株式会社

© 2004 Sawako Ono *et al.*
ISBN 4-13-060304-3 Printed in Japan

Ⓡ〈日本複写権センター委託出版物〉
本書の全部または一部を無断で複写複製（コピー）することは，著作権法上での例外を除き，禁じられています．本書からの複写を希望される場合は，日本複写権センター（03-3401-2382）にご連絡ください．

里山の環境学
武内和彦・鷲谷いづみ・恒川篤史-編　　　A5判・264頁・2800円

環境時代の構想
武内和彦　　　四六判・232頁・2300円

河川計画論
潜在自然概念の展開
玉井信行-編　　　A5判・520頁・6000円

河川生態環境工学
魚類生態と河川計画
玉井信行・水野信彦・中村俊六-編　　　A5判・320頁・3800円

河川生態環境評価法
潜在自然概念を軸として
玉井信行・奥田重俊・中村俊六-編　　　A5判・280頁・3600円

首都圏の水
その将来を考える
髙橋　裕-編　　　A5判・248頁・4500円

[新編] 海岸工学
堀川清司　　　A5判・400頁・5200円

ここに表示された価格は本体価格です．ご購入の際には消費税が加算されますのでご了承下さい．